现代数学基础

U0384022

# 64 拓扑空间与
线性拓扑空间中的反例

■ 汪 林

高等教育出版社·北京

## 内容简介

本书汇集了拓扑空间与线性拓扑空间方面的大量反例. 主要内容为：拓扑空间、可数性公理、分离性公理、连通性、紧性、局部凸空间、桶空间和囿空间、线性拓扑空间中的基.

本书可供高等院校理工科学生、研究生、教师参考.

## 图书在版编目（ＣＩＰ）数据

拓扑空间与线性拓扑空间中的反例 / 汪林编 . -- 北京 : 高等教育出版社，2018. 8
ISBN 978-7-04-049759-5

Ⅰ.①拓… Ⅱ.①汪… Ⅲ.①拓扑空间②拓扑线性空间 Ⅳ.① O189.11 ② O177.3

中国版本图书馆 CIP 数据核字（2018）第 107350 号

| | | | | |
|---|---|---|---|---|
| 策划编辑　赵天夫 | 责任编辑　赵天夫 | 封面设计　赵　阳 | 版式设计　王艳红 |
| 责任校对　胡美萍 | 责任印制　田　甜 | | |

| | | |
|---|---|---|
| 出版发行　高等教育出版社 | 咨询电话　400-810-0598 |
| 社　　址　北京市西城区德外大街4号 | 网　　址　http://www.hep.edu.cn |
| 邮政编码　100120 | 　　　　　http://www.hep.com.cn |
| 印　　刷　北京宏伟双华印刷有限公司 | 网上订购　http://www.hepmall.com.cn |
| | 　　　　　http://www.hepmall.com |
| 开　　本　787mm×1092mm　1/16 | 　　　　　http://www.hepmall.cn |
| 印　　张　16 | 版　　次　2018年8月第1版 |
| 字　　数　310 千字 | 印　　次　2018年8月第1次印刷 |
| 购书热线　010-58581118 | 定　　价　59.00 元 |

本书如有缺页、倒页、脱页等质量问题，请到所购图书销售部门联系调换
版权所有　侵权必究
物 料 号　49759-00

# 序　言

在数学的教学和研究中, 经常需要用反例来说明某个命题不真, 而绝大多数的数学书籍, 主要致力于证明在某些条件下某一结论是真, 但很少谈到在另一些条件下某一结论是正确的还是错误的, 即用来说明某些命题不真的反例较少, 这不利于学习的深入. 因此, 比较系统地汇集某个数学分支的反例以弥补这方面的不足, 无疑是十分有益的. 基于这一想法, 我们撰写了本书.

本书的取材, 主要是从各种有关的书籍以及近几十年散见在国内外各种数学杂志上的反例中挑选出来的; 也有一些反例是我们在长期的教学和研究实践中构造的. 书中还提出了一系列尚待解决的问题, 可供读者进一步探讨.

阅读本书所需的预备知识, 假定读者已经掌握, 因此, 书中只准备了很少的说明. 每一章都以引言开始, 用来明确所用的记号、术语和定义, 也陈述了一些有关的定理, 这些定理或者是构造某些反例时要用到的, 或者是为了衬托某个反例. 各章引言部分一般未介绍实分析与泛函分析方面的术语与记号, 有关这方面的内容, 读者可参看 [9] 与 [10]. 此外, 在许多例子的后面, 以 "注" 的形式把这个反例与某个正面的命题相比较, 以便读者更好地了解到这个命题的条件所起的作用和所举反例的意义.

中国科学院学部委员、业师程民德教授仔细地审阅了书稿并提出了许多具体而又十分宝贵的意见; A. C. Thompson 教授[①]给作者以很大的鼓励, 并提供了一些例子; 云南大学卫念祖教授始终关怀本书的编写; 杨富春、杨华康、丁彦恒、郑

---

[①] A. C. Thompson 系加拿大数学教授, 1979 年 9 月至 1980 年 7 月曾在我国讲学, 并在南京大学主持了一个泛函分析讨论班.

喜印、李小娥等同志阅读了本书的部分手稿, 并提出了许多有益的建议; 本书的责任编辑仔细地审读了书稿全文, 对本书各个部分做了核对, 并且提出了许多宝贵的意见, 为提高本书的质量做了大量工作.

对上面提到的所有人, 作者表示深深的谢意.

由于作者水平有限, 因而一定存在不少缺点, 殷切期望专家和读者予以批评指教.

汪林

2018 年 1 月于昆明

# 目　　录

# 第一章　拓扑空间

## 引　言

给定集 $X$, 它的一个子集族 $\tau$ 称为 $X$ 上的一个**拓扑结构**, 简称**拓扑**, 是指 $\tau$ 满足下列三个条件: 1° 空集 $\varnothing$ 和 $X$ 本身是 $\tau$ 的元; 2° $\tau$ 内任意有限多个元的交仍是 $\tau$ 的元; 3° $\tau$ 内任意多个元的并仍是 $\tau$ 的元. 集 $X$ 连同它上面的一个拓扑 $\tau$, 构成一个**拓扑空间** $(X, \tau)$, 有时简写 $(X, \tau)$ 为 $X$. $\tau$ 的元叫 $X$ 的**开集**, 而其补集叫**闭集**. 空间 $X$ 的元称为点.

在同一个集 $X$ 上, 若有两个拓扑 $\tau_1$ 与 $\tau_2$, 且 $\tau_1 \subset \tau_2$, 则称拓扑 $\tau_1$ **弱于或粗于**拓扑 $\tau_2$, 或者说拓扑 $\tau_2$ **强于或细于**拓扑 $\tau_1$, 记作 $\tau_1 < \tau_2$ 或 $\tau_2 > \tau_1$. $X$ 上最弱的拓扑由 $X$ 本身及空集 $\varnothing$ 组成, 而且叫**平庸拓扑**, $X$ 称为**平庸空间**. $X$ 上最强的拓扑由集 $X$ 的一切子集组成, 而且称为**离散拓扑**, $X$ 称为**离散空间**. 设 $\tau_1$ 和 $\tau_2$ 为集 $X$ 上的两个拓扑, 若 $\tau_1$ 既不强于 $\tau_2$ 也不弱于 $\tau_2$, 则称 $\tau_1$ 和 $\tau_2$ 为**不可比较的**.

设 $(X, \tau)$ 是拓扑空间, $Y$ 是 $X$ 的子集. 令

$$\sigma = \{U \mid U = G \cap Y, G \in \tau\},$$

则 $\sigma$ 是 $Y$ 上的一个拓扑, 这个拓扑称为 $\tau$ 的**相对拓扑或继承下来的拓扑**, $(Y, \sigma)$ 称为 $(X, \tau)$ 的**子空间**.

对任一度量空间 $(X, d)$, 把 $(X, d)$ 中的开集全体记作 $\tau$, 则 $\tau$ 是 $X$ 上的一个拓扑, 因而 $(X, \tau)$ 是一个拓扑空间. $\tau$ 称为由距离 $d$ 所**诱导出的拓扑**. 所谓度量空

间 $(X, d)$ 是一个拓扑空间, 指的就是 $(X, \tau)$.

设 $(X, \tau)$ 是拓扑空间, 如果存在 $X$ 上的距离 $d$, 使得 $\tau$ 就是由距离 $d$ 诱导出的拓扑, 则称 $(X, \tau)$ 为**可度量化的空间**.

设 $X$ 为一拓扑空间, 对于 $X \times X$ 上的实值函数 $d(x, y)$, 考虑下述条件:

(i) $d(x, y) = 0$ 当且仅当 $x = y$.

(ii) $d(x, y) = d(y, x) \geqslant 0$.

(iii) $A \subset X$ 是闭集当且仅当对任意 $x \in X \backslash A$, 有 $d(x, A) > 0$.

(iv) $x \in \overline{A}$ 当且仅当 $d(x, A) = 0$.

当 $d$ 满足 (i), (ii), (iii) 时, 称 $d$ 为 $X$ 上的**对称距离**. 当 $d$ 满足 (i), (ii), (iv) 时, 称 $d$ 为 $X$ 上的**半距离**. 对称度量空间, 半度量空间的用语也是自明的.

若 $Y$ 是 $n$ 维欧氏空间 $R^n$ 的子集, 则 $Y$ 上的相对拓扑也称为**通常拓扑**.

设 $(X, \tau)$ 是拓扑空间, $A$ 与 $V$ 都是 $X$ 的子集. 称 $V$ 为 $A$ 的**邻域**, 是指存在 $(X, \tau)$ 中的开集 $G$, 使

$$A \subset G \subset V.$$

所谓点 $x$ 的邻域, 就是单点集 $\{x\}$ 的邻域. 由点 $x$ 的一切邻域组成的集族 $\mathcal{U}(x)$ 称为点 $x$ 的**邻域系**.

设 $A$ 是拓扑空间 $(X, \tau)$ 的子集, $x$ 称为 $A$ 的**内点**, 是指 $x \in X, A \in \mathcal{U}(x)$. $A$ 的内点全体称为 $A$ 的**内部**, 记作 $A^\circ$.

称点 $x$ 是拓扑空间 $(X, \tau)$ 的子集 $A$ 的**接触点**, 是指对任意 $U \in \mathcal{U}(x)$, 恒有 $U \cap A \neq \varnothing$. $A$ 的接触点集称为 $A$ 的**闭包**, 记作 $\overline{A}$. 点 $x$ 称作 $A$ 的**聚点**, 是指 $x$ 是 $A \backslash \{x\}$ 的接触点. $x$ 称作 $A$ 的 $\omega$ **聚点**, 是指含有 $x$ 的任一开集必含有 $A$ 的无穷多个点. $x$ 称作 $A$ 的**凝聚点**, 是指任一含有 $x$ 的开集必含有 $A$ 中不可数个点. $A$ 的一切聚点所成之集称为 $A$ 的**导集**, 记作 $A'$. 若 $A = A'$, 则称 $A$ 为**完备集**.

设 $A$ 为拓扑空间 $X$ 的子集, 称点 $x$ 是 $A$ 的**外点**, 是指 $x$ 是 $A$ 的补集 $A^c$ 的内点. $A$ 的外点的集合称为 $A$ 的**外部**, 记作 $A^e$. 称点 $x$ 是 $A$ 的**边界点**, 是指 $x \notin A^e$ 且 $x \notin A^\circ$. $A$ 的边界点的集称为 $A$ 的**边界**, 记作 $A^b$. 称 $x$ 为 $A$ 的**孤立点**, 是指 $x \in A$ 且存在 $V \in \mathcal{U}(x)$, 使 $V \cap A = \{x\}$.

设 $A$ 为拓扑空间 $X$ 的子集, 称 $A$ 在 $X$ 中**稠密**, 是指 $\overline{A} = X$. 若 $B$ 也是 $X$ 的子集, 称 $A$ 在 $B$ 中稠密, 是指 $\overline{A} \supset B$. 称 $A$ 在 $X$ 中**无处稠密**, 是指 $(\overline{A})^\circ = \varnothing$. 称 $X$ 为**可分空间**, 是指 $X$ 有可数稠密子集.

拓扑空间 $X$ 的子集 $A$ 称为**第一纲集**, 是指 $A$ 是可数个无处稠密集的并集. 不是第一纲的集称为**第二纲集**.

设 $(X,\tau)$ 与 $(Y,\sigma)$ 都是拓扑空间, 映射 $f: X \to Y$ 称为在点 $x \in X$ **连续**, 是指对于 $V \in \mathcal{U}(f(x))$, 有 $U \in \mathcal{U}(x)$, 使

$$f(U) \subset V$$

成立. 若 $f$ 在 $X$ 的每一点都连续, 则称 $f$ 是**连续映射**. 容易证明, $f$ 连续当且仅当对 $Y$ 的每个开集 $G$, 其逆像

$$f^{-1}(G) = \{x \in X | f(x) \in G\}$$

是 $X$ 的开集. 如果 $X$ 内任意两个不同的点有不同的像, 就称 $f$ 是**单射**. 如果 $Y$ 内每一点必是 $X$ 内某一点的像, 就称 $f$ 是**满射**. 从 $X$ 到 $Y$ 的每个既单又满的映射 $f$ 必有逆映射 $g$, 它是 $Y$ 到 $X$ 上的既单又满的映射, 这里, $g(y) = x$ 当且仅当 $f(x) = y$. 这时如果 $f$ 和 $g$ 都连续, 便称 $f$ 为**同胚映射**或**拓扑映射**. 两个拓扑空间称为**同胚**的, 是指它们之间存在一个同胚映射. 在每个同胚映射下保持不变的性质称为**拓扑性质**.

设 $(X,\tau)$ 与 $(Y,\sigma)$ 都是拓扑空间, $f: X \to Y$. 称 $f$ 为**开映射**, 是指对任意 $G \in \tau$, 必有 $f(G) \in \sigma$. 称 $f$ 为**闭映射**, 是指对 $X$ 的任意闭集 $F$, $f(F)$ 是 $Y$ 的闭集.

拓扑 $\tau$ 的子族 $\mathcal{B}$ 称为 $\tau$ 的**基**或**拓扑基**, 是指 $\tau$ 的每个元可表为 $\mathcal{B}$ 的一些元的并, 这时, 也说拓扑 $\tau$ 是由 $\mathcal{B}$ 生成的. 拓扑 $\tau$ 的一个子族 $\mathcal{V}$ 称为 $\tau$ 的一个**子基**, 是指 $\mathcal{V}$ 中元的所有有限交构成的集族是 $\tau$ 的一个基. 拓扑空间 $(X,\tau)$ 称为**第二可数**的, 是指 $\tau$ 有一个可数基.

拓扑空间 $(X,\tau)$ 的点 $x$ 的一族邻域 $\mathcal{B}(x)$ 称为 $x$ 的**邻域基**或**局部基**或**基本邻域系**, 是指 $x$ 的任意邻域都含有属于 $\mathcal{B}(x)$ 的元. 如果 $X$ 的每一点都有一个可数局部基, 便称 $X$ 为**第一可数空间**. 显然, 第二可数空间必是第一可数空间.

**定理 1** 设 $A$ 为第一可数空间 $X$ 的子集, 则 $x$ 是 $A$ 的接触点, 当且仅当 $x$ 是 $A$ 的点列 $\{x_n\}$ 在 $X$ 中的极限, 即对于 $x$ 的任意邻域 $U$, 有 $n_0 \in N$, 当 $n \geqslant n_0$ 时 $x_n \in U$.

**推论** 设 $A$ 为第一可数空间 $X$ 的子集, 则 $A$ 是闭集, 当且仅当 $A$ 是**序列闭的**, 即当且仅当若 $A$ 的点列 $\{x_n\}$ 收敛于 $x \in X$, 则 $x \in A$.

**定理 2** 若 $X$ 为第一可数空间, $Y$ 为拓扑空间, 则映射 $f: X \to Y$ 是连续的, 当且仅当 $f$ 是**序列连续**的, 即当且仅当若 $X$ 的序列 $\{x_n\}$ 收敛于 $x$, 则 $Y$ 的序列 $\{f(x_n)\}$ 收敛于 $f(x)$.

**定理 3**　若 $f : X \to Y$ 为集 $X$ 到拓扑空间 $(Y, \sigma)$ 的映射, 令

$$\tau = f^{-1}(\sigma) = \{f^{-1}(G) | G \in \sigma\},$$

则 $(X, \tau)$ 是拓扑空间, 且 $\tau$ 是使 $f$ 为连续的 $X$ 上的最弱拓扑.

定理 3 确定的 $X$ 的拓扑 $\tau$ 称为由拓扑空间 $(Y, \sigma)$ 及映射 $f : X \to Y$ 确定的**诱导拓扑**.

**定理 4**　若 $f$ 是拓扑空间 $(X, \tau)$ 到集 $Y$ 上的满射, 令

$$\sigma = \{G | G \subset Y, f^{-1}(G) \in \tau\},$$

则 $(Y, \sigma)$ 是拓扑空间, 且 $\sigma$ 是使 $f$ 为连续的 $Y$ 上的最强拓扑.

定理 4 确定的 $Y$ 上的拓扑 $\sigma$ 称为由拓扑空间 $(X, \tau)$ 及满射 $f : X \to Y$ 确定的**诱导拓扑**.

设 $\{(X_\alpha, \tau_\alpha) | \alpha \in D\}$ 为拓扑空间族, 令

$$X = \prod_{\alpha \in D} X_\alpha = \{(x_\alpha)_{\alpha \in D} | x_\alpha \in X_\alpha, \alpha \in D\}.$$

若 $P_\alpha : X \to X_\alpha$ 为 $X$ 到 $X_\alpha$ 上的射影, 则显然有

$$P_\alpha^{-1}(x_\alpha) = \{x | P_\alpha(x) = x_\alpha\} = \{x_\alpha\} \times \prod_{\substack{\beta \in D \\ \beta \neq \alpha}} X_\beta.$$

且对于 $X_\alpha$ 的开集 $U_\alpha$, 显然有

$$\begin{aligned} P_\alpha^{-1}(U_\alpha) &= \{x | P_\alpha(x) = x_\alpha \in U_\alpha\} \\ &= U_\alpha \times \prod_{\substack{\beta \in D \\ \beta \neq \alpha}} X_\beta. \end{aligned}$$

以 $\{P_\alpha^{-1}(U_\alpha) | \alpha \in D, U_\alpha \in \tau_\alpha\}$ 为子基在 $X$ 上确定的拓扑, 是使射影为连续的最弱拓扑, 称它为**积拓扑**.

在 $\prod_{\alpha \in D} X_\alpha$ 上还可以用其他方法确定拓扑. 如以 $\prod_{\alpha \in D} \{U_\alpha | U_\alpha \in \tau_\alpha\}$ 为拓扑基确定的拓扑称为**箱拓扑**. 显然, 箱拓扑强于积拓扑. 本书如无特别声明, 所论的积空间都意味着具有积拓扑.

在积拓扑下的收敛称为**坐标收敛**. 特别是所有 $X_\alpha$ 都相同时称为**逐点收敛**.

设 $(X, \tau)$ 是拓扑空间, $\rho$ 是 $X$ 上的一个等价关系, 而 $Y$ 是 $X$ 按关系 $\rho$ 分成的等价类的集, 即

$$Y = X/\rho \quad \text{或} \quad Y = \{\rho(x) | x \in X\},$$

这里, 当 $\rho(x) \cap \rho(y) \neq \varnothing$ 时, 有 $\rho(x) = \rho(y)$.

设 $P$ 为 $X$ 到 $Y$ 的映射, 对 $X$ 的每一元 $x$, 有 $P(x) = \rho(x)$, 即每一点 $x$ 对应含 $x$ 的类. 当 $\sigma$ 是 $Y$ 上使 $P$ 成为连续的最强拓扑, 即由 $(X, \tau)$ 及 $P$ 确定的 $Y$ 的拓扑时, $\sigma$ 称为 $Y$ 上的**商拓扑**, 而称 $(Y, \sigma)$ 为**商空间**或**分解空间**. $P$ 称为 $X$ 到商空间 $Y$ 上的**射影**或**商映射**.

拓扑空间 $X$ 称为 $T_0$ **空间**, 是指对于 $X$ 内任意两个不同的点 $x, y$, 有 $x$ 的邻域 $U$ 使 $y \notin U$, 或有 $y$ 的邻域 $V$ 使 $x \notin V$, 二者之一必成立.

拓扑空间 $X$ 称为 $T_1$ **空间**, 是指 $X$ 内任意两个不同的点都各有一个邻域不含另一点.

容易证明, 为使拓扑空间 $X$ 是 $T_1$ 空间, 当且仅当单点集是闭集.

拓扑空间 $X$ 称为 $T_2$ **空间**或 **Hausdorff 空间**, 是指 $X$ 内任意两个不同的点都各有邻域互不相交.

拓扑空间 $X$ 的开集 $G$ 称为**正则开集**, 是指 $G = (\overline{G})^\circ$; 闭集 $F$ 称为**正则闭集**, 是指 $F = \overline{(F^\circ)}$. 称 $X$ 为**半正则空间**, 是指它是 $T_2$ 空间, 且其中一切正则开集所成之集族构成一个拓扑基.

称拓扑空间 $X$ 为 $T_3$ **空间**, 是指 $X$ 内每一点以及不含该点的任一闭集都各有邻域互不相交. $T_3$ 空间同时为 $T_1$ 空间时, 称为**正则空间**.

有些书籍将 $T_3$ 空间称为正则空间, 而将正则空间称为 $T_3$ 空间.

拓扑空间 $X$ 称为 $T_{3\frac{1}{2}}$ **空间**, 是指对于 $X$ 的每一点 $x$ 及 $x$ 的每个邻域 $U$, 有从 $X$ 到单位闭区间上的连续映射 $f$, 使得 $f(x) = 0$, 并且在 $X \backslash U$ 上, $f$ 恒等于 1. $T_{3\frac{1}{2}}$ 空间同时为 $T_1$ 空间时, 称为**完全正则空间**.

拓扑空间 $X$ 称为 $T_4$ **空间**, 是指 $X$ 内任意两个不相交的闭集都各有邻域互不相交. $T_4$ 空间同时为 $T_1$ 空间时, 就称为**正规空间**.

有些书籍将 $T_4$ 空间称为正规空间, 而将正规空间称为 $T_4$ 空间.

拓扑空间 $X$ 称为 **Urysohn 空间**, 是指对于 $X$ 的任意相异两点 $x, y$, 存在连续函数 $f : X \to [0, 1]$, 使 $f(x) = 0, f(y) = 1$.

若拓扑空间 $X$ 可表成它的两个非空、不相交的开子集 $A$ 与 $B$ 的并集, 则称 $X$ 为**非连通空间**. 若 $X$ 不是非连通空间, 则称它为**连通空间**. 对于拓扑空间 $X$ 的一个子集 $E$, 若 $E$ 作为 $X$ 的子空间是连通的 (非连通的), 则称为 $X$ 的**连通子集** (非连通子集).

以上非连通定义中 "开子集", 可以改为 "闭子集", 也可以改为 "既开且闭的子集".

拓扑空间 $X$ 是连通的, 当且仅当 $X$ 的子集中只有 $X$ 与空集 $\varnothing$ 是既开且闭的.

称拓扑空间 $X$ 是**紧的**, 是指 $X$ 的每个开覆盖必有有限子覆盖.

**定理 5 (Tychonoff)**　紧拓扑空间的直积关于积拓扑是紧空间.

拓扑空间 $X$ 称为**局部紧空间**, 是指对于每一点 $x \in X$, 存在 $U \in \mathcal{U}(x)$, 使得 $U$ 是紧的.

对于非紧空间 $X$ 常需要构造一个紧空间, 以 $X$ 为其稠密子空间. 所构造的紧空间称为 $X$ 的**紧化空间**.

拓扑空间的最简单的紧化是由添加一点而成. 设 $(X, \tau)$ 为拓扑空间, 令

$$X^* = X \cup \{\infty\},$$
$$\tau_1 = \{U | U^c \text{ 是 } X \text{ 的闭紧子集}, U \subset X^*\},$$
$$\tau^* = \tau \cup \tau_1,$$

则 $(X^*, \tau^*)$ 是 $(X, \tau)$ 的紧化空间.

**定理 6**　拓扑空间 $(X, \tau)$ 的一点紧化 $(X^*, \tau^*)$ 是紧空间, 且 $X$ 是 $X^*$ 的稠密子空间.

本书的某些例子还要涉及 Stone-Čech 紧化.

关于拓扑空间的更多材料以及上述定理的证明均可参看 [4] 和 [89].

**1.　存在某个非离散的拓扑空间, 其中每个开集都是闭集, 而每个闭集也都是开集.**

易见, 离散拓扑空间中每个开集都是闭集, 而每个闭集也都是开集. 应当注意, 这个命题之逆并不成立. 例如, 设 $X$ 为自然数的全体, 又设

$$P = \{\{2n - 1, 2n\} | n = 1, 2, \cdots\}.$$

命 $X$ 的开集族为空集 $\varnothing$ 以及 $P$ 中元素的并集, 则此开集族确定了 $X$ 上的一个拓扑 $\tau$, 称 $\tau$ 为**奇偶拓扑**. 在拓扑空间 $(X, \tau)$ 中, 每个开集都是闭集, 而每个闭集也都是开集. 然而, 因单点集不是开集, 故 $(X, \tau)$ 不是离散拓扑空间.

**2.　存在某个集 $X$ 上的两个拓扑, 其并不是 $X$ 上的拓扑.**

设 $\tau = \{U_\alpha\}$ 与 $\tau' = \{U'_\beta\}$ 是集 $X$ 上的两个拓扑. 根据并集与交集的定义, 有

$$\tau \cup \tau' = \{U_\alpha, U'_\beta\},$$
$$\tau \cap \tau' = \{V_r | V_r \in \tau, V_r \in \tau'\}.$$

容易验证, 集 $X$ 上任意个拓扑 $\tau_\alpha$ 之交 $\tau = \bigcap_\alpha \tau_\alpha$ 仍是 $X$ 上的一个拓扑. 但是, $X$ 上的两个拓扑之并未必是 $X$ 上的拓扑. 例如, 设 $X = \{a, b, c\}$, 其中 $a, b, c$ 两两相异, 则 $X$ 的子集族

$$\tau_1 = \{X, \varnothing, \{a, b\}, \{a, c\}, \{a\}\}$$

形成了 $X$ 上的一个拓扑, 而子集族

$$\tau_2 = \{X, \varnothing, \{b, c\}, \{b, a\}, \{b\}\}$$

形成了 $X$ 上的另一个拓扑. 显然, $\tau_1$ 与 $\tau_2$ 之并:

$$\tau_1 \cup \tau_2 = \{X, \varnothing, \{a, b\}, \{a, c\}, \{b, c\}, \{a\}, \{b\}\}$$

不是 $X$ 上的拓扑.

**注** 容易证明, 若 $X$ 是一个至多含有两个点的集合, 则 $X$ 上任何两个拓扑之并仍是 $X$ 上的拓扑.

### 3. 存在某个 Hausdorff 空间中的基本有界集, 它不是紧有界的.

拓扑空间 $X$ 的子集 $A$ 称作**紧有界**的, 是指 $A$ 的闭包 $\overline{A}$ 是紧的; $A$ 称作**基本有界**的, 是指对于 $X$ 的每个拓扑基, 都可以从中选出有限个元, 它们足以覆盖 $A$.

Hindman[80] 证明了:

**定理 1** (广义 Heine-Borel 定理) 拓扑空间中每个基本有界的闭集必是紧集.

**定理 2** (广义 Bolzano-Weierstrass 定理) 拓扑空间中每个基本有界的无限集必有聚点.

Hindman 还指出, 每个紧有界集必是基本有界的. 若拓扑空间是正则空间, 则逆命题也成立. 对于一般的拓扑空间即使是 Hausdorff 空间, 基本有界集未必是紧有界的, 他的例子如下:

设 $X$ 是闭区间 $[0, 1]$, $A = X \backslash Q$, $Q$ 为有理数集. 命

$$\tau = \{U \cup (V \cap A) | U, V \text{ 是 } [0, 1] \text{ 上的通常拓扑下的开集}\}.$$

易见, $\tau$ 是 $X$ 上的一个 Hausdorff 拓扑. 任取拓扑空间 $(X, \tau)$ 的一个拓扑基 $\mathcal{B}$, 我们可把 $\mathcal{B}$ 表成

$$\mathcal{B} = \{U_\delta \cup (V_\delta \cap A) | \delta \in \Delta\}.$$

于是, $\{U_\delta|\delta \in \Delta\} \cup \{V_\delta|\delta \in \Delta\}$ 是 $[0,1]$ 在通常拓扑下的一个开覆盖. 因 $[0,1]$ 是紧的, 故存在有限子覆盖 $\{U_\delta|\delta \in \Delta'\} \cup \{V_\delta|\delta \in \Delta'\}$. 但此时

$$A \subset \bigcup_{\delta \in \Delta'} (U_\delta \cup (V_\delta \cap A)),$$

因此, $A$ 是基本有界的, 又, 拓扑空间 $(X,\tau)$ 显然不紧, 而 $\overline{A} = X$, 故 $A$ 不是紧有界的.

**4. 存在某个积空间 $X \times Y$ 中的不开的子集 $A$, 使 $A[x] = \{y|(x,y) \in A\}$ 与 $A[y] = \{x|(x,y) \in A\}$ 分别是 $Y$ 与 $X$ 的开集.**

容易证明, 若 $X,Y$ 是拓扑空间, $A$ 是积空间 $X \times Y$ 中的开子集, 令

$$A[x] = \{y|(x,y) \in A\},$$
$$A[y] = \{x|(x,y) \in A\},$$

则 $A[x]$ 与 $A[y]$ 分别是 $Y$ 与 $X$ 中的开子集. 应当注意, 这个命题之逆并不成立. 例如, 设 $A$ 是过平面原点的两条对角线的补集, 并加上原点 $(0,0)$. 在平面 $X \times Y = R \times R$ 上取通常拓扑, 对任意 $x_0 \in X, x_0 \neq 0$,

$$A[x_0] = \{y|(x_0,y) \in A\}$$

是实直线 $Y$ 中两个点 $\{y_0, -y_0\}$ 所成之集的补集, 因而是 $Y$ 中的开集; 而 $A[0]$ 就是实直线 $Y$, 因而也是开集. 同理, 对于任意 $y \in Y, A[y]$ 是 $X$ 中的开集. 然而, $A$ 不是 $X \times Y$ 中的开集, 因为 $(0,0)$ 不是 $A$ 的内点 (参看图 1).

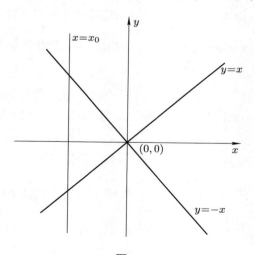

**图 1**

**5. 存在某个集 $X$ 上的两个拓扑 $\tau_1$ 与 $\tau_2$, 使 $\tau_1 \subset \tau_2$, 但 $(X, \tau_1)$ 中的半开集未必是 $(X, \tau_2)$ 中的半开集.**

设 $A$ 是拓扑空间 $X$ 的子集, 称 $A$ 为半开的, 是指存在开集 $G$ 使得

$$G \subset A \subset \overline{G}.$$

半开集的概念是由 Levine[100] 引入的. 他指出, 尽管 $X$ 上的两个拓扑 $\tau_1$ 与 $\tau_2$ 而有 $\tau_1 \subset \tau_2$, 此时仍不能由 $A$ 是 $(X, \tau_1)$ 中的半开集推出 $A$ 是 $(X, \tau_2)$ 中的半开集, 他的例子如下:

设 $X$ 是实数集, $\tau_1$ 是由一切形如 $(x, y)(x < y)$ 的区间生成的拓扑, $\tau_2$ 是由一切形如 $[x, y)(x < y)$ 的区间生成的拓扑, 则 $\tau_1 \subset \tau_2$. 显然, $(x, y]$ 是 $(X, \tau_1)$ 中的半开集, 但 $(x, y]$ 不是 $(X, \tau_2)$ 中的半开集.

**6. 存在某个集 $X$ 上的两个不同的拓扑 $\tau_1$ 与 $\tau_2$, 使 $A$ 是 $(X, \tau_1)$ 中的半开集当且仅当 $A$ 是 $(X, \tau_2)$ 中的半开集.**

我们用 $\mathrm{So}(X)$ 代表拓扑空间 $X$ 中的一切半开集所成的集族. Levine[100] 猜测: 若 $\mathrm{So}(X, \tau_1) \subset \mathrm{So}(X, \tau_2)$, 则 $\tau_1 \subset \tau_2$. 由此推知, 若 $\mathrm{So}(X, \tau_1) = \mathrm{So}(X, \tau_2)$, 则 $\tau_1 = \tau_2$.

Hamlett[72] 指出, 这个猜测是不正确的. 例如, 设 $X = \{a, b, c\}$, 并令

$$\tau_1 = \{\varnothing, \{a\}, \{a, b\}, \{a, c\}, X\},$$
$$\tau_2 = \{\varnothing, \{a\}, \{a, b\}, X\}.$$

可以证明, $A$ 是 $(X, \tau_1)$ 中的半开集当且仅当 $A$ 是 $(X, \tau_2)$ 中的半开集. 然而, $\tau_1 \neq \tau_2$.

**7. 存在某个 $S$ 闭空间, 它的一个子空间不是 $S$ 闭的.**

设 $\{A_\alpha | \alpha \in \Delta\}$ 是拓扑空间 $(X, \tau)$ 中的一些半开集组成的集族. 若 $\{A_\alpha | \alpha \in \Delta\}$ 是 $X$ 的一个覆盖, 则称 $\{A_\alpha | \alpha \in \Delta\}$ 是 $X$ 的一个**半开覆盖**或 **$S$ 覆盖**.

拓扑空间 $X$ 称作 **$S$ 闭的**, 是指 $X$ 的每个 $S$ 覆盖 $\{U_\alpha\}$, 存在有限子集 $\{U_{\alpha_i}\}_{i=1}^n$, 使得

$$X \subset \bigcup_{i=1}^n \overline{U}_{\alpha_i}.$$

$S$ 闭空间的子空间不必是 $S$ 闭的. 封定、栗延龄[17] 有例如下:

设 $X$ 是实数集 $\{x | 0 \leqslant x \leqslant 1\}$, 命非空开集为 $X \backslash C$, 其中 $C$ 是 $X$ 的任一至多可数集 (可以是空集), 如此确定的开集全体形成 $X$ 的一个拓扑. 显然, $X$ 是 $S$ 闭的.

设 $A = \{x_1, x_2, \cdots, x_n, \cdots\}$ 是 $X$ 的可数子空间, 则 $A$ 是闭的. 对于每个 $x_i \in A$, 因为

$$G = X \backslash \{A \backslash \{x_i\}\}$$

是 $X$ 的开集, 所以 $A \backslash \{x_i\}$ 是子空间 $A$ 的闭集, 于是单点集 $\{x_i\}$ 是 $A$ 的开集, 从而 $A$ 是离散子空间. 由此可知, $A$ 不是 $S$ 闭子空间.

### 8. 存在某个 $S$ 闭空间的连续像, 它不是 $S$ 闭的.

王国俊[3] 指出, 为使拓扑空间 $X$ 是 $S$ 闭的, 当且仅当从 $X$ 的每个正则闭覆盖中都可选出 $X$ 的有限子覆盖.

王国俊还引入了 $S$ 连续映射的概念: 设 $X$ 与 $Y$ 都是拓扑空间, $f : X \to Y$. 如果对 $Y$ 中的每个正则闭集 $P, f^{-1}(P)$ 是 $X$ 中的正则闭集的并, 则称 $f$ 为 $S$ **连续映射**. 王国俊证明了, 若 $X$ 是 $S$ 闭空间, $f : X \to Y$ 是 $X$ 到拓扑空间 $Y$ 上的 $S$ 连续满映射, 则 $Y$ 也是 $S$ 闭空间.

应当注意, $S$ 闭空间的连续像未必是 $S$ 闭空间. 例如, Thompson[166] 证明了每个极端不连通的紧空间① 是 $S$ 闭的. 由此推出 $N$ 的 Stone-Čech 紧化 $\beta N$ 是 $S$ 闭的. 然而, $\beta N$ 的连续像 $\beta R$ 并不 $S$ 闭.

**注**     Thompson 证明了 $S$ 闭空间的同胚像必是 $S$ 闭的.

Cameron[43] 也证明了, 为使拓扑空间 $(X, \tau)$ 是 $S$ 闭的, 当且仅当每个由正则闭集组成的覆盖必有有限子覆盖.

Cameron 还指出, $S$ 闭空间的连续像不必是 $S$ 闭的, $S$ 闭空间的商空间不必是 $S$ 闭的. 两个 $S$ 闭空间之积不必是 $S$ 闭的.

### 9. 存在某个集上的一族 Urysohn 拓扑, 其中不存在最弱的拓扑.

设 $f$ 是拓扑空间 $X$ 到拓扑空间 $Y$ 上的一对一的映射. 若对任一 $S \subset X$, $S$ 是 $X$ 的半开集当且仅当 $f(S)$ 是 $Y$ 的半开集, 则称 $f$ 是 $X$ 到 $Y$ 上的**半同胚映射**, 这时称 $X$ 与 $Y$ **半同胚**. 在半同胚映射下保持不变的性质称为**半拓扑性质**.

设 $(X, \tau)$ 是拓扑空间, $[\tau]$ 表示与 $(X, \tau)$ 具有相同半开集族的全体拓扑空间组成的拓扑族. 杨忠强[13] 研究了 $[\tau]$ 中存在最弱拓扑的条件, 并指出, 从 $(X, \tau)$ 的 $T_1$ 分离性不足以推出 $[\tau]$ 中存在最弱拓扑. 事实上, 即使假定 $(X, \tau)$ 是 Urysohn 空间 (由 [46] 知这时 $[\tau]$ 中所有拓扑空间都是 Urysohn 空间) 也不能保证 $[\tau]$ 中存在最弱拓扑. 杨忠强的例子如下:

---

① Hausdorff 空间 $X$ 称作**极端不连通的**, 是指 $X$ 中每个开集的闭包是开集.

设 $X$ 为全体实数, $Q$ 为全体有理数, 对任意 $x \in X$, 定义点 $x$ 的邻域基为

$$\mathcal{B}(x) = \left\{ \{x\} \cup \left[ \left( x - \frac{1}{n}, x + \frac{1}{n} \right) \cap Q \mid n = 1, 2, \cdots \right] \right\}.$$

由此生成的拓扑空间 $(X, \tau)$ 是 Urysohn 空间, 但 $[\tau]$ 中不存在最弱拓扑. 证明细节可参看作者原文.

**注** 杨忠强指出, $S$ 闭性质是半拓扑性质.

**10. 存在某个由拓扑空间 $X$ 到 $Y$ 上的半同胚映射 $f$, 它在 $X$ 的某个子集 $A$ 上的限制 $f|A$ 不是 $A$ 到 $f(A)$ 上的半同胚映射.**

设 $(X, \tau)$ 与 $(Y, \sigma)$ 都是拓扑空间, $f : (X, \tau) \to (Y, \sigma)$ 是半同胚映射, $A \subset X$, 则 $f|A : (A, \tau|A) \to (f(A), \sigma|f(A))$ 未必是半同胚映射, 其中 $\tau|A$ 与 $\sigma|f(A)$ 分别表示 $A$ 与 $f(A)$ 关于 $(X, \tau)$ 与 $(Y, \sigma)$ 的相对拓扑. 下面的例子是由郭驼英[25]作出的.

设 $X = \{1, 2, 3, 4\}$, 再设

$$\tau = \{\varnothing, X, \{1\}\},$$
$$\sigma = \{\varnothing, X, \{1\}, \{1, 2\}, \{1, 3\}, \{1, 2, 3\}\}.$$

令 $f : (X, \tau) \to (X, \sigma)$ 是恒等映射, 则 $f$ 是半同胚映射. 取 $A = \{2, 3\}$, 则

$$\tau|A = \{\varnothing, \{2, 3\}\}, \sigma|f(A) = \{\varnothing, \{2, 3\}, \{2\}, \{3\}\}.$$

显然, $f|A$ 不是半同胚映射.

**11. 存在某个拓扑空间的紧子集, 它不是 $S$ 紧的.**

设 $(X, \tau)$ 是拓扑空间. 若对 $X$ 的任一 $S$ 覆盖必有有限子覆盖, 则称 $X$ 是 $S$ 紧的.

显然, $S$ 紧空间一定是紧空间, 但紧空间未必是 $S$ 紧的. 例如, 设 $X = [-1, 1]$, 并具有实数空间的子空间拓扑 $\tau$, 则拓扑空间 $(X, \tau)$ 是紧的. 令

$$\mathcal{U} = [-1, 0] \cup \left\{ \left( \frac{1}{n+1}, \frac{1}{n} \right) \Big| n \in N \right\},$$

则 $\mathcal{U}$ 是 $X$ 的一个 $S$ 覆盖, 但 $\mathcal{U}$ 没有有限子覆盖. 因此, $X$ 不是 $S$ 紧的.

**12.　存在两个正则开集, 其并不是正则开集.**

正则开集的并集不必是正则开的. 例如, 设 $X$ 是实数集并取通常拓扑, $G_1 = \left(0, \frac{1}{2}\right), G_2 = \left(\frac{1}{2}, 1\right)$, 则 $G_1$ 与 $G_2$ 都是 $X$ 的正则开集, 但其并集

$$G_1 \cup G_2 = \left(0, \frac{1}{2}\right) \cup \left(\frac{1}{2}, 1\right)$$

不是正则开的.

**13.　存在两个正则闭集, 其交不是正则闭集.**

两个正则闭集的交集不必是正则闭的. 例如, 设 $X$ 是实数集并取通常拓扑, $F_1 = \left[0, \frac{1}{2}\right], F_2 = \left[\frac{1}{2}, 1\right]$, 则 $F_1$ 与 $F_2$ 都是 $X$ 的正则闭集, 但 $F_1 \cap F_2 = \left\{\frac{1}{2}\right\}$ 不是正则闭的.

**14.　存在某个拓扑空间 $X$, 其中每个非空子集在 $X$ 中都是稠密的.**

在集 $X$ 上取平庸拓扑, 则对任意 $A \subset X$, 都有 $\overline{A} = X$, 其中 $A \neq \varnothing$.

**15.　存在某个有限集, 其导集非空.**

在 $T_1$ 空间特别是度量空间内, 有限集的导集必为空集. 在一般的拓扑空间内, 有限集的导集不必是空集. 例如, 设 $X = \{a, b, c\}$, 令

$$\tau = \{X, \{a, b\}, \{a, c\}, \{a\}, \varnothing\},$$

则 $(X, \tau)$ 为一拓扑空间. 考虑 $X$ 的子集 $A = \{a\}$, 则点 $b$ 和 $c$ 都是 $A$ 的聚点, 故 $A' = \{b, c\}$, 即有限集 $A$ 的导集 $A'$ 非空.

**16.　存在某个集的导集, 它不是闭集.**

在 $T_1$ 空间内, 一个集的导集必为闭集. 在一般的拓扑空间内, 一个集的导集未必是闭集. 例如, 设 $X = \{a, b, c\}$, 令

$$\tau = \{X, \{a\}, \{b, c\}, \varnothing\},$$

则 $(X, \tau)$ 为一拓扑空间. 取 $A = \{b\}$, 易见, $A' = \{c\}$, 且 $A'$ 不是闭集.

**17.　存在某个 $T_1$ 空间中的紧集, 它不是闭的.**

在一般拓扑空间甚至 $T_1$ 空间中, 紧集未必是闭的. 例如, 设 $X$ 为实数集, 命 $X$ 的开集为空集 $\varnothing$ 以及一切 $X \backslash C$, 其中 $C$ 为任意有限集. 此开集族形成 $X$ 的一个拓扑 $\tau$, 我们称 $\tau$ 为**有限补拓扑**. 这个拓扑空间中的有限集都是闭的, 故它是一个 $T_1$ 空间.

现取 $X$ 的子集 $A = \left\{0, 1, \frac{1}{2}, \frac{1}{3}, \cdots\right\}$, 并任取 $A$ 的一个开覆盖

$$\mathcal{U} = \{U_\alpha = X \backslash C_\alpha | \alpha \in \Delta\},$$

其中 $C_\alpha$ 为有限集. 于是, 存在 $U_0 \in \mathcal{U}$, 使 $0 \in U_0 = X \backslash C_0$. 由于 $C_0$ 是有限集, 故存在某个区间 $I$, 使 $0 \in I \subset U_0$. 因此存在自然数 $n_0$, 当 $n > n_0$ 时, 就有

$$x_n = \frac{1}{n} \in I \subset U_0.$$

由此可见, 我们可从 $\mathcal{U}$ 中选出有限多个开集 $U_\alpha$, 它们足以覆盖 $A$, 即 $A$ 是紧的. 然而, 由于 $A$ 是无限集, 故据拓扑 $\tau$ 的定义, $A$ 不是闭的.

**注** 容易证明, 紧拓扑空间中的闭集必是紧集. 但是, 紧拓扑空间中的紧集未必是闭集. 例如, 在集 $X$ 上取平庸拓扑, 则 $X$ 为一紧拓扑空间. 任取 $X$ 的非空真子集 $A$, 则 $A$ 是紧的, 但它不是闭的.

**18. 存在某个拓扑空间, 其中每个非空闭集都不是紧的.**

设 $X = (0, 1)$, 并令

$$\tau = \left\{\varnothing, X, U_n = \left(0, 1 - \frac{1}{n}\right) \bigg| n = 2, 3, \cdots\right\},$$

则 $(X, \tau)$ 为一拓扑空间. 任取非空闭集 $F \subset X$, 则 $\{U_n | n = 2, 3, \cdots\}$ 是 $F$ 的一个开覆盖, 它没有有限子覆盖, 故 $F$ 不是紧的.

**19. 存在某个非 Hausdorff 空间, 其中每个紧集都是闭的, 而每个闭集也都是紧的.**

容易证明, Hausdorff 空间中的紧集必为闭集. 例 17 说明了在这个命题中, 拓扑空间为 Hausdorff 空间的条件不可去掉. 然而, 也确实存在非 Hausdorff 空间, 其中每个紧集都是闭的, 而且每个闭集也都是紧的. 下面的例子是由 Levine[101] 作出的.

设 $(Q, \tau)$ 是有理数集并取实数空间的相对拓扑, $(X, \tau^*)$ 是 $(Q, \tau)$ 的一点紧化. 由于 $(Q, \tau)$ 不是局部紧的, 可见 $(X, \tau^*)$ 不是 Hausdorff 空间 (参看 [4], p. 218), 而是 $T_1$ 空间.

可以证明, $(X, \tau^*)$ 中的每个闭集都是紧的, 而每个紧集也都是闭的. 证明细节可参看作者原文.

**20. 存在某个紧集, 其闭包不是紧集.**

设 $X$ 为一无限集, $a \in X$, 命 $X$ 的开集为空集以及含点 $a$ 的任意子集, 则单点集 $A = \{a\}$ 是拓扑空间 $X$ 的紧集, 但 $\overline{A} = X$ 不是紧集.

**21.　存在某个拓扑空间, 它的每个紧集都不包含非空开集.**

设 $X$ 为实数集, 并在 $X$ 上取通常拓扑 $\tau$, 再设 $Q$ 为有理数集. 我们在 $X$ 上取另一个拓扑 $\tau^*$, 它是由 $\tau$ 加上形如 $Q \cap U$ 的集构成, 其中 $U \in \tau$. 显然, 拓扑 $\tau^*$ 强于拓扑 $\tau$, 而 $(X, \tau)$ 是 Hausdorff 空间, 故 $(X, \tau^*)$ 也是 Hausdorff 空间.

兹证 $(X, \tau^*)$ 中的任何紧集都不包含非空开集. 假如相反, 即设 $(X, \tau^*)$ 中存在紧集 $C$, 它包含非空开集 $G$. 因 $(X, \tau^*)$ 是 Hausdorff 空间, 故 $C$ 必为闭集, 从而 $\overline{G} \subset C$. 根据拓扑 $\tau^*$ 的定义, $\overline{G}$ 必包含某个闭区间 $[p, q]$, 其中 $p, q \in Q$. 于是, 集族

$$\mathcal{U} = \{(-\infty, p), (q, +\infty), Q, (x, q) | x > p, x \in X \backslash Q\}$$

就构成了紧集 $C$ 的一个开覆盖. 任取有限个 $(x_1, q), (x_2, q), \cdots, (x_n, q)$, 其中 $x_i \in X \backslash Q, i = 1, 2, \cdots, n$, 令

$$x_0 = \min\{x_1, x_2, \cdots, x_n\},$$

则 $\bigcup_{i=1}^{n}(x_i, q) = (x_0, q)$. 由于 $p < x_0$, 故 $(-\infty, p), Q, (x_0, q), (q, +\infty)$ 不能覆盖 $C$, 这与 $C$ 是紧集的条件发生矛盾. 可见 $C$ 不包含非空开集.

**22.　存在某个无限拓扑空间, 其中每个子集都是紧的.**

设 $X$ 为一无限集, 命 $X$ 的闭集为 $\varnothing$, $X$ 以及任意有限集. 对 $X$ 的任意一个开覆盖, 这些开集中的任意一个只盖不住有限个点, 例如 $n$ 个点. 于是, 我们可以从这个开覆盖中至多选出 $n$ 个开集, 它们覆盖了这 $n$ 个点. 因此, 连同前面一个开集共至多 $n + 1$ 个开集就覆了 $X$, 故 $X$ 是紧的. 显然, $X$ 的每个子集也都是紧的.

**23.　存在实数集上的一个 Hausdorff 拓扑, 它的任何有理数子集的导集都是空集.**

设 $X$ 为实数集, 对任意 $\varepsilon > 0$ 及 $x \in X$, 令

$$U_\varepsilon(x) = \{y | |x - y| < \varepsilon \text{ 且当 } y \neq x \text{ 时}, y \text{ 为无理数}\}.$$

不难验证, 全体 $U_\varepsilon(x)$ 生成 $X$ 上的一个 Hausdorff 拓扑, 从而 $X$ 为一 Hausdorff 空间.

设 $A$ 为 $X$ 的任一有理数子集, 任取 $x \in X$, 因为 $x$ 的每个邻域不含有 $A \backslash \{x\}$ 的点, 故 $x \notin A'$. 由于 $x \in X$ 是任取的, 因而 $A' = \varnothing$.

**24.　存在某个无限拓扑空间, 其中不含有无限孤立点集.**

可以证明, 每个无限 Hausdorff 空间必定含有无限孤立点集. 对于一般的拓扑空间, 这一命题并不成立. 例如, 设 $X$ 为一无限集, 对 $X$ 的子集 $A$, 当 $A$ 为有限

集或为空集时, 令 $\overline{A} = A$; 当 $A$ 为无限集时, 令 $\overline{A} = X$. 于是, $X$ 为一拓扑空间. 易见, $X$ 中不存在无限孤立点集.

**25. 存在某个非离散的拓扑空间, 其中每个紧集都是有限集.**

我们知道, 拓扑空间中的有限集必为紧集, 但紧集未必是有限集. 我们称拓扑空间 $X$ 为 **cf 空间**, 是指 $X$ 中每个紧集都是有限集. 例如, 设 $X$ 为任一非空集合, 在 $X$ 上取离散拓扑, 则 $X$ 为一 cf 空间.

除了离散的 cf 空间外, 也确实存在无限的非离散的 cf 空间. 例如, 设 $X$ 为一自然数集, 命

$$\tau = \{\varnothing, \{1\}, \{1, 2\}, \cdots, \{1, 2, \cdots, n\}, \cdots, X\},$$

则 $(X, \tau)$ 为一非离散的 cf 空间. 又如, 设 $X$ 为任一无限集, 命 $X$ 的开集或为空集, 或为其补集至多是可数的, 则 $X$ 也是一个非离散的 cf 空间.

**26. 存在集 $X$ 上两个不可比较的拓扑 $\tau_1$ 与 $\tau_2$, 使 $(X, \tau_1)$ 与 $(X, \tau_2)$ 同胚.**

设 $X$ 为一集, $a, b \in X$ 且 $a \neq b$. 命开集族 $\tau_1$ 为 $X$, $\varnothing$ 以及含点 $a$ 的一切子集; 又命开集族 $\tau_2$ 为 $X$, $\varnothing$ 以及含点 $b$ 的一切子集. 于是, 拓扑空间 $(X, \tau_1)$ 与拓扑空间 $(X, \tau_2)$ 是不可比较的. 另一方面, 不难看出,

$$f(x) = \begin{cases} x, & x \neq a, b, \\ a, & x = b, \\ b, & x = a \end{cases}$$

是 $(X, \tau_1)$ 到 $(X, \tau_2)$ 上的一个同胚映射, 从而 $(X, \tau_1)$ 与 $(X, \tau_2)$ 是同胚的拓扑空间.

**27. 存在两个拓扑空间 $X$ 与 $Y$, 使 $X$ 同胚于 $Y$ 的一个子空间, 而 $Y$ 同胚于 $X$ 的一个子空间, 但 $X$ 与 $Y$ 并不同胚.**

在实数集 $R$ 上取通常拓扑. 令 $X = (0, 1)$, $Y = [0, 1]$, 并在 $X$ 与 $Y$ 上都取相对拓扑, 则拓扑空间 $X$ 同胚于拓扑空间 $Y$ 的子空间 $(0, 1)$, $Y$ 同胚于 $X$ 的子空间 $\left[\frac{1}{4}, \frac{3}{4}\right]$, 但 $X$ 与 $Y$ 并不同胚.

**28. 存在一维欧氏空间 $R$ 的两个同胚的子空间 $A$ 与 $B$, 而不存在 $R$ 到 $R$ 上的同胚映射 $f$, 使 $f(A) = B$.**

取 $A = \{0\} \cup [1, 2] \cup \{3\}$, $B = [0, 1] \cup \{2\} \cup \{3\}$, 则

$$g(x) = \begin{cases} x - 1, & 1 \leqslant x \leqslant 2, \\ 2, & x = 0, \\ 3, & x = 3 \end{cases}$$

是子空间 $A$ 到子空间 $B$ 上的同胚映射, 从而 $A$ 与 $B$ 是 $R$ 的两个同胚的子空间. 但不存在 $R$ 到 $R$ 上的同胚映射 $f$, 使 $f(A) = B$.

**29.　存在某个非紧的度量空间 $X$, 使 $X$ 上的每个实值连续函数都是一致连续的.**

我们知道, 紧度量空间上的每个实值连续函数都是有界的, 并且是一致连续的. 于是便产生下述问题:

(i) 若度量空间 $X$ 上的每个实值连续函数都是有界的, 则 $X$ 是否必为紧的?

(ii) 若度量空间 $X$ 上的每个实值连续函数都是一致连续的, 则 $X$ 是否必为紧的?

Hewitt[79] 肯定地回答了第一个问题. 他证明了, 为使度量空间 $X$ 是紧的, 当且仅当 $X$ 上每个实值连续函数都是有界的.

容易证明, 对于欧氏空间中的子集 $A$, 第二个问题的答案也是肯定的, 即 $A$ 为紧集的充要条件是 $A$ 上的每个实值连续函数都是一致连续的. 然而, 对于一般的度量空间, 尽管在它上面的每个实值连续函数都是一致连续的, 但该空间仍然是不必紧的. 例如, 在实数集 $R$ 上取离散距离, 即

$$d(x, y) = \begin{cases} 0, & x = y, \\ 1, & x \neq y. \end{cases}$$

显然, 度量空间 $(R, d)$ 上的每个实值函数都是连续的, 而且还是一致连续的. 但是, 度量空间 $(R, d)$ 不是紧的.

Hermann[75] 于 1981 年指出, 为使度量空间 $X$ 是紧的, 当且仅当下面两个条件成立:

(i) $X$ 上的每个实值连续函数都是一致连续的.

(ii) 对任意 $\varepsilon > 0, \{x | x \in X, d(x) > \varepsilon\}$ 是有限集, 其中 $d(x)$ 代表点 $x$ 到集 $X \setminus \{x\}$ 的距离, 即

$$d(x) = \inf\{d(x, y) | y \in X \setminus \{x\}\}.$$

**30.　$R^2$ 中存在不同胚的子集.**

考虑二维欧氏空间 $R^2$ 的子集

$$X = \{x | d(x, p_0) = 1 \text{ 或 } d(x, p_1) = 1\},$$
$$Y = \{x | d(x, p_2) = 1\},$$

这里, $p_0 = (-1, 0), p_1 = (1, 0), p_2 = (5, 0)$ (见图 2).

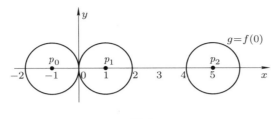

图 2

兹证 $X$ 与 $Y$ 并不同胚. 假如相反, 即存在同胚映射 $f : X \to Y$. 令 $q = f(0), X^* = X \backslash \{0\}, Y^* = Y \backslash \{q\}$, 那么, 当 $X^*$ 与 $Y^*$ 都取 $R^2$ 中继承下来的拓扑时, $f : X^* \to Y^*$ 也是同胚映射. 令

$$q = (5 + \cos \theta_0, \sin \theta_0),$$

则由

$$g(\theta) = (5 + \cos(\theta_0 + \theta), \sin(\theta_0 + \theta))$$

定义的函数 $g : (0, 2\pi) \to Y^*$ 是一个同胚映射. 因 $(0, 2\pi)$ 是连通的, 故 $Y^*$ 也是连通的. 另一方面, $X^*$ 是不连通的. 事实上, 因为

$$G = \{(x, y) | x > 0\} \quad \text{与} \quad H = \{(x, y) | x < 0\}$$

都是 $R^2$ 中的开集, 所以

$$G^* = X^* \cap G \quad \text{与} \quad H^* = X^* \cap H$$

都是 $X^*$ 中的开集. 又, $G^*$ 与 $H^*$ 都不是空集, 它们不相交, 而且 $G^* \cup H^* = X^*$. 因此, $X^*$ 是不连通的. 由于连通性是拓扑性质, 可见 $X^*$ 与 $Y^*$ 并不同胚, 从而 $X$ 与 $Y$ 也并不同胚.

**31. 存在两个同胚的度量空间 $X$ 与 $Y$, 其中 $X$ 中的有界集都是全有界的, 而 $Y$ 中的有界集并不都是全有界的.**

设 $X = (\boldsymbol{R}, d)$ 为实数集 $\boldsymbol{R}$ 并取通常的距离 $d$ 而得到的度量空间, $Y = (\boldsymbol{R}, d_T)$ 是实数集 $\boldsymbol{R}$ 并取距离

$$d_T(x, y) = \frac{d(x, y)}{1 + d(x, y)}$$

而得到的度量空间. 设 $f : X \to Y$ 是恒等映射, 则 $f$ 是 $X$ 到 $Y$ 上的同胚映射. 然而, $X$ 中的有界集都是全有界的, 而 $Y$ 中的有界集并不都是全有界的.

**注** 这个例子也说明了全有界不是拓扑性质.

**32.　存在两个度量空间 $X$ 与 $Y$, 使 $X^2$ 与 $Y^2$ 等距而 $X$ 与 $Y$ 并不等距.**

若 $X$ 与 $Y$ 都是度量空间, 则 $X^2$ 与 $Y^2$ 也可借助于 $X$ 与 $Y$ 的距离而引入距离. 例如, 在乘积空间 $X^2$ 上可取距离

$$d((x_1, x_2), (x_3, x_4)) = [d^2(x_1, x_3) + d^2(x_2, x_4)]^{\frac{1}{2}}.$$

Ulam[170] 提出下述问题: 若度量空间 $X^2$ 与 $Y^2$ 等距, 能否推出 $X$ 与 $Y$ 也等距?

Fournier[63] 指出, 这个问题的答案是否定的. 他的例子如下:

设 $\boldsymbol{R}$ 是一维欧氏空间, $Q$ 是有理数集. 令

$$X = Q \subset \boldsymbol{R}, \quad Y = \{p\sqrt{2} \mid p \in Q\} \subset \boldsymbol{R},$$

则 $X$ 与 $Y$ 都是 $\boldsymbol{R}$ 的度量子空间. 兹证 $X$ 不等距于 $Y$. 假如相反, 并设 $f$ 是 $X$ 到 $Y$ 上的等距映射, 则

$$1 = d(0, 1) = d(f(0), f(1)) = d(p\sqrt{2}, q\sqrt{2}) = \sqrt{2}|p - q|.$$

因此, $\sqrt{2} = |p - q|^{-1} \in Q$, 矛盾.

再证 $X^2$ 等距于 $Y^2$.

我们把 $X^2$ 与 $Y^2$ 作为 $\boldsymbol{R}^2$ 的度量子空间, 并研究映射 $\theta : \boldsymbol{R}^2 \to \boldsymbol{R}^2$, 这里,

$$\theta(x, y) = \left( \frac{1}{2}(x - y)\sqrt{2}, \frac{1}{2}(x + y)\sqrt{2} \right).$$

显然, $\theta$ 是 $\boldsymbol{R}^2$ 到 $\boldsymbol{R}^2$ 上的一个等距映射. 今任取 $(p, q) \in X^2$, 则 $\frac{1}{2}(p - q)$ 与 $\frac{1}{2}(p + q)$ 都是有理数, 故

$$\theta(p, q) = \left( \frac{1}{2}(p - q)\sqrt{2}, \frac{1}{2}(p + q)\sqrt{2} \right) \in Y^2,$$

即 $\theta(X^2) \subset Y^2$. 另一方面, 对任意 $(p\sqrt{2}, q\sqrt{2}) \in Y^2$, $(p\sqrt{2}, q\sqrt{2})$ 是 $(p + q, q - p) \in X^2$ 的像, 故 $\theta(X^2) \supset Y^2$. 因此,

$$\theta(X^2) = Y^2.$$

于是, 如令 $g$ 是 $\theta$ 在 $X^2$ 上的限制, 则 $g : X^2 \to Y^2$ 是一个保距双射, 这里 $(p, q) \in X^2, g(p, q) = \theta(p, q)$. 因此, $X^2$ 与 $Y^2$ 是等距的.

　　**注**　在 Fournier 的例子中, $X$ 与 $Y$ 都是不完备的度量空间. 于是自然产生问题: 若 $X$ 与 $Y$ 都是完备的度量空间, 则 Ulam 问题的答案怎样?

**33. 存在某个非紧的度量空间, 它不能与其真子集等距.**

如所周知, 紧度量空间不能与其真子集等距. 应当注意, 这不是度量空间的紧性的特征. Fox[64] 有例如下:

设 $X$ 为实数集 $\boldsymbol{R}$ 的子集, 其定义为

$$X = N \cup \left\{ n - \frac{1}{n+1} \,\middle|\, n \in N \right\},$$

其中 $N$ 是自然数集. 在 $X$ 上取通常距离, 则度量空间 $X$ 不是紧的. 由于度量空间 $X$ 到其自身的等距映射是恒等映射, 因而 $X$ 不能与其真子集等距.

**34. 存在某个拓扑空间 $X, X$ 的点都是函数, 其拓扑相当于逐点收敛, 而 $X$ 不是可度量化的空间.**

设 $(X, \tau)$ 是以 $[0,1]$ 为定义域的全体实值连续函数的空间, 而 $\tau$ 由邻域系

$$N_f = \{ g \,|\, x \in F \Rightarrow |g(x) - f(x)| < \varepsilon \}$$

所生成, 其中 $F$ 为 $[0,1]$ 的非空有限子集, $f \in X, \varepsilon > 0$.

显然, 如果按照这个拓扑, 当 $n \to \infty$ 时有 $g_n \to g$, 那么对各个 $x \in [0,1]$, 当 $n \to \infty$ 时有 $g_n(x) \to g(x)$, 这是因为 $F$ 能取成单点集 $\{x\}$. 另一方面, 如果对于各个 $x \in [0,1]$, 当 $n \to \infty$ 时有 $g_n(x) \to g(x)$, 那么当 $n \to \infty$ 时有 $g_n \to g$, 这是因为对于每一个 $\varepsilon > 0$ 和 $[0,1]$ 的有限子集 $F$, 能选取足够大的 $n$, 以保证对于每一个 $x \in F$ 都有

$$|g_n(x) - g(x)| < \varepsilon.$$

设 $A$ 为 $X$ 内有下述性质的全体函数的集合:

(i) $x \in [0,1] \Rightarrow 0 \leqslant f(x) \leqslant 1$,

(ii) $m\{x \,|\, f(x) = 1\} \geqslant \frac{1}{2}$,

这里 $m$ 代表 Lebesgue 测度. 那么, 0 是 $A$ 的一个聚点. 但是, 如果 $A$ 的元素的序列 $\{f_n\}$ 按照拓扑 $\tau$ 收敛于 0, 那么对于每个 $x \in [0,1]$, 有 $\{f_n(x)\}$ 收敛于 0, 又由 Lebesgue 控制收敛定理, 当 $n \to \infty$ 时有

$$\int_0^1 f_n(x) dx \to 0.$$

这与不等式 $\int_0^1 f_n(x) dx \geqslant \frac{1}{2}$ 相矛盾. 因此, $A$ 中不存在序列 $\{f_n\}$ 按照拓扑 $\tau$ 收敛于 0, 故 $X$ 不是可度量化的空间.

**35.** **存在某个函数序列 $\{f_n\}$, 其图像序列 $\{G(f_n)\}$ 收敛, 但 $\{f_n\}$ 并不一致收敛.**

设 $X$ 是度量空间, $\{S_n\}$ 是 $X$ 的子集序列. 再设 $\mathrm{Limsup}(S_n)$ 是 $X$ 中这样的点 $q$ 的全体, $q$ 的每个邻域与无穷多个 $S_n$ 相交; 而 $\mathrm{Liminf}\,(S_n)$ 是 $X$ 中这样的点 $q$ 的全体, $q$ 的每个邻域除有限多个 $S_n$ 外, 它与其余的 $S_n$ 都相交. 若

$$\mathrm{Liminf}\,(S_n) = \mathrm{Limsup}(S_n),$$

则称 $\{S_n\}$ **收敛**, 并定义 $\mathrm{Lim}(S_n)$ 为其公共值:

$$\mathrm{Lim}(S_n) = \mathrm{Liminf}(S_n) = \mathrm{Limsup}(S_n).$$

William[180] 证明了如下定理:

**定理** 设 $X, Y$ 是紧度量空间, $f_1, f_2, \cdots, f_n, \cdots$ 都是 $X$ 到 $Y$ 的映射, 它们在 $X \times Y$ 中的图像记为 $G(f_n)(n = 1, 2, \cdots)$, 则 $\mathrm{Lim}G(f_n)$ 存在且就是映射 $f : X \to Y$ 的图像 $G(f)$, 当且仅当 $\{f_n\}$ 一致收敛于 $f$ 且 $f$ 连续.

William 指出, 不能把这一定理推广到非紧的度量空间. 他的例子如下:

考虑 $[0, 1]$ 上的函数:

$$f_n(x) = \begin{cases} n, & \dfrac{1}{2n} \leqslant x \leqslant \dfrac{1}{n}, \\ 0, & [0, 1] \text{ 中的其他点}. \end{cases}$$

则 $\{f_n\}$ 在 $[0, 1]$ 上逐点收敛而非一致收敛于 $f \equiv 0$. 然而, 我们有

$$\mathrm{Lim}G(f_n) = G(f).$$

# 第二章  映射与极限

## 引　言

有序集 $(D, \leqslant)$ 称为**定向集**, 是指对于任意 $\alpha, \beta \in D$, 有 $\gamma \in D$, 使 $\alpha \leqslant \gamma$, $\beta \leqslant \gamma$.

称定向集 $(D, \leqslant)$ 的子集 $A$ 为**共尾的**, 是指对于任意 $\alpha \in D$, 有 $\alpha_1 \in A$, 使 $\alpha \leqslant \alpha_1$. 称 $A$ 是**等终的**, 是指对于某个 $\alpha_0 \in D$, 若 $\alpha \geqslant \alpha_0$, 则 $\alpha \in A$.

设 $Y$ 为集合, $(D, \leqslant)$ 为定向集. 以 $\alpha \in D$ 为下标的 $Y$ 的点 $s_\alpha$ 的集合 $\{s_\alpha | \alpha \in D\}$ 称为 $Y$ 的**定向点集**或**网**, 记作 $\{s_\alpha | \alpha \in D, \leqslant\}$ 或 $s$.

换句话说, 网是由定向集 $(D, \leqslant)$ 和映射 $f : D \to Y$ 所共同确定的定向点集 $(D, f)$, 这里并不要求 $f$ 是一一映射. 若对于所有 $\alpha \in D$, 都有 $s_\alpha = s_0$, 则也得到一个网, 称它为**常值网**.

特别地, 当 $D = N$ 时, 网就是通常的序列.

设 $A$ 是 $Y$ 的子集, 称网 $\{s_\alpha | \alpha \in D, \leqslant\}$ **在集 $A$ 中**, 是指对所有 $\alpha \in D$, 有 $s_\alpha \in A$. 称网 $\{s_\alpha | \alpha \in D, \leqslant\}$ **终于 $A$**, 是指有 $\alpha_0 \in D$, 当 $\alpha \geqslant \alpha_0, \alpha \in D$ 时, $s_\alpha \in A$. 称网 $\{s_\alpha | \alpha \in D, \leqslant\}$ **经常在 $A$ 中**, 是指对于 $D$ 中每个 $\alpha$, 有 $\beta \in D$, 使 $\beta \geqslant \alpha, s_\beta \in A$.

称网 $\{t_\beta | \beta \in E, \leqslant\}$ 是网 $\{s_\alpha | \alpha \in D, \leqslant\}$ 的**子网**, 是指存在 $\varphi : E \to D$, 使

(i) $t = s \circ \varphi$, 即对每个 $\beta \in E$, 有 $t_\beta = s_{\varphi(\beta)}$.

(ii) 对每个 $\alpha \in D$, 有 $\beta \in E$, 使若 $\gamma \geqslant \beta$, 则 $\varphi(\gamma) \geqslant \alpha$.

设 $(X,\tau)$ 为拓扑空间, 称 $X$ 的网 $\{s_\alpha | \alpha \in D, \leqslant\}$ **收敛于** $X$ 的点 $x_0$, 是指对于 $x_0$ 的任意邻域 $U \in \mathcal{U}(x_0)$, 有适当的 $\alpha_0 \in D$, 若 $\alpha \geqslant \alpha_0$, 则 $s_\alpha \in U$, 即

$$s(D(\alpha_0)) \subset U.$$

换言之, $X$ 的网 $s$ 收敛于 $X$ 的点 $x_0$, 当且仅当 $s$ 终于 $x_0$ 的每个 $\tau$ 邻域. 这时, $x_0$ 称为网 $s$ 的**极限点**, 记作

$$s_\alpha \to x_0 \quad \text{或} \quad \lim_D s_\alpha = x_0.$$

**定理 1**　设 $X$ 是拓扑空间, $A$ 是 $X$ 的子集, $x_0 \in X$, 则 $x_0$ 是 $A$ 的聚点, 当且仅当在 $A \backslash \{x_0\}$ 上有网 $s$ 收敛于 $x_0$.

**定理 2**　设 $X$ 是拓扑空间, $A$ 是 $X$ 的子集, $x_0 \in X$, 则 $x_0 \in \overline{A}$, 当且仅当 $A$ 中有网 $s$ 收敛于 $x_0$.

**定理 3**　拓扑空间 $X$ 是 Hausdorff 空间, 当且仅当 $X$ 中每个网至多收敛于一点.

设 $s$ 是拓扑空间 $X$ 的网, $x_0 \in X$, 称 $x_0$ 是 $s$ 的**接触点**, 是指 $s$ 经常在 $x_0$ 的每个邻域中.

**定理 4**　点 $x_0$ 是网 $s$ 的接触点, 当且仅当 $s$ 有子网收敛于 $x_0$.

有关网的更多的材料以及上述定理的证明, 均可参看 [4] 或 [89].

设 $X$ 与 $Y$ 都是拓扑空间, 映射 $f : X \to Y$ 称为**半连续的**, 是指对 $Y$ 中的每个开集 $G$, $f^{-1}(G)$ 是 $X$ 中的半开集.

设 $X$ 与 $Y$ 都是拓扑空间, $f : X \to Y$ 称为**弱 \* 连续映射**, 是指若 $G$ 是 $Y$ 中的开集, 则 $f^{-1}(G^b)$ 是 $X$ 中的闭集. $f : X \to Y$ 称为在点 $x \in X$ 是**弱连续**的, 是指对 $Y$ 中的每个开集 $G$, 若 $f(x) \in G$, 则存在 $X$ 中的开集 $O$, 使 $x \in O$ 且 $f(O) \subset \overline{G}$. 若 $f : X \to Y$ 在每一 $x \in X$ 弱连续, 则称 $f$ 为**弱连续映射**.

设 $X$ 与 $Y$ 都是拓扑空间, 称 $f : X \to Y$ 为 **Darboux 映射**, 是指对 $X$ 中的每个连通集 $A$, $f(A)$ 是 $Y$ 中的连通集. 称 $f$ 为**连通映射**, 是指 $f$ 的图像

$$G(f) = \{(x, f(x)) | x \in X\}$$

是 $X \times Y$ 中的连通集.

**1. 存在无界的收敛实数网.**

如所周知, 收敛数列必定有界. 然而, 收敛网不必有界. 例如, 令 $D = (0, 1)$, 并在 $D$ 上以大小定序, 则 $D$ 为一有序集. 对于 $\delta \in D$, 令 $x_\delta = \frac{1}{\delta}$, 则 $\{x_\delta | \delta \in D\}$ 是带有通常拓扑的实数集 $R$ 的一个网.

对 $x_0 = 1 \in R$, 任取 $x_0$ 的邻域 $U(x_0)$, 网 $\{x_\delta | \delta \in D\}$ 显然终于 $U(x_0)$, 即存在 $\delta_0 \in D$, 当 $1 > \delta \geqslant \delta_0$ 时, 就有 $x_\delta \in U(x_0)$, 故 $x_\delta \to x_0 = 1$. 但网 $\{x_\delta | \delta \in D\}$ 显然是无界的.

**2. 存在某个序列的子网, 它不是子序列.**

容易证明, 序列的任何子列都是子网. 但是, 序列的子网未必是子列. 例如, 我们用 $X$ 表示正实数的全体, 并在 $X$ 上以大小定序. 对每一 $t \in X$, 令 $[t]$ 代表不大于 $t$ 的最大整数. 易见, $\{x_{[t]} | t \in X\}$ 是序列 $\{x_n | n \in N\}$ 的一个子网, 但它不是一个序列.

**3. 存在某个网 $\{x_\alpha | \alpha \in A\}$ 及 $A$ 的一个无限子集 $B$, 使 $\{x_\beta | \beta \in B\}$ 不是子网.**

设 $X$ 为一拓扑空间, $x_0 \in X, \mathcal{U}(x_0)$ 为 $x_0$ 的邻域族. 令

$$A = \{\alpha | \alpha = U \in \mathcal{U}(x_0)\}.$$

对任意 $\alpha, \beta \in A$, 定义 $\alpha \geqslant \beta$ 当且仅当 $\alpha = U \in \mathcal{U}(x_0), \beta = V \in \mathcal{U}(x_0)$ 且 $U \subset V$. 于是, $A$ 为一有序集.

对 $\alpha \in A$, 任取 $x_\alpha \in U = \alpha$, 则 $\{x_\alpha | \alpha \in A\}$ 是 $X$ 的一个网. 在 $\mathcal{U}(x_0)$ 中固定一个 $U_0 = \alpha_0$, 并取 $x_0$ 的所有这样的邻域 $V$, 使每个 $V$ 不包含于 $U_0$ 之中. 这种邻域 $V$ 的全体记作 $B$. 于是, 我们得到 $A$ 的一个无限子集 $B$. 此时对任意 $\beta \in B$, 都有

$$\beta \not\geqslant \alpha_0.$$

这就说明对给定的 $\alpha_0 \in A$, 没有 $\beta \in B$ 使 $\beta \geqslant \alpha_0$, 即 $B$ 不是共尾的. 因此, $\{x_\beta | \beta \in B\}$ 不是 $\{x_\alpha | \alpha \in A\}$ 的子网.

**4. 存在某个序列闭集, 它不是闭集.**

容易证明, 闭集必为序列闭集, 但逆命题并不成立. 例如, 设

$$X = \{x | 0 \leqslant x \leqslant 1\},$$

并在 $X$ 上取不满足第一可数公理的拓扑 $\tau$. 例如, 可取 $\tau$ 为一切有限集 (包括空集) 的补集及空集 $\varnothing$, 令

$$A = \left\{x \,\middle|\, \frac{1}{2} \leqslant x \leqslant 1\right\},$$

且 $\{x_n | n \in N\} \subset A$, 若 $x_n \to x \ (n \to \infty)$, 则存在自然数 $n_0$, 当 $n \geqslant n_0$ 时就有 $x_n = x$. 因此, $x \in A$, 即 $A$ 是 $X$ 中的序列闭集. 但据 $X$ 上拓扑的定义, $A$ 不是 $X$ 的闭子集.

**5. 存在某个拓扑空间的序列, 它收敛于该空间的每一个点.**

设 $X$ 为一无限集, 又设 $\tau$ 是由空集 $\varnothing$ 以及 $X$ 的各个有限集的补集组成. 于是, 由 $X$ 内任意不同的点组成的序列收敛于 $X$ 的每一个点.

**6. 存在某个集 $X$ 上的两个拓扑 $\tau_1$ 与 $\tau_2$, 凡 $\{x_n\}$ 依 $\tau_1$ 收敛于 $x$ 必蕴涵 $\{x_n\}$ 依 $\tau_2$ 收敛于 $x$, 但 $\tau_1$ 并不强于 $\tau_2$.**

容易证明, 若 $d_1$ 与 $d_2$ 是集 $X$ 上的两个距离, 则 $d_1$ 强于 $d_2$ 当且仅当 $x_n \to x(d_1)$ 蕴涵 $x_n \to x(d_2)$. 在拓扑空间 $(X, \tau_1)$ 与 $(X, \tau_2)$ 中, 若 $\tau_1$ 强于 $\tau_2$, 则当 $x_n \to x(\tau_1)$ 时, 必有 $x_n \to x(\tau_2)$, 但逆命题并不成立. 例如, 设

$$X = \{x \mid 0 \leqslant x \leqslant 1\},$$

命 $X$ 的非空开集为 $X \backslash C$, 其中 $C$ 是 $X$ 的任一至多可数集. 如此确定的开集族形成 $X$ 的一个拓扑 $\tau_1$. 又在 $X$ 上取离散拓扑 $\tau_2$. 易见, $\tau_1$ 严格弱于 $\tau_2$.

设 $x_n, x \in X$, 且 $x_n \to x(\tau_1)$, 则存在自然数 $n_0$, 当 $n \geqslant n_0$ 时 $x_n = x$. 事实上, 假如不然, 则由 $x$ 的 $\tau_1$ 邻域

$$U = (X \backslash \{x_n\}) \cup \{x\}$$

推知, $x$ 不是序列 $\{x_n\}$ 在拓扑 $\tau_1$ 之下的极限, 此为矛盾. 因此, 当 $n \geqslant n_0$ 时 $x_n = x$, 从而 $x_n \to x(\tau_2)$.

**7. 至多有一个聚点的拓扑空间.**

设 $X$ 是一个门空间, 即 $X$ 的每个子集非开即闭. 兹证, Hausdorff 门空间至多有一个聚点. 事实上, 假如 $t \neq s$, 且 $t$ 与 $s$ 都是 $X$ 的聚点, 则存在不相交的开集 $U$ 与 $V$, 它们分别含有 $t$ 与 $s$. 于是, $t$ 是 $U$ 的聚点. 据引言中的定理 1, 存在网 $\{x_\alpha \mid \alpha \in D\} \subset U \backslash \{t\}$, 使

$$\lim_\alpha x_\alpha = t.$$

令 $E = \{x_\alpha \mid \alpha \in D\} \cup \{s\}$, 因 $s$ 不是 $E$ 的内点, 故 $E$ 不是开集; 又, $E$ 的聚点 $t \notin E$, 故 $E$ 不是闭集, 这与 $X$ 为一门空间的条件发生矛盾.

**8. $1^\circ$ 子集 $A$ 以点 $x$ 为聚点; $2^\circ$ $A \backslash \{x\}$ 中存在序列收敛于 $x$; $3^\circ$ $A \backslash \{x\}$ 中存在完全不同的点所成的序列收敛于 $x$. 上述三个命题彼此不等价.**

对于拓扑空间 $X$ 的子集 $A$, 不难看出, $3^\circ$ 蕴涵 $2^\circ$, 而 $2^\circ$ 蕴涵 $1^\circ$, 但其逆并不成立.

**例 1** 不能由 $1^\circ$ 推出 $2^\circ$.

设 $X = \{x|0 \leqslant x \leqslant 1\}$, $C$ 为 $X$ 的任一至多可数集. 令 $X$ 的非空开集为 $X \backslash C$, 这种开集的全体再加上空集就形成 $X$ 的一个拓扑 $\tau$.

取 $X$ 的子集 $A = \{x|\frac{1}{2} \leqslant x \leqslant 1\}$, 则 $X$ 的任一点 $x$ 都是 $A$ 的聚点, 因此 $\overline{A} = X$. 另一方面, 若 $\{x_n\}$ 是 $X$ 中的一个收敛序列, 它以 $x$ 为极限, 则必存在自然数 $n_0$, 当 $n \geqslant n_0$ 时就有 $x_n = x$. 这个结果说明任一点 $x \in X$ 都是 $A$ 的聚点, 但 $A \backslash \{x_n\}$ 中没有收敛到 $x$ 的序列.

**例 2**　不能由 2° 推出 3°.

设拓扑空间 $X$ 只含有三个不同的点 $a, b, c$, 而且 $X$ 的非空开集是含有点 $a$ 的所有子集. 易见, 点 $b$ 和 $c$ 都是子集 $A = \{a\}$ 的聚点, 因此, $\overline{A} = X$. 对每一 $n$, 令 $x_n = a$, 则 $X$ 的常值序列 $\{x_n\}$ 以点 $a, b, c$ 为极限. 因此, 不能由 2° 推出 3°.

**注**　若拓扑空间 $X$ 满足第一可数公理, 则 1° 蕴涵 2°, 从而 1° 与 2° 等价. 若 $X$ 是 $T_1$ 空间, 则 2° 蕴涵 3°, 从而 2° 与 3° 等价. 特别, 对于度量空间而言, 1°, 2° 与 3° 彼此都等价.

**9.　存在某个具有聚点的可数集 $S$, 而在 $S$ 中不存在收敛于该聚点的序列.**

下面的例子是由 Priestley[130] 作出的.

设 $X$ 是由区间 $[0,1]$ 到 $[0,1]$ 内的一切函数 $x = x(t)$ 所成之集, 并在 $X$ 上取乘积拓扑, 即 $x'$ 的邻域 $U(x', \varepsilon, t_1, t_2, \cdots, t_n)$ 是形如

$$\{x||x(t_i) - x'(t_i)| < \varepsilon, i = 1, 2, \cdots, n\}$$

的集, 这里 $\varepsilon > 0$, 且 $t_i \in [0,1], i = 1, 2, \cdots, n$. 注意, $\{x_n\}$ 在乘积拓扑下收敛于 $x$ 当且仅当对每一 $t \in [0,1]$, 都有

$$\lim_{n \to \infty} x_n(t) = x(t).$$

据 Tychonoff 定理, $X$ 是紧的.

对有理数集的每个有限子集 $A = \{a_i\}$, 使

$$0 < a_1 < a_2 < \cdots < a_m < 1,$$

构造函数 $x_A$, 其图像如下 (见图 3).

令 $S \subset X$ 为所有 $x_A$ 所成之集, 则 $S$ 为一可数集. 易见, 对于函数 $x_0(t) \equiv 0$ 以及 $x_0$ 的任一邻域

$$U = U(x_0, \varepsilon, t_1, t_2, \cdots, t_n),$$

都有 $U \cap (S \backslash \{x_0\}) \neq \varnothing$. 因此, $x_0$ 是可数集 $S$ 的一个聚点. 然而, $S$ 中不存在序列 $\{x_n\}$, 使 $\{x_n\}$ 收敛于 $x_0$. 事实上, 如果 $\{x_n\}$ 收敛于 $x_0$, 那么根据 Lebesgue

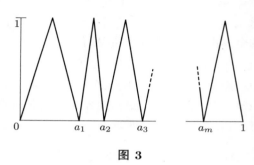

**图 3**

有界收敛定理, 将有

$$\lim_{n\to\infty}\int_0^1 x_n(t)\mathrm{d}t=\int_0^1 x_0(t)\mathrm{d}t=0.$$

然而, 由于对任何 $x\in S$, 都有

$$\int_0^1 x(t)\mathrm{d}t=\frac{1}{2},$$

故这是不可能的.

**10.  存在某个非第一可数空间, 使得每个集的每个聚点必是该集中某个序列的极限.**

如所周知, 在第一可数空间中每个集的每个聚点必是该集中某个序列的极限. 应当注意, 这个命题之逆并不成立. 例如, 设 $X$ 为自然数集, 对每个自然数 $p>1$, 令 $p$ 的开邻域为 $\{p\}$; 对 $p=1$, 令 $p$ 的开邻域 $V$ 为含有 1 且存在自然数的无穷序列 $l_1,l_2,\cdots$, 使 $V$ 中其余的点都是形如 $2^k(2l-1)$ 的自然数, 这里 $k,l$ 均为自然数且 $l>l_k$.

易见, 这样定义的开邻域确定了 $X$ 上的一个拓扑, 从而 $X$ 为一拓扑空间. 显然, $X$ 还是一个 Hausdorff 空间.

(i) $X$ 不是第一可数空间. 事实上, 设 $\{V_n\}$ 是含有 1 的无限的开集序列, $k$ 是给定的自然数. 因为 1 的每个邻域含有 $\{2^k(2l-1)\}_{l=1}^{+\infty}$ 的无穷多个元, 所以 1 是数集 $\{2^k(2l-1)\}_{l=1}^{+\infty}$ 的聚点, 于是, 存在自然数 $l_k$, 使

$$2^k(2l_k-1)\in V_k.$$

令 $V$ 为所有形如 $2^k(2l-1)$ 的自然数及 1 所成之集, 这里 $k=1,2,\cdots$, 而 $l>l_k$, 则 $V$ 是 1 的一个邻域, 从而是开集. 但是, 由于

$$2^k(2l_k-1)\notin V \quad (k=1,2,\cdots),$$

故 $V_k \backslash V \neq \varnothing \ (k = 1, 2, \cdots)$, 可见 $X$ 不是第一可数空间.

(ii) $X$ 中每个集的每个聚点必是该集中某个序列的极限. 事实上, 集 $A \subset X$ 具有聚点 (元素 1) 当且仅当存在自然数 $k$, 使无穷多个自然数 $l$, 有

$$2^k(2l - 1) \in A.$$

于是, 存在 $l = m_1, m_2, \cdots$, 使 $m_1 < m_2 < \cdots$, 且

$$\lim_{i \to \infty} 2^k(2m_i - 1) = 1.$$

**11.** **存在两个拓扑空间, 其中每个集的每个聚点必是该集中某个序列的极限, 但其积空间却无此性质.**

设 $X = [0, 1]$ 并在 $X$ 上取通常拓扑, 则 $X$ 中每个集的每个聚点必是该集中某个序列的极限.

又设 $R^2$ 是带有通常拓扑的实平面, $A$ 是形如 $(x, 0)$ 的点的全体, 其中 $x \in R$. $Y$ 是 $R^2$ 的一个分解, 它是由 $A$ 以及一切单点集 $\{(x, y)\}$ 所构成, 其中 $(x, y) \notin A$. 在 $Y$ 上取商拓扑. 显然, $Y$ 中每个集的每个聚点必是该集中某个序列的极限. 令

$$B = \left\{ \left( \frac{1}{n}, \left( n, \frac{1}{m} \right) \right) \middle| n, m = 1, 2, \cdots \right\} \subset X \times Y,$$

则 $(0, A)$ 是集 $B$ 的一个聚点, 但 $B$ 中没有序列能收敛于 $(0, A)$.

**注** Michael[116] 和 Pryce[132] 提出问题: 两个紧的 Hausdorff 空间, 其中每个集的每个聚点必是该集中某个序列的极限, 其积是否必有这个性质?

Boehme 和 Rosenfeld[40] 指出, 在连续统的假设下, 这个问题的答案是否定的.

**12.** **聚点、$\omega$ 聚点与凝聚点这三个概念两两相异.**

易见, 凝聚点必为 $\omega$ 聚点, $\omega$ 聚点必为聚点. 但其逆不真, 我们举出反例如下:

**例 1** 某个集的聚点, 它不是该集的 $\omega$ 聚点.

设 $X$ 为一不可数集, 空集 $\varnothing$ 以及一切含有固定点 $x$ 的集作为 $X$ 的开集, 则此开集族确定了 $X$ 上的一个拓扑. 又设 $Y$ 是含有点 $x$ 的子集, 则每一点 $y \neq x$ 都是 $Y$ 的聚点. 但 $y$ 显然不是 $Y$ 的 $\omega$ 聚点.

**例 2** 某个集的 $\omega$ 聚点, 它不是该集的凝聚点.

设 $R$ 为实数集并取通常拓扑. 令

$$A = \left\{ \frac{1}{n} \middle| n = 1, 2, \cdots \right\},$$

则 $0$ 是 $A \cup [2,3]$ 的一个 $\omega$ 聚点. 然而, $0$ 显然不是 $A \cup [2,3]$ 的凝聚点.

### 13.　一个非 Hausdorff 空间, 其中收敛序列的极限都是唯一的.

如所周知, 在 Hausdorff 空间内收敛序列的极限必定唯一, 然而逆命题并不成立. 我们介绍 Slepian[157] 的例子如下:

设 $R$ 为实数集. 令

$$\tau = \{R \backslash A \,|\, A \subset R, A \text{ 至多可数}\} \cup \{\varnothing\},$$

则 $\tau$ 是 $R$ 上的一个拓扑.

先证 $\tau$ 不是 Hausdorff 拓扑.

设 $x \in U \in \tau, y \in V \in \tau$, 假定 $U \cap V = \varnothing$, 我们将证这是不可能的. 事实上, 根据拓扑 $\tau$ 的定义, 存在 $A \subset R$, 使 $A$ 至多可数且

$$U = R \backslash A.$$

但 $U \cap V = \varnothing$, 故知 $V \subset A$, 于是 $V$ 也至多可数. 又存在 $B \subset R$, 使 $B$ 至多可数且

$$V = R \backslash B.$$

因此, $R \backslash V$ 也至多可数, 从而 $R = V \cup (R \backslash V)$ 至多可数, 矛盾. 可见 $U \cap V \neq \varnothing$, 即 $\tau$ 不是 Hausdorff 拓扑.

再证 $R$ 中收敛序列的极限必定唯一.

假如 $R$ 中存在某个序列 $u = \{u_i\}$ 既收敛于 $x$, 又收敛于 $y$, 且 $x \neq y$. 注意, $x \in R \backslash \{y\}$, 于是存在 $n \in N$, 使

$$\{u_j \,|\, j \in N, n \leqslant j\} \subset R \backslash \{y\}.$$

因 $\{u_j \,|\, j \in N, n \leqslant j\}$ 为一可数集, 故

$$y \in R \backslash \{u_j \,|\, j \in N, n \leqslant j\} \in \tau.$$

于是存在 $m \in N$, 使

$$\{u_j \,|\, j \in N, m \leqslant j\} \subset R \backslash \{u_j \,|\, j \in N, n \leqslant j\}.$$

特别, 我们得到 $u_{m+n} \notin \{u_j \,|\, j \in N, n \leqslant j\}$, 这是不可能的.

**14. 存在某个拓扑空间到另一个拓扑空间上的映射,它是连续的,但既不是开的也不是闭的.**

设 $f(x) = \mathrm{e}^x \cos x$, 定义域与值域均为带有通常拓扑的实数集 $R$. 易见, $f$ 是连续的. 还容易证明, $f$ 在开区间 $(-\infty, 0)$ 内取得最小值

$$f\left(-\frac{3}{4}\pi\right) = -\frac{\sqrt{2}\mathrm{e}^{-\frac{3}{4}\pi}}{2}.$$

由此可知, $-\frac{\sqrt{2}\mathrm{e}^{-\frac{3}{4}\pi}}{2}$ 不是集 $f((-\infty, 0))$ 的内点, 即 $f((-\infty, 0))$ 不是 $R$ 中的开集, 因此, $f$ 不是开映射. 又易见 $\{-n\pi\}_{n=1}^{\infty}$ 是 $R$ 中的闭集, 而

$$f(\{-n\pi\}_{n=1}^{\infty}) = \{(-1)^n \mathrm{e}^{-n\pi}\}_{n=1}^{\infty}$$

不是闭集, 故 $f$ 不是闭映射.

**15. 存在某个拓扑空间到另一个拓扑空间上的映射,它是开的和闭的,但不是连续的.**

设 $X$ 为单位圆周 $\{(x, y) | x^2 + y^2 = 1\}$, $Y$ 为半开区间 $[0, 2\pi)$, 在 $X$ 与 $Y$ 上都取通常拓扑. 又设映射 $f$ 为 $(x, y) \to \theta$, 其中 $x = \cos\theta, y = \sin\theta, 0 \leqslant \theta < 2\pi$.

(i) 映射 $f$ 是既开又闭的.

我们只要证明逆映射 $f^{-1}$ 连续即可. 设 $\theta_n, \theta \in Y$ 且 $\theta_n \to \theta (n \to \infty)$, 则

$$\sqrt{(x_n - x)^2 + (y_n - y)^2} = \sqrt{(\cos\theta_n - \cos\theta)^2 + (\sin\theta_n - \sin\theta)^2}$$
$$\to 0 \quad (n \to \infty).$$

因此, $(x, y) = f^{-1}(\theta)$ 是连续的.

(ii) 映射 $f$ 在点 $(1, 0)$ 不连续.

设 $(x_n, y_n) \to (1, 0)(n \to \infty)$, 其中 $x_n = \cos\theta_n, y_n = \sin\theta_n$. 于是得到 $x_n \to 1, y_n \to 0 \ (n \to \infty)$. 因为

$$\tan\theta_n = \frac{y_n}{x_n}, \quad \theta_n = \arctan\frac{y_n}{x_n},$$

所以

$$\lim_{\substack{x_n \to 1 \\ y_n \to 0^+}} \theta_n = 0, \quad \lim_{\substack{x_n \to 1 \\ y_n \to 0^-}} \theta_n = 2\pi,$$

这就说明了 $f$ 在点 $(1, 0)$ 不连续.

**注** 可以证明, 由 $R$ 到 $R$ 的既开且闭的映射必为连续映射. 上述反例说明了由 $R^2$ 到 $R$ 的既开且闭的映射未必是连续映射.

**16.** 存在某个拓扑空间到另一个拓扑空间上的映射, 它是闭的, 但既不是开的也不是连续的.

设 $X$ 为单位圆周 $\{(x,y)|x^2 + y^2 = 1\}$, $Y$ 为区间 $[0, 2\pi)$, 在 $X$ 与 $Y$ 上都取通常拓扑. 令映射 $f$ 为

$$(\cos\theta, \sin\theta) \rightarrow \begin{cases} 0, & 0 \leqslant \theta \leqslant \pi, \\ \theta - \pi, & \pi < \theta < 2\pi. \end{cases}$$

因为 $f$ 映 $X$ 中的开的上半圆周为 $Y$ 中的单点集 $\{0\}$, 所以 $f$ 不是开映射. 又 $f$ 在点 $(1, 0)$ 不连续而且只在该点不连续 (参看例 15).

兹证 $f$ 是闭映射. 假如相反, 即存在闭集 $A \subset X$, 使得 $B = f(A)$ 在 $Y$ 中不是闭的. 于是存在 $\{b_n\} \subset B$, 使得

$$b_n \rightarrow b \quad (n \rightarrow \infty),$$

而 $b \notin B$. 因为 $B = f(A)$, 所以存在 $a_n \in A$ 而有 $f(a_n) = b_n$. 由于 $A$ 是 $R^2$ 的有界闭子集, 因而 $\{a_n\}$ 中存在收敛子列. 不妨假设 $\{a_n\}$ 收敛:

$$\lim_{n \rightarrow \infty} a_n = a \in A.$$

因为 $b \notin B$, 所以

$$f(a_n) = b_n \rightarrow b \neq f(a) \quad (n \rightarrow \infty),$$

从而 $f$ 在点 $a$ 间断. 因 $f$ 在 $X$ 上只有唯一的间断点 $(1, 0)$, 故 $a = (1, 0)$. 但是这意味着 $\{a_n\}$ 有一个从上半圆周或者从下半圆周逼近点 $(1, 0)$ 的子列, 在前一种情况, 将是 $b_n \rightarrow 0 \in B$, 这与 $b_n \rightarrow b \notin B$ 矛盾; 在后一种情况, 在 $Y$ 内 $\{b_n\}$ 不能收敛, 也将导致矛盾. 所以 $f$ 是闭映射.

**17.** 存在某个拓扑空间到另一个拓扑空间上的映射, 它是连续的和开的, 但不是闭的.

设 $X$ 与 $Y$ 分别是二维欧氏空间 $R^2$ 与一维欧氏空间 $R$, 再设映射为射影 $P : P(x, y) = x$, $P$ 显然是既开且连续的. 又集

$$F = \left\{ (x, y) \Big| y = \frac{1}{x} > 0 \right\}$$

是 $X$ 的闭子集, 而 $P(F) = \{x | 0 < x < +\infty\}$ 在 $Y$ 内不是闭的, 故 $P$ 不是闭映射.

18. 存在某个拓扑空间到另一个拓扑空间上的映射，它是开的，但既不是连续的也不是闭的.

设 $(X, \tau)$ 是实平面，其拓扑 $\tau$ 由空集 $\varnothing$ 以及至多可数集的补集组成；$(Y, \sigma)$ 为实数集 $R$，其拓扑 $\sigma$ 由空集 $\varnothing$ 以及有限集的补集组成，再设映射为射影 $P$ : $(x, y) \to x$.

于是，$P$ 是开的，这是因为 $(X, \tau)$ 内的任一非空开集必定包含有一条水平直线，它的像是 $R$. 另一方面，$P$ 不是闭的，因为 $n \in R$ 的点 $(n, 0)$ 的集在 $(X, \tau)$ 内是闭的，但是它的像在 $(Y, \sigma)$ 内不是闭的. 又因为 $(Y, \sigma)$ 内任一开集，假如它是 $Y$ 的真子集，那么它的原像在 $(X, \tau)$ 内不能是开集，所以 $P$ 不是连续的.

19. 存在某个拓扑空间到另一个拓扑空间上的映射，它是连续的和闭的，但不是开的.

设 $X$ 与 $Y$ 都是闭区间 $[0, 2]$，并在 $X$ 与 $Y$ 上都取通常拓扑. 再设

$$f(x) = \begin{cases} 0, & 0 \leqslant x \leqslant 1, \\ x - 1, & 1 < x \leqslant 2. \end{cases}$$

显然，$f$ 是连续的. 又因为 $X$ 与 $Y$ 都是紧度量空间，所以 $f$ 把 $X$ 中的每个闭集映成 $Y$ 中的闭集. 但是，对于 $X$ 中的开集 $G = (0, 1), f(G) = \{0\}$ 在 $Y$ 中不是开的，故 $f$ 不是开映射.

20. 存在某个一对一的闭映射，其逆映射不是闭映射.

设 $X = \{x | 0 \leqslant x \leqslant 1\}, Y = \{x | 0 \leqslant x \leqslant 1\} \cup \{2\}$，并在 $X$ 与 $Y$ 上都取通常拓扑. 令

$$f(x) = \begin{cases} x, & 0 \leqslant x < 1, \\ 2, & x = 1. \end{cases}$$

易见，$f$ 是 $X$ 到 $Y$ 上的一对一的映射，且 $f$ 把 $X$ 中的每一闭集映成 $Y$ 中的闭集，即 $f$ 是闭映射. 但逆映射

$$x = f^{-1}(y) = \begin{cases} y, & 0 \leqslant y < 1, \\ 1, & y = 2 \end{cases}$$

不是闭映射，因为它映 $Y$ 中的闭集 $[0, 1)$ 为 $X$ 中的非闭集 $[0, 1]$.

21. 存在某个拓扑空间 $X$ 到另一个拓扑空间 $Y$ 的两个连续而不相等的映射，它们在 $X$ 的某个稠密子集上取值相同.

可以证明，若 $E$ 是拓扑空间 $X$ 的子集，$P \subset E$ 且在 $E$ 中稠密，又 $f$ 与 $g$ 是 $E$ 到 Hausdorff 空间 $Y$ 内的连续映射，且对任意 $p \in P$，都有 $f(p) = g(p)$，则对任意 $p \in E$，就有 $f(p) = g(p)$.

应当注意, 对于非 Hausdorff 空间 $Y$, 这一命题不再成立. 例如, 设 $X$ 为自然数集, $a \in X$, 定义 $a$ 的邻域为 $X$ 的每个含有 $a$ 的这种子集, 它包含 $X$ 中除有限个元素而外的全部元素, 则 $X$ 为一拓扑空间, 但不是 Hausdorff 空间. 令

$$P = \{1, 3, 5, \cdots\},$$

则 $P$ 在 $X$ 中稠密. 又对 $p \in X$, 令 $f(p) = p$, 而令

$$g(2k-1) = 2k-1, \quad g(2k) = 2k+2, \quad k = 1, 2, \cdots,$$

则 $f$ 与 $g$ 都是从 $X$ 到 $X$ 的连续映射, 且当 $p \in P$ 时, 有 $f(p) = g(p)$. 然而, 当 $p$ 为偶数时, $f(p) \neq g(p)$.

**注**　可以证明, 若 $f$ 与 $g$ 是拓扑空间 $X$ 到 Hausdorff 空间 $Y$ 的连续映射, 则集

$$F = \{x \mid f(x) = g(x), x \in X\}$$

是 $X$ 的闭子集. 上述反例也说明了当 $Y$ 不是 Hausdorff 空间时, $F$ 未必是 $X$ 的闭子集.

**22.　存在某个不连续映射, 它把紧集映成紧集.**

如所周知, 设 $X$ 与 $Y$ 都是拓扑空间, 若 $f : X \to Y$ 是连续映射, 则 $f$ 把 $X$ 中的紧集映成 $Y$ 中的紧集. 应当注意, 这个命题之逆并不成立. 例如, 设 $R$ 为实数集并带有通常拓扑, 映射 $f$ 定义为

$$f(x) = \begin{cases} 0, & x \leqslant 0, \\ 1, & x > 0. \end{cases}$$

此时 $R$ 中的任意一个紧集的像最多只含有两个点, 这当然是 $R$ 中的一个紧集. 然而 $f$ 并不连续.

可以证明, 若 $f : X \to Y$ 是将 $X$ 中每一紧集映成 $Y$ 中的紧集, 且 $f$ 是单射, 则 $f$ 必为连续映射. 上述反例之所以得以成立, 是因为 $f$ 不是单射.

**23.　存在两个连续闭映射 $f$ 与 $g$, 使 $f \times g$ 不是闭映射.**

设 $X = [0, 1), I = [0, 1]$, 并在 $X$ 与 $I$ 上都取通常拓扑. 我们考虑恒等映射 $g : I \to I$ 及常值映射 $f : X \to Y = \{0\}$. 显然, $g$ 与 $f$ 都是连续闭映射. 但是, 映射

$$f \times g : X \times I \to Y \times I$$

不是闭的. 事实上, 令 $h = f \times g$, 并令

$$F = \left\{ \left(1 - \frac{1}{n}, \frac{1}{n}\right) \,\middle|\, n = 1, 2, \cdots \right\},$$

则 $F$ 是 $X \times I$ 中的闭集, 而 $h(F)$ 在 $Y \times I$ 中不是闭的.

### 24.　存在半连续而不连续的映射.

显然, 连续映射必为半连续映射, 但逆命题并不成立. 例如, 设 $X = Y = [0,1]$ 并取通常拓扑. 令 $f : X \to Y$ 为

$$f(x) = \begin{cases} 1, & 0 \leqslant x \leqslant \dfrac{1}{2}, \\ 0, & \dfrac{1}{2} < x \leqslant 1. \end{cases}$$

则 $f$ 是 $X$ 到 $Y$ 的半连续而不连续的映射.

### 25.　存在两个半连续映射, 它们的和与积并不半连续.

如所周知, 两个连续映射之和与积仍是连续映射. 然而, 对于半连续映射而言, 相应的命题并不成立. 例如, 设 $X = X_1 = X_2 = [0,1]$ 并取通常拓扑, 映射 $f_1 : X \to X_1$ 定义为

$$f_1(x) = \begin{cases} x, & 0 \leqslant x \leqslant \dfrac{1}{2}, \\ 0, & \dfrac{1}{2} < x \leqslant 1. \end{cases}$$

映射 $f_2 : X \to X_2$ 定义为

$$f_2(x) = \begin{cases} 0, & 0 \leqslant x < \dfrac{1}{2}, \\ 1, & \dfrac{1}{2} \leqslant x \leqslant 1. \end{cases}$$

则 $f_1$ 与 $f_2$ 具有所需的性质.

### 26.　存在某个半连续映射序列的逐点极限, 它并不半连续.

设 $X = Y = [0,1]$ 并取通常拓扑, 映射 $f_n : X \to Y$ 定义为

$$f_n(x) = x^n, \quad n = 1, 2, \cdots.$$

$f_0 : X \to Y$ 是 $\{f_n\}$ 的逐点极限. 这里

$$f_0(x) = \begin{cases} 0, & 0 \leqslant x < 1, \\ 1, & x = 1. \end{cases}$$

但 $f_0$ 不是半连续的, 因为 $\left(\dfrac{1}{2}, 1\right]$ 是 $Y$ 中的一个开集, 而 $f_0^{-1}\left(\left(\dfrac{1}{2}, 1\right]\right) = \{1\}$ 在 $X$ 中不是半开的.

**27. 弱 * 连续映射与弱连续映射互不蕴涵.**

**第一例**　弱 * 连续而不弱连续的映射.

设 $X = \{a, b\}$, 开集为 $\varnothing, X$; $Y = \{a^*, b^*\}$, 开集为 $\varnothing, \{a^*\}, \{b^*\}, Y$. 令

$$f(x) = x^*.$$

因为 $f(a) = a^* \in \{a^*\} = \overline{\{a^*\}}$, 而含有点 $a$ 的唯一开集是 $X$, 且 $f(x) \not\subset \overline{\{a^*\}}$, 所以映射 $f: X \to Y$ 不是弱连续的. 但是, 因 $\{a^*\}$ 的边界 $\{a^*\}^b = \{a^*\} \cap \{b^*\} = \varnothing$, 且 $f^{-1}(\varnothing)$ 是闭集, 故 $f: X \to Y$ 是弱 * 连续的.

**第二例**　弱连续而不弱 * 连续的映射.

设 $X = \{x_1, x_2\}$, 开集为 $\varnothing, \{x_1\}, X$; $Y = \{y_1, y_2\}$, 开集为 $\varnothing, \{y_2\}$ 及 $Y$. 令

$$f(x_i) = y_i, \quad i = 1, 2,$$

则映射 $f: X \to Y$ 显然弱连续. 因

$$\{y_2\}^b = \overline{\{y_2\}} \cap \overline{\{y_1\}} = \{y_1\},$$

且 $f^{-1}(y_1) = x_1$, 而 $\{x_1\}$ 不是 $X$ 中的闭集, 故 $f$ 不是弱 * 连续的.

**28. 弱连续映射与序列连续映射互不蕴涵.**

**第一例**　弱连续而不序列连续的映射.

设 $X = Y = [0, 1]$, 在 $X$ 上取通常拓扑, 而在 $Y$ 上取拓扑如下: $Y$ 的子集 $G$ 为开集当且仅当 $G$ 为空集或 $G^c$ 为至多可数集.

设 $f: X \to Y$ 为恒等映射. 由于 $Y$ 中的任一非空开集 $G$, 都有 $\overline{G} = Y$, 因而 $f$ 是弱连续映射. 另一方面, 取 $x_n = \frac{1}{n} \in X$, 则

$$\lim_{n \to \infty} x_n = 0.$$

但对 $Y$ 中含有点 $0$ 的开集 $G = Y \backslash \{x_n\}$, $f(x_n) = x_n \notin G$, 故

$$f(x_n) \nrightarrow f(0)(n \to \infty).$$

因此, $f$ 不是序列连续的.

**第二例**　序列连续而不弱连续的映射.

取第一例中的拓扑空间 $X$ 与 $Y$, 并设 $f: Y \to X$ 是恒等映射. 易见, $f$ 是序列连续的. 另一方面, 对 $X$ 中的开集 $G = \left(\frac{1}{4}, \frac{3}{4}\right)$, 因 $Y$ 中的每个非空开集的补集是至多可数的, 故对 $Y$ 中的任一非空开集 $O$, 包含关系

$$f(O) = O \subset \overline{G}$$

都不能成立. 因此, $f$ 不是弱连续的.

**29.　序列连续且弱连续而不弱 * 连续的映射.**

设 $X = [0,1]$, 命 $X$ 的非空开集为其补集至多可数的集; 再设 $Y = \{a,b\}, Y$ 的开集为 $\varnothing, \{a\}$ 及 $Y$. 令 $f : X \to Y$ 为

$$f(x) = \begin{cases} a, & x \text{ 为 } X \text{ 中的有理数}, \\ b, & x \text{ 为 } X \text{ 中的无理数}. \end{cases}$$

任取 $\{x_n\} \subset X$ 且 $x_n \to x$, 据 $X$ 上拓扑的定义, 存在自然数 $n_0$, 当 $n > n_0$ 时, 都有 $x_n = x$. 因此,

$$\lim_{n \to \infty} f(x_n) = f(x),$$

即 $f$ 是序列连续的. 又对 $Y$ 中的任一非空开集 $G$, 都有 $\overline{G} = Y$, 故 $f$ 是弱连续的. 但对 $Y$ 中的开集 $\{a\}$, 有

$$\{a\}^b = \overline{\{a\}} \cap \overline{\{b\}} = \{b\},$$

而 $f^{-1}(b)$ 是 $X$ 中的无理数集, 它不是闭集, 故 $f$ 不是弱 * 连续的.

　　**注**　Levine[99] 证明了, 若 $X$ 与 $Y$ 都是拓扑空间, 则 $f : X \to Y$ 连续当且仅当 $f$ 既弱连续又弱 * 连续.

**30.　序列连续且弱 * 连续而不弱连续的映射.**

设 $X$ 是例 29 中的拓扑空间, $Y = \{a,b\}, Y$ 的开集为 $\varnothing, \{a\}, \{b\}$ 及 $Y$. 令

$$f(x) = \begin{cases} a, & x \in X \text{ 且为有理数}, \\ b, & x \in X \text{ 且为无理数}. \end{cases}$$

显然, 映射 $f : X \to Y$ 是序列连续的. 由于

$$\{a\}^b = \{b\}^b = \varnothing,$$

可见对 $Y$ 中的任意开集 $G, f^{-1}(G^b)$ 都是 $X$ 中的闭集. 因此, $f$ 是弱 * 连续的. 但 $f$ 并不弱连续, 因为 $f\left(\frac{1}{2}\right) = a$, 而 $\{a\}$ 是 $Y$ 中的开集, 且 $\overline{\{a\}} = \{a\}$, 故不存在含有 $\frac{1}{2}$ 的开集 $O$ 而有 $f(O) = \{a\}$.

**31.　弱连续且序列连续而不连续的映射.**

设 $X$ 是例 29 中的拓扑空间, $Y = \{a,b\}, Y$ 的开集是 $\varnothing, \{a\}$ 及 $Y$. 令 $f : X \to Y$ 为

$$f(x) = \begin{cases} a, & a \text{ 为 } X \text{ 中的有理数}, \\ b, & b \text{ 为 } X \text{ 中的无理数}. \end{cases}$$

因 $f^{-1}(a)$ 不是 $X$ 中的开集, 故 $f$ 不连续, 但易证 $f$ 序列连续且弱连续.

**32.　存在某个具有强闭图像的弱连续映射, 它并不连续.**

设 $X$ 与 $Y$ 是拓扑空间, $f: X \to Y$, 令

$$G(f) = \{(x, f(x)) | x \in X\} \subset X \times Y.$$

称映射 $f$ 具有**强闭图像**, 是指对每个 $(x, y) \notin G(f)$, 分别存在含有 $x$ 与 $y$ 的开集 $U$ 与 $V$, 使

$$(U \times \overline{V}) \cap G(f) = \varnothing.$$

映射 $f: X \to Y$ 称作具有**闭图像**, 是指 $f$ 的图像 $G(f)$ 是 $X \times Y$ 中的闭集.

显然, 若 $f$ 具有强闭图像, 则 $f$ 必具有闭图像.

Herrington 和 Long[76] 指出, 具有强闭图像的弱连续映射未必连续. 设 $X = [0, 1]$ 并取通常拓扑. $Y = [0, 1]$, 在 $Y$ 上取通常拓扑连同集 $A = \{r | r$ 为有理数且 $\frac{1}{3} < r < \frac{2}{3}\}$.

显然, 恒等映射 $f: X \to Y$ 具有闭的图像. 此外, 这个图像还是强闭的. 然而, $f$ 并不连续, 但它是弱连续的.

　　**注**　Herrington 和 Long 指出, 若 $Y$ 是紧拓扑空间, 则对任一拓扑空间 $X$, 当映射 $f: X \to Y$ 具有闭图像时, $f$ 必定连续. 上述反例说明了当 $Y$ 不紧时, 即使 $f$ 具有强闭图像且弱连续, 也不能保证 $f$ 连续.

**33.　存在某个具有强闭图像的映射, 它并不弱连续.**

设 $X = [0, 1]$ 并取通常拓扑; $Y = [0, 1]$, 在 $Y$ 上取实数集的通常拓扑的相对开集连同单点集 $\{\frac{1}{2}\}$ 作为 $Y$ 的子基.

显然, 恒等映射 $f: X \to Y$ 具有强闭图像. 但 $f$ 在 $x = \frac{1}{2}$ 处并不弱连续, 这是因为对于 $Y$ 中的开集 $G = \{\frac{1}{2}\}$ 而言, $X$ 中不存在含有点 $\frac{1}{2}$ 的开集 $O$, 使 $f(O) \subset \overline{G} = \{\frac{1}{2}\}$.

**34.　存在某个具有闭图像的映射, 它的图像并不强闭.**

设 $X$ 与 $Y$ 都是拓扑空间, $f: X \to Y$. 易见, 若 $f$ 具有强闭图像, 则 $f$ 必具有闭图像. 应当注意, 这个命题之逆并不成立. 例如, 设 $X = [0, 1]$ 并取通常拓扑; $Y = [0, 1] \times [0, 1]$, 取 $Y$ 的一切通常开集连同集族

$$\mathscr{U} = \{Y \backslash (B \times \{0\}) | B \subset [0, 1]\}$$

作为它的子基. 于是, $X$ 与 $Y$ 都是拓扑空间. 定义映射 $f: X \to Y$ 为

$$f(x) = \begin{cases} (x, 0), & x \neq 0, \\ (1, 1), & x = 0. \end{cases}$$

则 $f$ 的图像 $G(f)$ 是 $X \times Y$ 中的闭集, 然而, $G(f)$ 在 $X \times Y$ 中并不强闭.

**35. 存在某个 Darboux 映射, 它不是连续映射.**

容易证明, 连续映射必为 Darboux 映射, 但逆命题并不成立. 例如, 在 $R$ 上定义实值函数 $f$ 如下:

$$f(x) = \begin{cases} \sin \dfrac{1}{x}, & x > 0, \\ 0, & x \leqslant 0. \end{cases}$$

则 $f$ 是 Darboux 映射, 但它并不连续.

下述问题尚未解决:

**问题 1** 是否存在开映射, 它不是 Darboux 映射?

**问题 2** 若问题 1 的答案是肯定的, 则是否存在 $R$ 到 $R$ 的开映射, 它在任何一个区间上都不是 Darboux 映射?

**问题 3** 是否存在开的无处连续的 Borel 函数?

**问题 4** 若问题 3 的答案是肯定的, 则是否存在第二类 Baire 函数, 它是开的且是无处连续的?

**36. 闭映射、诱导闭映射与伪开映射之间的关系.**

高国士[22] 引进了诱导闭映射的概念, 它是一类广泛而常见的映射, 且具有良好的性质.

拓扑空间 $X$ 到拓扑空间 $Y$ 上的满映射 $f$ 称为**诱导闭映射**, 是指存在子集 $X_0 \subset X$, 使

$$f(X_0) = Y,$$

且 $f|X_0 : X_0 \to Y$ 是闭映射.

拓扑空间 $X$ 到拓扑空间 $Y$ 上的满映射 $f$ 称为**伪开**的, 是指对每一 $y \in Y$ 及 $X$ 中的每一开集 $G \supset f^{-1}(y)$, 有 $y \in (f(G))^\circ$.

高国士指出, 闭映射必为诱导闭映射, 而诱导闭映射必为伪开映射, 其逆不真.

**例 1** 存在某个伪开映射, 它不是诱导闭映射.

设 $X$ 是实数空间 $R$, $Y$ 是把 $R$ 中的开区间 $(a, b)$ 作为一点 $p$ 而得到的商空间. 商映射 $f : X \to Y$ 是开的, 从而是伪开的. $Y$ 中的单点集 $\{p\}$ 是开集, 不是闭集. 设 $X_0$ 是 $X$ 的子空间满足 $f(X_0) = Y$, 则

$$X_0 \cap (a, b) \neq \varnothing.$$

取 $x \in X_0 \cap (a,b)$, 则 $\{x\}$ 既是 $R$ 的闭集也是 $X_0$ 的闭子集. 但

$$(f|X_0)(x) = f(x) = p,$$

而 $\{p\}$ 不是 $Y$ 中的闭集, 故 $f$ 不是诱导闭映射.

**例 2**  存在某个诱导闭映射, 它不是闭映射.

熟知平面 $X \times Y$ 到坐标轴 $X$ 上的射影 $P$ 不是闭映射. 若取 $Y$ 的任一紧子集 $Y_0$, 则 $P$ 在 $X \times Y_0$ 上的限制 $P|X \times Y_0$ 是闭映射, 故 $P$ 是诱导闭映射.

### 37.  存在某个闭包连续映射, 它却无处连续.

设 $X$ 与 $Y$ 都是拓扑空间, 映射 $f: X \to Y$ 称作在点 $x \in X$ 是**闭包连续**的, 是指对 $Y$ 中的每个开集 $G$, 满足 $f(x) \in G$, 存在 $X$ 中的开集 $O$, 使得 $x \in O$ 且 $f(\overline{O}) \subset \overline{G}$. 称 $f: X \to Y$ 在 $X$ 上是闭包连续的, 是指 $f$ 在每一点 $x \in X$ 都是闭包连续的.

Andrew 和 Whittlesy[31] 证明了, 若 $X$ 与 $Y$ 都是拓扑空间, $f: X \to Y$ 在 $X$ 上连续, 则 $f$ 在 $X$ 上亦必闭包连续. 然而, 这个命题之逆并不成立. 例如, 设 $X = Y = [0,1]$, 规定 $X$ 的开集为空集以及其补集为有限的集; 而规定 $Y$ 的开集为空集以及其补集为至多可数的集. 易见, 这些开集族分别确定了 $X$ 与 $Y$ 上的拓扑.

设 $f: X \to Y$ 为恒等映射. 因 $Y$ 中每个非空开集 $G$, 都有 $\overline{G} = Y$, 故 $f$ 在 $X$ 上是闭包连续的. 然而, 对任一点 $x \in X$, $f$ 在点 $x$ 并不连续.

### 38.  存在拓扑空间 $X, Y$ 及映射 $f: X \to Y$, 使 $f$ 在某点连续而不闭包连续.

设 $X$ 与 $Y$ 都是拓扑空间. 若 $f: X \to Y$ 在 $X$ 上连续, 则 $f$ 在 $X$ 上亦必闭包连续. 应当注意, 当 $f$ 在某点 $x_0 \in X$ 连续时, $f$ 在该点未必闭包连续. 例如, 设 $X = \{a,b,c\}$, 开集为 $\{a\}, \{a,b\}, X$ 及空集 $\varnothing$; 再设 $Y = \{a,b,c\}$, 开集为 $\{a,b\}, \{c\}, Y$ 及 $\varnothing$. 定义 $f: X \to Y$ 为恒等映射. 显然, $f$ 在点 $b$ 连续. 但对 $Y$ 中的开集 $G = \{a,b\}, \overline{G} = \{a,b\}$, 而 $X$ 中含有点 $b$ 的开集为 $O = \{a,b\}$ 或 $O = X$, 其闭包都是 $X$, 故

$$f(\overline{O}) \not\subset \overline{G},$$

即 $f$ 在点 $b$ 并不闭包连续.

**39.　存在某个正则空间 $X$ 到拓扑空间 $Y$ 的映射 $f$, 使 $f$ 在某点闭包连续而不连续.**

设 $X$ 与 $Y$ 都是拓扑空间, $f : X \to Y$ 在某点 $x_0 \in X$ 连续, 此时还不能保证 $f$ 在该点闭包连续 (参看例 38). 可以证明, 当 $X$ 是正则空间时, 就可以由 $f$ 在点 $x_0 \in X$ 的连续性推出 $f$ 在该点的闭包连续性. 然而, 这个命题之逆并不成立. 例如, 设 $f : X \to Y$ 是例 38 中的映射和拓扑空间, 则 $Y$ 是正则空间. 由于 $X$ 中的每个非空开集 $G$, 都有 $\overline{G} = X$, 故映射 $f^{-1} : Y \to X$ 是闭包连续的, 但 $f^{-1}$ 在点 $a \in Y$ 并不连续.

**40.　存在弱连续而非 $\theta\text{-}s$ 连续的映射.**

设 $X$ 与 $Y$ 都是拓扑空间, $f : X \to Y$. 称映射 $f$ 为 $\theta\text{-}s$ **连续**的, 是指对每一 $x \in X$ 和半开集 $G \ni f(x)$, 存在 $x$ 的开邻域 $O$, 使

$$f(O) \subset \overline{G}.$$

显然, $\theta\text{-}s$ 连续映射必是弱连续的. 李厚源和江守礼[12] 指出, 这个命题之逆并不成立. 例如, 设 $X = \{a, b, c\}$, 并令开集族为

$$\tau = \{\varnothing, \{a\}, \{b\}, \{a, b\}, \{a, b, c\}\},$$

则闭集族为

$$\sigma = \{\varnothing, \{b, c\}, \{a, c\}, \{c\}, \{a, b, c\}\}.$$

显然, 恒等映射 $f : (X, \tau) \to (X, \tau)$ 是连续的, 从而是弱连续的. 但 $f$ 不是 $\theta\text{-}s$ 连续的, 因为 $\overline{\{b\}} = \{b, c\}, c \in \overline{\{b\}}$, 但没有包含 $c$ 的开集 $O$, 使 $f(O) = O \subset \overline{\{b\}}$.

# 第三章　可分性与可数性

## 引　言

可分空间、第一与第二可数空间等概念已在第一章的引言中做了解释, 现在再介绍一些与本章有关的概念如下:

拓扑空间 $X$ 称为满足**可数链条件**, 是指 $X$ 的每个开集的不相交族是至多可数的.

拓扑空间 $X$ 称为 **Lindelöf 空间**, 是指 $X$ 的任意开覆盖有可数子覆盖.

拓扑空间 $X$ 称为**遗传 Lindelöf 空间**, 是指 $X$ 的每个子空间是 Lindelöf 空间, 同理可引进遗传可分空间等概念.

我们用 $C_{\mathrm{I}}, C_{\mathrm{II}}, S$ 和 $L$ 分别代表第一可数空间, 第二可数空间, 可分空间和 Lindelöf 空间, 这些空间的蕴涵关系如下:

$$C_{\mathrm{II}} \begin{array}{c} \Longrightarrow \\ \Longrightarrow \\ \Longrightarrow \end{array} \begin{array}{c} C_{\mathrm{I}} \\ S \\ L \end{array} \Longrightarrow \text{满足可数链条件}.$$

随后的例子将要表明, 凡是上面未曾列出的蕴涵, 可能都不行.

关于 $C_{\mathrm{I}}, C_{\mathrm{II}}, S$ 和 $L$ 在其子空间、积空间、商空间中的传递性如下表 (成立者为 ○, 不成立者为 ×):

|  |  | $C_{\mathrm{I}}$ | $C_{\mathrm{II}}$ | $S$ | $L$ |
|---|---|:---:|:---:|:---:|:---:|
| 子空间 | 一般 | ○ | ○ | × | × |
|  | 闭集 | ○ | ○ | × | ○ |
|  | 开集 | ○ | ○ | ○ | × |
| 积空间 | 一般 | × | × | × | × |
|  | 可数积 | ○ | ○ | ○ | × |
|  | 有限积 | ○ | ○ | ○ | × |
| 商空间 |  | × | × | ○ | ○ |

当没有传递性时, 我们将给出反例.

**1. 存在某个不可分的拓扑空间, 它满足可数链条件.**

容易证明, 可分空间必定满足可数链条件, 但逆命题并不成立, 例如, 设 $X$ 为一不可数集, $\tau$ 是 $X$ 上的可数补拓扑, 即

$$\tau = \{\varnothing, X, A \mid X \backslash A \text{ 为至多可数集}\}.$$

若 $A \in \tau, B \in \tau$, 且 $A \neq \varnothing, B \neq \varnothing$, 则必有 $A \cap B \neq \varnothing$. 事实上, 假如 $A \cap B = \varnothing$, 则 $A \subset X \backslash B$, 而 $A \in \tau, A$ 应不可数; 又因 $B \in \tau$, 故 $X \backslash B$ 应至多可数, 从而 $A$ 应至多可数, 此为矛盾. 因此, $\tau$ 中任何两个非空开集都是相交的, 可见 $(X, \tau)$ 满足可数链条件. 但它不是可分的, 因为所有可数子集都是 $(X, \tau)$ 中的闭的真子集, 故可数子集在 $(X, \tau)$ 中并不稠密.

**2. 可分性与第一可数公理互不蕴涵.**

容易证明, 满足第二可数公理的拓扑空间必定可分. 但是, 满足第一可数公理的拓扑空间未必可分, 而可分空间也未必满足第一可数公理, 当然也就未必满足第二可数公理了.

**第一例** 不满足第一可数公理的可分空间.

设 $X$ 为一不可数集, 命 $X$ 的非空开集为 $X \backslash C$, 这里 $C$ 为 $X$ 的任一有限子集 (可以是空集). 容易验证, 这样确定的开集全体形成 $X$ 的一个拓扑, 于是 $X$ 为一拓扑空间.

$X$ 是可分的, 因为 $X$ 中的任意无限集在 $X$ 中都是稠密的.

$X$ 不满足第一可数性公理, 假如相反, 即设点 $x \in X$, 而且 $\{X \backslash C_n\}$ 是点 $x$ 的一个可数的拓扑基, 这里 $C_n$ 是 $X$ 的有限子集, 因 $X$ 不可数, 故 $X$ 中存在点 $a \neq x$, 使得 $a \notin \bigcup_n C_n$. 然后 $X \backslash \{a\}$ 是 $x$ 的一个邻域, 但不包含任一个 $X \backslash C_n$, 这与反证法的假设发生矛盾.

**第二例**　满足第一可数性公理的不可分空间.

设 $X = \{x \mid -1 \leqslant x \leqslant 1\}$, $X$ 的开集定义为空集 $\varnothing$, 不含点 $0$ 的任何子集以及 $X$ 的包含开区间 $(-1,1)$ 的任何子集. 易见, 拓扑空间 $X$ 满足第一可数性公理. 然而, 对于任何可数集 $A \subset X$, $A \cup \{0\}$ 是 $X$ 的闭的真子集, 可见 $A$ 在 $X$ 中并不稠密, 故 $X$ 不可分.

其实, 我们还可进一步作出一个紧的连通的 Hausdorff 空间, 它满足第一可数性公理, 但不可分, 因而也不可度量化. 例如, 设 $I$ 为单位闭区间, $X = I \times I$, 并且按字典序使 $X$ 成为有序集, 即 $(a,b) < (c,d)$ 当且仅当 $a < c$ 或 $a = c$ 并且 $b < d$, 则可证明带有序拓扑的 $X$ 为紧的连通的 Hausdorff 空间, 它满足第一可数性公理, 但不可分, 因而也不可度量化.

**3.　可分空间与紧空间互不蕴涵.**

容易证明, 紧度量空间必定可分, 而可分的度量空间未必紧. 但是, 紧拓扑空间未必可分, 从而紧空间与可分空间互不蕴涵.

**第一例**　不可分的紧空间.

设 $X$ 为一不可数集, $a \in X$, 命 $X$ 的非空开集为 $X \backslash C$, 这里, $C$ 是 $X$ 的任意有限子集或是含有点 $a$ 的任意子集.

(i) $X$ 是紧的. 事实上, $X$ 的每个开覆盖中必定有一个含有点 $a$ 的这样的开集 $U$, 使得 $U$ 的补集是有限的, 也就是说, $U$ 只盖不住 $X$ 中的有限个点 $x_1, x_2, \cdots, x_n$. 这样一来, 我们就可以从这个开覆盖中选出 $n$ 个开集 $U_1, U_2, \cdots, U_n$, 使得它们盖住了点 $x_1, x_2, \cdots, x_n$, 于是, $U_1, U_2, \cdots, U_n$ 连同 $U$ 就覆盖了 $X$. 因此, $X$ 是紧的.

(ii) $X$ 不可分. 事实上, $X$ 的任一无穷可数子集只有一个聚点 $a$, 可见 $X$ 不可分.

**第二例**　可分的非紧空间.

Hilbert 空间 $l^2$ 具有所需的性质.

**4.　可分空间与 Lindelöf 空间互不蕴涵.**

**第一例**　不可分的 Lindelöf 空间.

设 $X$ 为一不可数集, 并在 $X$ 上取可数补拓扑, 则 $X$ 为一不可分的拓扑空间 (参看本章例 1), 由于 $X$ 的任一非空开集的补集是可数的, 因而 $X$ 是 Lindelöf 空间.

本章例 3 (第一例) 中的拓扑空间也具有所需的性质.

**第二例**　可分的非 Lindelöf 空间.

设 $X$ 为一不可数集, $a \in X$, 我们规定 $X$ 的开集为空集 $\varnothing$ 以及含有点 $a$

的任意子集. 由于单点集 $\{a\}$ 在 $X$ 中稠密, 故 $X$ 是可分的, 然而, $X$ 显然不是 Lindelöf 空间.

Hajnal 和 Juhász[71] 构造了一个遗传可分的 Hausdorff 空间, 它不是 Lindelöf 空间. 读者如有兴趣, 可参看作者的原文.

### 5. 第一可数空间与 Lindelöf 空间互不蕴涵.

可以证明, 第二可数空间必是 Lindelöf 空间. 但是, 第一可数空间未必是 Lindelöf 空间, Lindelöf 空间也未必是第一可数空间, 从而也未必是第二可数空间.

**第一例**　一个第一可数空间, 它不是 Lindelöf 空间.

设 $X$ 为一不可数集, 在 $X$ 上取离散拓扑, 则 $X$ 是第一可数空间, 但它不是 Lindelöf 空间.

**第二例**　一个 Lindelöf 空间, 它不是第一可数空间.

设 $X$ 为一不可数集, 在 $X$ 上取有限补拓扑, 即 $X$ 的非空开集为 $X \backslash C$, 其中 $C$ 为有限集.

显然, $X$ 是 Lindelöf 空间. 然而, $X$ 不是第一可数空间. 事实上, 假如在点 $x \in X$ 存在可数的拓扑基, 则必有含有点 $x$ 的可数的开集族 $\mathcal{B}_x$, 使 $x$ 的每个开邻域包含某个 $B \in \mathcal{B}_x$. 因此, $\bigcap_{B \in \mathcal{B}_x} B = \{x\}$, 从而得到

$$X \backslash \{x\} = x \backslash \bigcap_{B \in \mathcal{B}_x} B = \bigcup_{B \in \mathcal{B}_x} (X \backslash B).$$

因每个 $X \backslash B$ 为有限集, 故 $X \backslash \{x\}$ 为一至多可数集, 这与 $X$ 为一不可数集的条件发生矛盾. 由此可知 $X$ 不是第一可数空间.

### 6. 第一可数空间与紧空间互不蕴涵.

**第一例**　一个第一可数空间, 它不是紧空间.

例 5 中的第一例给出的拓扑空间具有所需要的性质.

**第二例**　一个紧空间, 它不是第一可数空间.

例 5 中第二例给出的拓扑空间具有所需的性质.

**注**　第二可数空间与紧空间也是互不蕴涵的.

### 7. 第一可数空间与 Hausdorff 空间互不蕴涵.

**第一例**　一个第一可数空间, 它不是 Hausdorff 空间.

设 $X$ 为一集, 在 $X$ 上取平庸拓扑, 则拓扑空间 $X$ 具有所需的性质.

**第二例**　一个 Hausdorff 空间, 它不是第一可数空间.

设 $X$ 为一不可数集, 取定 $a \in x$. $\tau$ 为 $X$ 的一切这样的子集 $V$ 所组成, 使得 $X \backslash V$ 是有限集或者 $a \notin V$. 容易验证, $\tau$ 是 $X$ 上的一个拓扑.

(i) $(X, \tau)$ 是 Hausdorff 空间.

任取 $y, z \in X$ 且 $y \neq z$, 则 $y$ 与 $z$ 中至少有一个不同于 $a$, 不妨设 $y \neq a$, 则单点集 $\{y\}$ 与 $X \backslash \{y\}$ 分别为 $y$ 与 $z$ 的两个不相交的邻域. 因此, $(X, \tau)$ 是 Hausdorff 空间.

(ii) $(X, \tau)$ 不是第一可数空间.

假如相反, 即设 $\{V_n | n \in N\}$ 是点 $a$ 的一个可数的拓扑基. 因对每一 $n \in N, X \backslash V_n$ 是有限集, 故

$$X \backslash \bigcap_{n=1}^{\infty} V_n = \bigcup_{n=1}^{\infty} (X \backslash V_n)$$

是可数的. 又因 $X$ 不可数, 故存在点 $y \in \bigcup_{n=1}^{\infty} V_n$, 使得 $y \neq a$. 于是, $X \backslash \{y\}$ 是 $a$ 的一个邻域, 从而对某个 $m \in N$ 有

$$V_m \subset X \backslash \{y\}.$$

然而这是不可能的, 因为 $y \in V_m$. 由此可知, $(X, \tau)$ 不是第一可数的空间.

**注** 第二可数空间与 Hausdorff 空间也是互不蕴涵的.

**8. 存在不满足第一可数性公理的可数拓扑空间.**

**第一例** 设 $X$ 是全体非负整数的有序对偶所成之集. 我们规定除 $(0,0)$ 外, 其他任何对偶 $(m, n)$ ($m$ 与 $n$ 都是非负整数且 $(m, n) \neq (0,0)$) 所成的单点集 $\{(m, n)\}$ 都为 $X$ 的开集, 而 $(0,0)$ 的开邻域 $U$ 定义为除去有限个 $m$ 外,

$$S_m = \{n | (m, n) \notin U\}$$

都是有限集, 比如,

$$S_1 = \{n | (1, n) \notin U\}$$

及

$$S_2 = \{n | (2, n) \notin U\}$$

可以是无限集, 即图中第一、二列上的点有无穷多个不属于 $U$, 而 $S_0, S_m (m \geqslant 3)$ 中只有有限多个 $n$ 不属于 $U$. 因此, 除了有限多个列上的点外, $U$ 包含了其余各个列上除有限个点 $(m, n)$ 以外的全部的点 (参看图 4).

不难看出, 此开集族确定了 $X$ 上的一个拓扑 $\tau$ 而使 $X$ 为一拓扑空间, 称此拓扑空间为 **Arens-Fort 空间**.

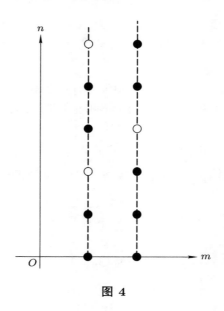

**图 4**

兹证 $(X, \tau)$ 不满足第一可数性公理. 为此, 只要证明 $X \backslash \{0, 0\}$ 中没有点列 $\{x_n\}$ 可以收敛于 $(0, 0)$ 即可.

(i) 若 $(x_n) \subset X \backslash \{0, 0\}$ 只分布在有限多个列上, 我们就取 $(0, 0)$ 的一个这样的开邻域 $U$, 使得这有限个列上的点都不属于 $U$, 从而对每一 $n$, 都有 $x_n \notin U$, 故 $\{x_n\}$ 不收敛于 $(0, 0)$.

(ii) 若 $\{x_n\} \subset X \backslash \{0, 0\}$ 分布在无限多个列上, 则存在 $\{x_n\}$ 的无穷子列 $\{y_n\}$, 使每个列上至多有一个点 $y_n$. 于是, $X \backslash \{y_n\}$ 是 $(0, 0)$ 的一个开邻域. 由此可知, $\{y_n\}$ 不收敛于 $(0, 0)$, 从而 $\{x_n\}$ 也不收敛于 $(0, 0)$.

这个例子是由 Arens[33] 作出的.

**第二例** 设 $X$ 为自然数集. 若自然数 $n > 1$, 就命点 $n$ 的邻域为单点集 $\{n\}$; 若 $n = 1$, 规定 $n$ 的邻域为含有 $n$ 的具有下述性质的任何自然数子集 $V$, 使得

$$\lim_{k \to \infty} \frac{N(k, V)}{k} = 1,$$

式中 $N(k, V)$ 代表 $V$ 中 $\leqslant k$ 的自然数的数目. 于是, $X$ 为一拓扑空间, 称此拓扑空间为 **Appert 空间**. 可以证明, $X$ 不满足第一可数性公理.

这个例子是由 Appert[32] 作出的.

**9. 存在某个 $T_1$ 空间, 其中每个紧子集都是闭的, 但它不是 Hausdorff 空间.**

容易证明, Hausdorff 空间中的紧子集都是闭的. 然而, 紧子集都是闭的拓扑空间未必是 Hausdorff 空间. 可以证明, 若拓扑空间 $X$ 满足第一可数性公理, 且其中每个紧子集都是闭的, 则 $X$ 必为 Hausdorff 空间. 应当注意, 对于 $T_1$ 空间, 即使其中每个紧子集都是闭的, 也不能保证该空间是 Hausdorff 空间, 我们给出反例如下:

设 $X$ 为一不可数集, 我们规定 $X$ 上的拓扑为: $X$ 的闭子集族由 $X$ 的至多可数子集连同 $X$ 组成. 易见, $X$ 中任何两个点都不能被开集分离, 因而 $X$ 不是 Hausdorff 空间.

现证 $X$ 的紧子集必是有限集. 事实上, 任取 $X$ 的无限子集 $A$, 并任取 $A$ 中由不同的点组成的点列 $\{a_n\}$, 对每一自然数 $n$, 定义

$$U_n = X\backslash\{a_i|i \geqslant n\},$$

则集族 $\{U_n|n \in N\}$ 是 $A$ 的一个开覆盖, 而它没有有限子覆盖, 故 $A$ 不是紧的, 这就证明了 $X$ 的每个紧子集是有限集. 由于 $X$ 的每个有限子集是闭的, 因而 $X$ 的每个紧子集也是闭的.

最后, 不难看出 $X$ 是 $T_1$ 空间, 但不满足第一可数性公理.

**10. 存在满足第一可数公理而不满足第二可数公理的拓扑空间.**

设 $X$ 为一不可数的离散的拓扑空间, 则对每一 $x \in X$, $x$ 的邻域系有单点集 $\{x\}$ 组成的邻域系的基, 故 $X$ 满足第一可数公理. 因 $X$ 的任一拓扑基必须包含所有的单点邻域, 故 $X$ 的任何拓扑基都是不可数的, 即 $X$ 不满足第二可数公理.

**11. 存在某个满足第一可数公理且可分的 Lindelöf 空间, 它不满足第二可数公理.**

设 $X$ 为实数集 $R$, 对任意 $a,b \in X$, 全体 $[a,b)$ 形成 $X$ 的一个拓扑基, 于是生成 $X$ 上的一个拓扑 $\tau$.

在拓扑空间 $(X,\tau)$ 中, 形如 $(-\infty,a), [a,b), [a,+\infty)$ 的集都是既开又闭的集. 而形如 $(a,b)$ 或 $(a,+\infty)$ 的集都是开集, 这是因为

$$(a,b) = \bigcup_{a<\alpha<b} [\alpha,b), (a,+\infty) = \bigcup_{a<\alpha<+\infty} [\alpha,+\infty);$$

但它们不是闭集, 这是因为形如 $(-\infty,a], [a,b]$ 及 $\{p\}$ 的集既不是开集, 也不能表成拓扑基中一些元的并集.

(i) $X$ 满足第一可数公理, 这是因为对每一点 $x \in X$, 形如 $[x,a_i)$ 的集的全体构成了点 $x$ 的一个可数的拓扑基, 其中 $a_i$ 都是有理数.

(ii) $X$ 是可分的, 这是因为有理数的全体构成了 $X$ 的一个可数的稠密集.

(iii) $X$ 是 Lindelöf 空间. 事实上, 设 $\{U_\alpha\}$ 是 $X$ 的一个开覆盖, 并设 $U_\alpha^\circ$ 是 $U_\alpha$ 在欧氏拓扑下的内部. 因赋予欧氏拓扑的实数空间的每个子空间都是 Lindelöf 空间, 故 $\{U_\alpha^\circ\}$ 有一个可数的子族 $\{U_{\alpha_i}^\circ\}$, 它覆盖了

$$U = \bigcup_\alpha U_\alpha^\circ.$$

又, 补集 $A = X\backslash U$ 必是可数集. 事实上, 假如 $p \in A$, 则必存在某点 $x_p > p$ 使 $(p, x_p) \cap A = \varnothing$, 而这些区间 $(p, x_p)(p \in A)$ 彼此都是不相交的, 故它们一定可数, 从而 $A$ 也一定可数. 于是, $\{U_\alpha\}$ 就有一个可数子族 $\{U_{\alpha_j}\}$, 它覆盖了 $A$. 因此, $\{U_{\alpha_i}^\circ\} \bigcup \{U_{\alpha_j}\}$ 就覆盖了 $X$.

(iv) $X$ 不满足第二可数公理, 因为假如

$$S = \{[x_i, y_i]|i = 1, 2, \cdots\}$$

是 $X$ 的一个可数基, 则存在 $a \in X$ 使 $a \neq x_i$ (对任一 $i$). 于是对任何 $b > a$, $[a, b)$ 就不是集族 $S$ 中的一些元的并了.

### 12. 存在不满足第二可数公理的遗传可分空间.

可以证明, 满足第二可数公理的拓扑空间必定是遗传可分的 (参看 [4], p. 60). 但是, 遗传可分空间不必满足第二可数公理. 例如, 设 $X$ 为一具有势 $\mu > \aleph$ 的无限集, 这里, $\aleph$ 为连续统的势. 对于 $E \subset X$, 当 $E$ 为有限集或空集时, 令 $\overline{E} = E$; 而当 $E$ 为无限集时, 令 $\overline{E} = X$. 于是, $X$ 成为一个拓扑空间.

(i) $X$ 是遗传可分的.

事实上, 对 $X$ 的任一子空间 $A$, $A$ 一定包含某个有限集或可数集 $P$, 使 $A \subset \overline{P}$. 理由如下: 若 $A$ 是有限集, 可取 $P = A$, 于是 $A = \overline{P}$; 若 $A$ 是无限集, 可取 $P$ 为 $A$ 的可数子集, 于是 $\overline{P} = X$, 从而 $A \subset \overline{P}$. 因此, $A$ 是可分的.

(ii) $X$ 不满足第二可数公理.

事实上, 满足第二可数公理的拓扑空间, 其势必定小于或等于连续统的 $\aleph$ (参看 [4], p. 59), 而 $\mu > \aleph$, 故 $X$ 不满足第二可数公理.

### 13. 存在某个可分的紧空间, 它不是稠密可分的.

拓扑空间 $X$ 称为**稠密可分**的, 是指 $X$ 的每个稠密子集都是可分的.

我们用 $I$ 代表单位闭区间, 令 $X = I^I$, 并在 $X$ 上赋予乘积拓扑, 因 $I$ 是紧的 Hausdorff 空间, 故据 Tychonoff 定理, $X$ 也是紧的 Hausdorff 空间. 此外, $X$ 还是可分的. 令

$$Y = \{f \in X | \text{仅对有限多个 } x, f(x) \neq 0\}.$$

易见, $Y$ 在 $X$ 中稠密. 但 $Y$ 并不可分, 事实上, 设 $\{f_i\}$ 是 $Y$ 中的任一可数子集, 对每一 $i$, 令

$$F_i = \{x \in I | f_i(x) \neq 0\}.$$

因对每一 $i$, $F_i$ 是有限集, 故 $F = \bigcup_{i=1}^{\infty} F_i$ 是 $I$ 的一个可数子集. 取 $x_0 \in I \backslash F$, 并令

$$U = \left\{ f \in Y | f(x_0) > \frac{1}{2} \right\},$$

则 $U$ 是 $Y$ 中的一个非空开集, 它不含有 $f_i$. 因此, $\{f_i\}$ 在 $Y$ 中不稠密, 即 $X$ 可分而非稠密可分.

这个例子也说明了可分空间的子空间未必可分.

### 14. 存在某个不可分空间, 它有可分的 Stone-Čech 紧化.

设 $X$ 为一拓扑空间, $\beta X$ 代表 $X$ 的 Stone-Čech 紧化. 可以证明, 下述定理成立.

**定理**　若 $X$ 是完全正则的 Hausdorff 空间, 则下列命题彼此等价:

(i) $\beta X$ 是可分的.

(ii) $X$ 的每个紧化是可分的.

(iii) $X$ 有可分的紧化.

关于定理的证明可参看 [98].

现在我们作出具有所需性质的例子, 设 $I$ 是单位闭区间, 令 $X = I^I$, 并在 $X$ 上取乘积拓扑, 因 $I$ 是完全正则的 Hausdorff 空间, 故 $X$ 也是完全正则的 Hausdorff 空间. 此外, $X$ 还是可分的, 令

$$Y = \{f \in X | \text{仅对有限多个 } x \in I, f(x) \neq 0\},$$

则 $Y$ 在 $X$ 中稠密且不可分 (参看例 13). 因 $Y$ 有可分的紧化, 它就是 $X$, 故据上述定理, $\beta Y$ 是可分的.

### 15. 存在不可数个可分空间, 其积空间并不可分.

容易证明, 有限个或可数个可分空间的积空间仍可分. 但是, 不可数个可分空间的积空间未必可分. 例如, 设 $A$ 为一指标集, 考虑乘积空间

$$X = \prod_{\alpha \in A} X_\alpha,$$

式中每个 $X_\alpha$ 都是离散空间 $\{0,1\}$. 若拓扑空间 $X$ 可分, $D$ 为 $X$ 的可数稠密子集, 对 $\alpha \in A$, 令

$$U_\alpha = P_\alpha^{-1}(0) = \{x \in X | P_\alpha(x) = 0\},$$

式中 $P_\alpha$ 是 $X$ 到 $X_\alpha$ 上的射影, 则 $U_\alpha$ 是 $X$ 的既开且闭的子集. 因此, 对不同的 $\alpha, U_\alpha \cap D$ 也就不同. 因 $D$ 的不同子集总共有 $\aleph$ 个 ($\aleph$ 为连续统的势), 故 $A$ 的势至多为 $\aleph$. 于是, 当 $X$ 的因子 $X_\alpha$ 的个数多于 $\aleph$ 个时, $X$ 就不可分.

**16.　存在某个可分空间的闭子空间, 它不是可分的.**

容易证明, 可分空间的商空间必定可分. 可分空间的开子空间也一定可分. 但是, 可分空间的闭子空间未必可分. 例如, 设 $X$ 为一不可数集, $p \in X$, 命 $X$ 的开集为空集 $\varnothing$ 以及含有点 $p$ 的任意子集. 易见, 单点集 $\{p\}$ 在 $X$ 中稠密. 因此, $X$ 是可分的, 又, $X \backslash \{p\}$ 是 $X$ 的闭子空间. 因 $X$ 不可数, 故 $X \backslash \{p\}$ 不可分.

**17.　存在某个集 $X$ 上的两个拓扑 $\tau_1$ 与 $\tau_2, \tau_1 < \tau_2$, 使 $(X, \tau_1)$ 可分而 $(X, \tau_2)$ 不可分.**

容易证明, 若 $\tau_1$ 与 $\tau_2$ 是集 $X$ 上的两个拓扑, $\tau_1 < \tau_2$, 则当 $(X, \tau_2)$ 可分时, $(X, \tau_1)$ 亦必可分. 应当注意, 这个命题之逆不真. 例如, 设 $X$ 为一不可数集, $\tau_1$ 与 $\tau_2$ 分别是 $X$ 上的平庸拓扑与离散拓扑, 则 $\tau_1 < \tau_2$, 且 $(X, \tau_1)$ 可分, 但 $(X, \tau_2)$ 并不可分.

**18.　存在某个满足第一可数公理的拓扑空间, 它的一个商空间不满足第一可数公理.**

容易证明, 满足第一 (或第二) 可数公理的拓扑空间, 其子空间也一定满足第一 (或第二) 可数公理, 但是, 其商空间未必满足第一 (或第二) 可数公理. 例如, 若 $X$ 是带有通常拓扑的实数空间, 则 $X$ 满足第一和第二可数公理, 设 $Z$ 为整数集, 再设 $Y$ 是 $X$ 的一个这样的分解, 它的元素为 $Z$ 及所有的单元素集 $\{x\}$, 其中 $x \in X \backslash Z$. 容易证明, 商空间 $Y$ 不满足第一可数公理, 当然也不满足第二可数公理.

**19.　存在不可数个满足第一可数公理的拓扑空间, 其积空间不满足第一可数公理.**

可以证明, 有限个或可数个满足第一可数公理的拓扑空间, 其积空间仍然满足第一可数公理. 但是, 不可数个满足第一可数公理的拓扑空间, 其积空间未必满足第一可数公理. 例如, 令

$$X_\lambda = \prod_{\alpha \in A} Z_\alpha^+,$$

其中 $Z_\alpha^+ = Z^+$ 为自然数集并取离散拓扑, $A$ 为不可数的指标集, $\lambda$ 为 $A$ 的势.

显然, $Z_\alpha^+$ 满足第一可数公理. 其实, 它还满足第二可数公理. 但是, $X_\lambda$ 并不满足第一可数公理, 事实上, 设 $\{B_i\}$ 是点 $p \in X_\lambda$ 的一个可数的局部基. 据乘积拓扑的定义, 对每一 $i$, 除了有限个 $\alpha$ 外, 都有

$$P_\alpha(B_i) = Z^+,$$

其中 $P_\alpha$ 是 $X_\lambda$ 到 $Z_\alpha^+$ 上的射影. 因 $A$ 不可数, 而 $\{i\}$ 是可数集, 故可选取某个 $\alpha_0$, 使对任意 $i$ 而有 $P_{\alpha_0}(B_i) = Z^+$, 设 $p_{\alpha_0}$ 是点 $p$ 的第 $\alpha_0$ 个坐标, 即 $p_{\alpha_0} \in Z_{\alpha_0}^+$, 则因 $Z_{\alpha_0}^+$ 上拓扑是离散的, 故

$$P_{\alpha_0}^{-1}(p_{\alpha_0}) = \{y \in X_\lambda | y_{\alpha_0} = p_{\alpha_0}\}$$

是点 $p$ 在 $X_\lambda$ 中的开邻域. 因对任意 $i$, 都有 $P_{\alpha_0}(B_i) = Z^+$, 故这个开邻域不包含任何一个 $B_i$, 即 $\{B_i\}$ 不是点 $p$ 的局部基, 因此, $X_\lambda$ 不满足第一可数公理.

**注**　这个例子也说明了不可数个满足第二可数公理的拓扑空间, 其积空间未必满足第二可数公理.

**20.　存在某个满足第一可数公理的拓扑空间, 它的一个连续像不满足第一可数公理.**

设 $X$ 是全体非负整数的有序对偶 $(m, n)$ 所成之集, 我们在 $X$ 上取 Arens-Fort 拓扑 $\tau$, 则拓扑空间 $(X, \tau)$ 不满足第一可数公理 (参看例 8 中的第一例). 我们在 $X$ 上再取离散拓扑 $\tau^*$, 则拓扑空间 $(X, \tau^*)$ 满足第二可数公理, 从而也满足第一可数公理.

设 $f$ 是 $(X, \tau^*)$ 到 $(X, \tau)$ 上的恒等映射, 则 $f$ 是连续映射. 但 $(X, \tau^*)$ 的连续像 $(X, \tau)$ 不满足第一可数公理.

**注**　这个例子也说明了满足第二可数公理的拓扑空间, 它的连续像未必满足第二可数公理.

**21.　存在两个 Lindelöf 空间, 其积空间不是 Lindelöf 空间.**

设 $X$ 是实数集, $\tau$ 是以所有半开区间

$$[a, b) = \{x | a \leqslant x < b\}$$

的族 $\mathcal{B}$ 为邻域基的 $X$ 上的拓扑, 设 $\{U_\alpha\}$ 是拓扑空间 $X$ 的任意一个开覆盖, 于是, 对每一有理数 $r \in X$, 存在 $U_r \in \{U_\alpha\}$, 使 $r \in U_r$, 据 $X$ 上的拓扑 $\tau$ 的定义, 当 $r$ 遍历有理数集时, 相应的 $U_r$ 所组成的可数族就覆盖了拓扑空间 $X$, 故 $X$ 是 Lindelöf 空间.

令 $Y = X \times X$, 对每一点 $p = (x, y) \in Y$, 点 $p$ 的邻域基为 $\{S(p, \varepsilon)\}$, 其中 $S(p, \varepsilon)$ 是左下角为点 $p$ 并以 $\varepsilon > 0$ 为边的半开正方形 (参看图 5).

令 $L = \{(x, y)|y = -x\}$, 则 $L$ 是 $Y$ 的闭子集. 为证 $Y$ 不是 Lindelöf 空间, 我们只要证明 $Y$ 的闭子空间 $L$ 不是 Lindelöf 空间即可. 但这是显然的, 因为集族 $\bigcup_{p \in L} S(p, \varepsilon)$ 是 $L$ 的一个开覆盖, 而它没有可数的子覆盖.

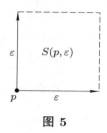

图 5

**注** 拓扑空间 $X$ 称作**弱 Lindelöf 空间**, 是指 $X$ 的每个开覆盖, 都有可数子族, 其并在 $X$ 中稠密.

Ulmer[171] 构造了两个弱 Lindelöf 空间, 其积空间不是弱 Lindelöf 空间.

给定势 $\alpha$, 拓扑空间 $X$ 称作 $\alpha$-**Lindelöf 空间**, 是指 $X$ 的每个开覆盖, 都有势 $\leqslant \alpha$ 的子覆盖.

设 $R$ 为线性序集, $R^+$ 与 $R^-$ 分别代表 $R$ 用形如 $[x, y)$ 与 $(x, y]$ 的半开区间形成的邻域基, 则 $R^+$ 与 $R^-$ 都是 Lindelöf 空间, Hajnal 和 Juhász[71] 指出, $R^+ \times R^-$ 不是弱 Lindelör 空间. 甚至对任一 $\beta < 2^{\aleph_0}$, $R^+ \times R^-$ 也不是 $\beta$-Lindelöf 空间.

**22. 存在某个 Lindelöf 空间的子空间, 它不是 Lindelöf 空间.**

容易证明, Lindelöf 空间的闭子空间必为 Lindelöf 空间, 但是, Lindelöf 空间的非闭子空间未必是 Lindelöf 空间. 例如, 令 $X = [0, 1]$, 以 $[0, 1]$ 及所有单点集 $\{x\}(x \neq 0)$ 为邻域基生成 $X$ 上的一个拓扑, 因 $X$ 的任一开覆盖必含有 $[0, 1]$, 故 $X$ 为一 Lindelöf 空间, 但子空间 $(0, 1]$ 为不可数的离散空间, 故它不是 Lindelöf 空间.

**注** 可以证明, Lindelöf 空间的商空间也一定是 Lindelöf 空间.

**23. 存在某个可分的度量空间 $X$ 及 Lindelöf 空间 $Y$, 使 $X \times Y$ 不是 Lindelöf 空间.**

设 $A$ 是实数集 $R$ 的子集, 使 $\overline{R \setminus A} = \aleph$, 且对 $R$ 的每个不可数的闭子集 $F$, 都有

$$\overline{A \cap F} = \aleph.$$

可以证明, 这样的子集 $A$ 一定存在 (参看 [97]). 令 $X = R \backslash A$, 并在 $X$ 上取通常拓扑, 再令 $Y = R$, 并在 $Y$ 上取拓扑如下: $R \backslash A$ 中的每一点都是孤立点, 而对 $A$ 中的点, 则取通常的邻域, 于是, $X$ 是可分的度量空间, $Y$ 是 Lindelöf 空间, 而 $X \times Y$ 不是 Lindelöf 空间, 因为集

$$\Delta = \{(x, x) \in X \times Y \mid x \in R \backslash A\}$$

是 $X \times Y$ 中的一个不可数的闭的离散子集.

### 24.　存在不可度量化的满足第一可数公理的可分的紧 Hausdorff 空间.

**Helly 空间** $H$ 是指定义在单位闭区间 $I$ 上并且取值于 $I$ 内的所有非减函数组成之集, 它是乘积空间 $I^I$ 的一个子集并且它的拓扑是相对乘积拓扑.

(i) $H$ 是紧的 Hausdorff 空间.

事实上, 对任一 $f \in I^I \backslash H$, 有 $x_1, x_2, \in I, x_1 < x_2$, 使

$$f(x_1) > f(x_2).$$

取 $c = [f(x_1) + f(x_2)]/2$, 并令 $U = [0, c), V = (c, 1]$, 则 $P_{x_1}^{-1}(V) \cap P_{x_2}^{-1}(U)$ 是 $I^I$ 中的点 $f$ 的一个开邻域.

易见, $P_{x_1}^{-1}(V) \cap P_{x_2}^{-1}(U) \subset I^I \backslash H$, 因此, $I^I \backslash H$ 是开集, 从而 $H$ 是 $I^I$ 的闭子集, 因 $I$ 是紧 Hausdorff 空间, 故由 Tychonoff 定理知 $I^I$ 也是紧 Hausdorff 空间. 由此可见, $H$ 是紧 Hausdorff 空间.

(ii) $H$ 满足第一可数公理.

任取 $h \in H$, 因 $h$ 是 $I$ 上的非减函数, 故其不连续点至多可数, 令 $A = \{x_i \mid i \in N\}$ 是 $h$ 的不连续点所成之集与 $I$ 中的有理数所成之集的并集, 它是一个可数集. 再令

$$V_n = \left\{ f \,\middle|\, |f(x_i) - h(x_i)| < \frac{1}{n} \text{ 对 } i = 1, 2, \cdots, n \text{ 都成立} \right\} \cap H.$$

兹证 $\{V_n \mid n \in N\}$ 是 $H$ 中的点 $h$ 的可数邻域基.

事实上, 对 $H$ 中 $h$ 的任一形如 $W = P_x^{-1}(U) \cap H$ 的邻域, 其中

$$U = (h(x) - \varepsilon, h(x) + \varepsilon) \cap I.$$

如果 $x \in A$, 则显然有某一个 $V_n \subset W$, 如果 $x \notin A$, 则 $h$ 在 $x$ 处连续, 取 $x_k, x_l \in A$, 使 $x_k < x < x_l$, 且

$$h(x_l) - \frac{\varepsilon}{2} < h(x) < h(x_k) + \frac{\varepsilon}{2}.$$

取自然数 $n_0 > \max\left\{k, l, \frac{2}{\varepsilon}\right\}$, 则对任一 $f \in V_{n_0}$, 有

$$
\begin{aligned}
f(x) - h(x) &\leqslant f(x_1) - h(x) \\
&\leqslant (f(x_l) - h(x_l)) + (h(x_l) - f(x)) \\
&\leqslant \frac{1}{n_0} + \frac{\varepsilon}{2} < \varepsilon.
\end{aligned}
$$

同样, 有 $f(x) - h(x) > -\varepsilon$. 因此, $f \in U$, 即 $f \in W, V_{n_0} \subset W$, 从而 $\{V_n | n \in N\}$ 是 $H$ 中 $h$ 的可数邻域基, 故 $H$ 满足第一可数公理.

(iii) $H$ 是可分空间.

将 $I$ 分成 $n$ 个长度相等的左闭的小区间, 并在其上定义函数值为有理数的不减的阶梯函数, 于是, 所有这种不减函数所成的函数族 $\mathcal{B}$ 是可数的, 任取 $f \in H$ 及 $f$ 的任一邻域

$$
V = \bigcap_{i=1}^{n} P_{x_i}^{-1}(U_i).
$$

取自然数 $m$ 充分大, 使每个左闭区间 $\left[\frac{i}{m}, \frac{i+1}{m}\right)$ 中至多只含一个点 $x_i$ $(i = 1, 2, \cdots, n)$. 对于这样的 $m$, 区间 $[0,1)$ 上在点 $x_i$ 取值有理数 $r_i \in U_i$ $(i = 1, 2, \cdots, n)$ 的不减函数 $g \in V \cap \mathcal{B}$, 故 $\mathcal{B}$ 为 $H$ 中的可数稠密子集, 即 $H$ 是可分的.

(iv) $H$ 不可度量化.

事实上, 集

$$
A = \left\{f_t | t \in I. \text{当 } x < t \text{ 时}, f_t(x) = 0; \quad f_t(t) = \frac{1}{2}; \text{当 } x > t \text{ 时}, f_t(x) = 1.\right\}
$$

是 $H$ 的不可数的子集, 因对任一 $f_t \in A, f_t$ 的开邻域 $P_t^{-1}(0,1)$ 只有 $A$ 中的一个点 $f_t$, 故 $A$ 的稠密子集只有 $A$ 本身. 因此, $A$ 不可分, 假如 $H$ 是可度量化的空间, 那么, 由于 $H$ 是紧的, 因而 $H$ 必定满足第二可数公理, 从而其子空间 $A$ 必定可分, 矛盾. 可见 $H$ 是不可度量化的空间.

**注**　Tychonoff[169] 证明了: 每个第二可数的正则空间必可度量化.

**25.　存在某个可分的度量空间, 它无处局部紧.**

下面的例子是由 Duncan[58] 作出的.

设 $X$ 是一切自然数的严格单增的无穷序列所组成的序列族, 使对每一 $A = \{a_n\} \in X$, 极限

$$
\delta(A) = \lim_{n \to \infty} A(n)/n
$$

存在, 这里 $A(n)$ 代表 $A$ 中 $\leqslant n$ 的元素的数目, $\delta(A)$ 称为 $A$ 的**密度**, 对 $A = \{a_n\} \in X$ 与 $B = \{b_n\} \in X$, 定义 $A$ 与 $B$ 之间的距离为

$$d(A, B) = \begin{cases} 1/k + |\delta(A) - \delta(B)|, & A \neq B, \\ 0, & A = B, \end{cases}$$

即对任意 $n$, 有 $a_n = b_n$.

(i) $(X, d)$ 是度量空间.

显然, $d(A, B) \geqslant 0$, 又, $d(A, B) = 0$ 当且仅当 $A = B, d(A, B) = d(B, A)$. 令

$$d(A, C) = 1/k_1 + |\delta(A) - \delta(C)|,$$
$$d(A, B) = 1/k_2 + |\delta(A) - \delta(B)|,$$
$$d(B, C) = 1/k_3 + |\delta(B) - \delta(C)|.$$

若 $d(A, B)$ 或 $d(B, C)$ 之一为 0, 则 $d(A, C)$ 就等于其中的另一个. 又, 若 $k_1 \geqslant \min\{k_2, k_3\}$, 则

$$\frac{1}{k_1} \leqslant \frac{1}{k_2} + \frac{1}{k_3}.$$

因此, 由 $|\delta(A) - \delta(C)| \leqslant |\delta(A) - \delta(B)| + |\delta(B) - \delta(C)|$ 知三角不等式成立. 可见 $(X, d)$ 是度量空间.

(ii) 度量空间 $(X, d)$ 是可分的.

对每一有理数 $r(0 \leqslant r \leqslant 1)$, 选取一个具有密度为 $r$ 的序列 $\{a_{r,n}\}_{n=1}^{\infty}$. 我们用 $S_{r,p}$ 代表形如

$$\{a_1, a_2, \cdots, a_t, a_{r,p+1}, a_{r,p+2}, \cdots\}$$

的序列所组成的序列族. 显然, $S_{r,p}$ 中的每个序列也具有密度 $r$. 据 $S_{r,p}$ 的定义, $\bigcup_p S_{r,p}$ 是可数的. 因此, $\bigcup_{r,p} S_{r,p}$ 也是可数的.

为证 $(X, d)$ 可分, 只要证明, $\bigcup_{r,p} S_{r,p}$ 在 $X$ 中稠密即可. 为此, 任取 $A = \{a_n\} \in X$. 对每一 $\varepsilon > 0$, 存在有理数 $r$, 使

$$|\delta(A) - r| < \varepsilon/2.$$

选取 $k > 2/\varepsilon$, 则当 $p$ 充分大时, $S_{r,p}$ 将包含序列

$$B = \{a_1, a_2, \cdots, a_k, a_{r,p+1}, a_{r,p+2}, \cdots\}.$$

于是得到

$$d(A, B) \leqslant 1/k + |\delta(A) - \delta(B)|$$
$$< \varepsilon/2 + \varepsilon/2 = \varepsilon.$$

因此, $\bigcup_{r,p} S_{r,p}$ 在 $X$ 中稠密.

(iii) 度量空间 $(X,d)$ 是无处局部紧的.

任取 $A = \{a_n\} \in X$, 令

$$U = \{B \in X \mid d(A,B) < \varepsilon, 0 < \varepsilon < 1\}.$$

选取 $B = \{b_n\} \in X$, 使

$$|\delta(A) - \delta(B)| = \varepsilon/2.$$

设 $n_k$ 是使 $a_k < b_n$ 成立的最小值 $n$, 并令

$$A_k = \{a_1, a_2, \cdots, a_k, b_{n_k}, b_{n_{k+1}}, \cdots\},$$

则 $\delta(A_k) = \delta(B)$. 因此, $\{A_k\}$ 是一个 Cauchy 序列, 因

$$d(A_k, A) \leqslant 1/k + |\delta(A_k) - \delta(A)| = 1/k + \varepsilon/2,$$

故对每一 $k > 2/\varepsilon$, 有 $A_k \in U$. 由于

$$d(A_k, A) > |\delta(A_k) - \delta(A)| = \varepsilon/2,$$

因而 $A$ 不是 $\{A_k\}$ 的聚点. 又, $\{A_k\}$ 不能有异于 $A$ 的聚点, 可见 $\{A_k\}$ 没有聚点.

设 $V$ 是含有点 $A$ 的任一开集, 则当 $\varepsilon$ 充分小时, 就有

$$U \subset V \subset \overline{V}.$$

而 $\{A_k\} \subset U$ 且 $\{A_k\}$ 没有聚点, 可见 $\overline{V}$ 不是紧的, 即 $(X,d)$ 是无处局部紧的.

### 26. 存在一族可度量化的拓扑空间, 其积空间不可度量化.

可以证明, 有限个或可数个可度量化的拓扑空间的积空间仍是可度量化的空间. 然而, 不可数个可度量化的拓扑空间的积空间未必可度量化. 例如, 设 $I$ 是单位闭区间并取通常拓扑. 因积空间 $I^I$ 不满足第一可数公理, 故它是一个不可度量化的拓扑空间.

### 27. 存在某个可度量化的拓扑空间, 它的一个商空间不可度量化.

设 $X$ 为带有通常拓扑的欧氏平面, $A$ 为所有使得 $y = 0$ 的点 $(x, y)$ 所组成之集, 又设分解 $Y$ 由 $A$ 和所有使得 $(x, y) \notin A$ 的集 $\{(x, y)\}$ 所组成, $Y$ 带有商拓扑.

容易证明, 由 $X$ 到商空间 $Y$ 上的射影 $P$ 必是闭映射.

(i) 存在 $A$ 的可数多个邻域, 它们的交是 $A$.

令 $U_n = \{(x,y) | |y| < 1/n\}$. 因 $P^{-1}(P(U_n)) = U_n$ 为开集且包含 $A$, 故为 $A$ 的开邻域, 且

$$A = \bigcup_{n=1}^{\infty} P(U_n).$$

(ii) 商空间 $Y$ 不可度量化.

可以证明, 商空间 $Y$ 中的元 $A$ 没有可数邻域基, 即不满足第一可数公理, 从而不可度量化. 事实上, 假如不然, 即设存在 $A$ 的可数邻域基满足:

$$U_1 \supset U_2 \supset \cdots \supset U_n \supset \cdots.$$

对每个非负整数 $m$, 序列 $\{(m, 1/(n+1))\}$ 在商空间中收敛于 $A$, 从而有自然数 $N_m$, 使

$$(m, 1/(N_{m+1})) \in U_m.$$

于是, 序列 $\{m, 1/(N_{m+1})\}$ 经常在每个 $U_n$ 中, 集 $B = \{(m, 1/(N_{m+1}))\}$ 在 $X$ 中是闭的, 它在商空间 $Y$ 上的射影

$$P(B) = \{(m, 1/(N_{m+1}))\} = B$$

亦为 $Y$ 中的闭集, 从而 $Y \backslash B$ 为商空间 $Y$ 中的开集且包含 $A$. 因它不包含邻域基 $\{U_n\}$ 的元, 故导致予期的矛盾. 因此, $Y$ 不满足第一可数公理.

# 第四章　分离性

## 引　　言

在第一章的引言中, 我们已经介绍了一些分离性公理. 现在, 我们再介绍一些其他的分离性公理如下:

拓扑空间 $(X, \tau)$ 称为 $T_5$ **空间**, 是指 $X$ 的任意子空间为 $T_4$ 空间.

拓扑空间 $(X, \tau)$ 的子集 $A$ 与 $B$ 称为**分离的**, 是指 $\overline{A} \cap B = A \cap \overline{B} = \varnothing$.

**定理 1**　拓扑空间 $(X, \tau)$ 是 $T_5$ 空间, 当且仅当对于 $X$ 的任意分离集 $A, B$, 存在开集 $U, V$, 使得 $A \subset U, B \subset V$, 且 $U \cap V = \varnothing$.

$T_5$ 空间同时为 $T_1$ 空间时称为**完全正规空间**或**继承正规空间**.

拓扑空间 $(X, \tau)$ 称为 $T_6$ **空间**, 是指它为 $T_4$ 空间, 且它的任意闭集是 $G_\delta$ 型集.

$T_6$ 空间同时是 $T_1$ 空间时称为**完备正规空间**.

拓扑空间 $(X, \tau)$ 称作**完全 Hausdorff 空间**或 $T_{2\frac{1}{2}}$ **空间**, 是指对于 $X$ 的任意相异两点 $x, y$, 有 $U \in \mathcal{U}(x), V \in \mathcal{U}(x)$, 使 $\overline{U} \cap \overline{V} = \varnothing$.

各种分离性之间的蕴涵关系如下:

完备正规空间 $\Rightarrow$ 完全正规空间 $\Rightarrow$ 正规空间 $\Rightarrow$ 完全正则空间 $\Rightarrow$ Urysohn 空间

$\Downarrow$

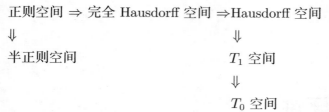

随后的例子将要表明, 凡是上面未曾列出的蕴涵, 可能都不行.

我们用 $H, R, CR, N, CN$ 分别代表 Hausdorff 空间, 正则空间, 完全正则空间, 正规空间, 完全正规空间, 这些空间在其子空间、积空间、商空间中的传递性如下表 (成立者为 ○, 否则为 ×):

| | | $T_1$ | $T_2$ | $R$ | $CR$ | $N$ | $CN$ |
|---|---|:---:|:---:|:---:|:---:|:---:|:---:|
| 子空间 | 一般 | ○ | ○ | ○ | ○ | × | ○ |
| | 闭集 | ○ | ○ | ○ | ○ | ○ | ○ |
| | 开集 | ○ | ○ | ○ | ○ | × | ○ |
| 积空间 | 一般 | ○ | ○ | ○ | ○ | × | × |
| | 有限积 | ○ | ○ | ○ | ○ | × | × |
| | 可数积 | ○ | ○ | ○ | ○ | × | × |
| 商空间 | | × | × | × | × | × | × |

当没有传递性时, 我们将给出反例.

**1. 存在某个拓扑空间, 它不是 $T_0$ 空间.**

设 $X = \{1, 2, 3\}$, 规定 $X$ 的开集为 $\varnothing, \{1\}, \{2, 3\}$ 和 $X$. 取 2, 3 两点, 则含点 2 或 3 的开集只能是 $\{2, 3\}$ 或 $X$, 所以含 2 的开集必含 3, 而含 3 的开集必含 2. 因此, $X$ 不是 $T_0$ 空间.

**2. 存在 $T_0$ 而非 $T_1$ 的拓扑空间.**

设 $X = \{a, b, c\}$, 规定 $X$ 的开集为 $\varnothing, \{a\}, \{a, b\}, \{a, c\}$ 和 $X$, 则 $X$ 为一拓扑空间. 易见, $X$ 是 $T_0$ 空间. 因为对于点 $a, c$ 而言, 含点 $c$ 的开集必含点 $a$, 所以 $X$ 不是 $T_1$ 空间.

**3. 存在 $T_1$ 而非 $T_2$ 的拓扑空间.**

第三章例 9 的拓扑空间具有所需的性质.

**4. 存在 $T_2$ 而非半正则的拓扑空间.**

设 $X$ 为平面上的整数点 $(i,k)(i>0,k>0)$ 及点 $(i,0)(i\geqslant 0)$ 所成之集. 命形如 $\{(i,k)\}(i>0,k>0)$ 的单点集为 $X$ 的开集, 而点 $(i,0)(i\neq 0)$ 的邻域基为

$$U_n((i,0))=\{(i,k)|k=0 \text{ 或 } k\geqslant n\}, \quad n=1,2,\cdots,$$

点 $(0,0)$ 的邻域基为

$$V_n((0,0))=\{(i,k)|i=k=0, \text{ 或 } i,k\geqslant n\}, \quad n=1,2,\cdots.$$

于是, $X$ 上就确定了一个拓扑. 显然, 每个开集 $\{(i,k)\}$ 都是闭集, 每个 $U_n((i,0))$ 也是闭集, 而 $V_n((0,0))$ 的闭包必定含有点 $(k,0)$, 其中 $k\geqslant n$, 这是因为这些点的每个邻域都与 $V_n$ 相交.

(i) $X$ 是完全 Hausdorff 空间, 从而也是 $T_2$ 空间.

事实上, 对任意两点 $x,y\in X,x\neq y$, 分别存在 $x,y$ 的开邻域 $O_x$ 与 $O_y$ 而有

$$\overline{O}_x\cap\overline{O}_y=\varnothing.$$

这是因为除点 $(0,0)$ 的邻域基而外, 所有其他的邻域基都是闭的. 因此, 我们只要考虑 $x=(0,0)$ 或 $y=(0,0)$ 的情形. 不妨设 $x=(0,0),y=(i,k)$, 此时我们只要取 $O_x=V_n$, 其中 $n>k$, 于是, $\overline{O}_x$ 将与 $y$ 的某个 (闭) 邻域不相交. 因此, $X$ 是完全 Hausdorff 空间.

(ii) $X$ 不是半正则空间.

事实上, 邻域 $V_n((0,0))$ 不能包含点 $(0,0)$ 的正则开邻域. 因为假若开邻域 $U\subset V_n$, 则 $\overline{U}$ 必定含有某点 $(k,0)$, 而且 $(k,0)$ 必是 $\overline{U}$ 的内点, 但 $(k,0)\notin V_n$, 从而 $V_n$ 不能包含 $(\overline{U})^0$, 所以 $U\neq(\overline{U})^0$, 即 $X$ 中的正则开集不能构成 $X$ 的拓扑基. 因此, $X$ 不是半正则空间.

**5. 存在半正则而非正则的拓扑空间.**

**第一例** 设 $S$ 是单位正方形的内部, 令

$$X=S\cup\{(0,0),(1,0)\}.$$

命 $S$ 中的点的邻域基为平面上的点的欧氏邻域基, 而 $(0,0)$ 与 $(1,0)$ 的邻域基分别为

$$U_n(0,0)=\{(0,0)\}\cup\left\{(x,y)|0<x<\frac{1}{2},0<y<\frac{1}{n}\right\}, \quad n=1,2,\cdots$$

与

$$U_m(1,0) = \{(1,0)\} \cup \left\{(x,y)\Big|\frac{1}{2} < x < 1, 0 < y < \frac{1}{m}\right\}, \quad m = 1,2,\cdots.$$

于是, $X$ 成为一个拓扑空间 (参看图 6).

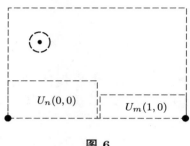

**图 6**

拓扑空间 $X$ 是半正则的, 因为所给的邻域基是由正则开集构成的. 其次, 不难看出, $X$ 是 Hausdorff 空间. 然而, 由于点 $(0,0)$ 与 $(1,0)$ 没有不相交的闭邻域, 故 $X$ 不是完全 Hausdorff 空间, 从而也不是正则空间.

**第二例** (Alexandroff 板). 设 $\omega_1$ 是第一个不可数序数, 在 $[0,\omega_1]$ 与 $[-1,1]$ 上都取区间拓扑 (参看后面的例 13), 而拓扑空间 $(X,\tau)$ 是拓扑空间 $[0,\omega_1]$ 与拓扑空间 $[-1,1]$ 的积空间. 在 $X$ 上再取拓扑 $\sigma$ 如下: 它是由拓扑 $\tau$ 再加上形如

$$U(\alpha,n) = \{p\} \cup (\alpha,\omega_1] \times \left(0,\frac{1}{n}\right)$$

的集组成, 其中 $p = (\omega_1,0) \in X$ (参看图 7).

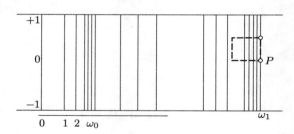

**图 7**

拓扑空间 $(X,\sigma)$ 显然是半正则的, 另一方面, 因

$$C = \{(\alpha,0)|\alpha < \omega_1\}$$

是不含有点 $p$ 的闭集, 而 $C$ 的每个邻域都与含点 $p$ 的每个邻域相交, 故 $(X, \sigma)$ 不是正则空间.

**注** 这个例子也说明了半正则空间未必是 $T_3$ 空间.

**6. 存在某个 Hausdorff 空间, 它不是完全 Hausdorff 空间.**

**第一例** 例 5 中的拓扑空间具有所需的性质.

**第二例** 设 $Q$ 为有理数集, 而

$$X = \{(x, y) | y \geqslant 0, x, y \in Q\}.$$

对固定的某个无理数 $\theta$, 我们令点 $(x, y) \in X$ 的邻域为

$$N_\varepsilon(x, y) = \left\{(x, y) \cup B_\varepsilon\left(x + \frac{y}{\theta}\right) \cup B_\varepsilon\left(x - \frac{y}{\theta}\right)\right\},$$

这里, $B_\varepsilon(\xi) = \{r \in Q | |r - \xi| < \varepsilon\}$, $Q$ 是 $x$ 轴上的全体有理数. 因此, 每个 $N_\varepsilon(x, y)$ 是由点 $(x, y)$ 加上两个区间所组成的, 这两个区间的中心是 $x$ 轴上的无理数 $x \pm \frac{y}{\theta}$, 而 $x \pm \frac{y}{\theta}$ 到点 $(x, y)$ 的射线的斜率为 $\pm\theta$ (参看图 8).

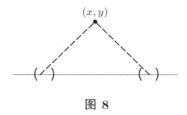

**图 8**

不难验证, 当 $\varepsilon$ 遍历正实数集时, $N_\varepsilon(x, y)$ 的全体构成了 $X$ 的一个邻域基, 从而 $X$ 为一拓扑空间.

(i) $X$ 是 Hausdorff 空间.

对于 $X$ 中不同的两点 $(x_1, y_1)$ 与 $(x_2, y_2)$, 如果 $(x_1, y_1)$ 与 $(x_2, y_2)$ 位于斜率为 $\theta$ 的同一条直线上, 那么必将导致 $(y_2 - y_1)/(x_2 - x_1)$ 是无理数的矛盾. 因此, $X$ 中不同的两个点不能位于斜率为 $\theta$ 的同一条直线上. 其次, 若 $(x_1, y_1)$ 位于斜率为 $\theta$ 的直线上, 则 $(x_2, y_2)$ 就不能位于斜率为 $-\theta$ 的直线上. 这就说明构成 $N_{\varepsilon_1}(x_1, y_1)$ 与 $N_{\varepsilon_2}(x_2, y_2)$ 的两个区间的中心 $x_1 \pm y_1/\theta$ 与 $x_2 \pm y_2/\theta$ 不可能重合. 因此, 我们可取 $\varepsilon_1$ 与 $\varepsilon_2$ 充分小, 使得 $N_{\varepsilon_1}(x_1, y_1)$ 与 $N_{\varepsilon_2}(x_2, y_2)$ 不相交, 故 $X$ 是 Hausdorff 空间.

(ii) $X$ 不是完全 Hausdorff 空间.

我们注意, 每个 $N_\varepsilon(x, y)$ 的闭包都包含了从 $B_\varepsilon(x + y/\theta)$ 与 $B_\varepsilon(x - y/\theta)$ 处射出的斜率为 $\pm\theta$ 的四个长条形的并 (参看图 9). 因而任意两个开集的闭包都是相交的, 即 $X$ 不是完全 Hausdorff 空间.

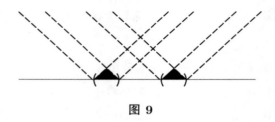

图 9

**7. 存在某个完全 Hausdorff 空间, 它不是正则空间.**

设 $P = \{(x,y)|x,y \in R, y > 0\}$ 为上半开平面, 并在 $P$ 上取欧氏拓扑 $\tau$. $L$ 代表实数轴. 令 $X = P \cup L$, 并在 $X$ 上取拓扑 $\tau^*$ 如下: 它是在拓扑 $\tau$ 上加上形如 $\{x\} \cup (P \cap U)$ 的集组成, 这里, $x \in L$, 而 $U$ 是平面内点 $x$ 的欧氏邻域. 于是, $X$ 的拓扑 $\tau^*$ 的邻域基由两类邻域组成: 若 $x \in P$, 则含点 $x$ 的邻域基的元是位于 $P$ 中的开圆盘; 而点 $y \in L$ 的邻域基的元是形如 $\{y\} \cup (P \cap D)$ 的集, 其中 $D$ 是中心为 $y$ 的开圆盘. 因此, $y \in L$ 的邻域基的元是由中心为 $y$ 的上半开圆盘再加上点 $\{y\}$ 本身组成的 (参看图 10).

图 10

显然, 每个 $\tau$ 邻域 $U$ 都包含 $U$ 中每个点的某个 $\tau^*$ 邻域, 故拓扑 $\tau^*$ 强于拓扑 $\tau$. 于是, 恒等映射 $f : (X,\tau) \to (X,\tau^*)$ 是闭的双射, 即 $f$ 是闭的一对一的满射. 因 $(X,\tau)$ 是一个完全 Hausdorff 空间, 故 $(X,\tau^*)$ 也是一个完全 Hausdorff 空间.

因 $y \in L$ 的每个半圆盘邻域的闭包必定包含该圆盘直径上的全部的点, 故 $y \in L$ 的邻域基的每个元的补集 (它是 $(X,\tau^*)$ 中的闭集) 都与 $y$ 的每个邻域的闭包相交. 也就是说, 这种闭邻域都与 $y$ 的每个邻域的闭包相交. 因此, $(X,\tau^*)$ 不是 $T_3$ 空间, 从而也不是正则空间.

**8. 半正则空间与完全 Hausdorff 空间互不蕴涵.**

**第一例** 存在某个完全 Hausdorff 空间, 它不是半正则空间.

设 $(X,\tau^*)$ 是例 7 中的拓扑空间, 它是一个完全 Hausdorff 空间. 另一方面, 因点 $p \in L$ 的半圆盘邻域基的每个元 $U$, 而 $U$ 的闭包的内部包含了 $L$ 上圆盘的直径上的一切点 (注意, 直径上的每一点都是 $\overline{U}$ 的内点), 故 $U \neq (\overline{U})^\circ$. 因此, $(X,\tau^*)$ 不是半正则空间.

**第二例**  存在某个半正则空间, 它不是完全 Hausdorff 空间.

例 5 中的拓扑空间具有所需的性质.

## 9. 存在某个完全 Hausdorff 空间, 它不是 Urysohn 空间.

设 $S$ 是平面上单位正方形的内部除了横坐标为 1/2 的点以外的一切有理点. 令

$$X = S \cup \{(0,0)\} \cup \{(1,0)\} \cup \{(1/2, r\sqrt{2}) | r \in Q, 0 < r\sqrt{2} < 1\},$$

式中 $Q$ 代表有理数集. 我们定义 $X$ 上的拓扑的邻域基如下: 取 $S$ 中每一点的邻域基为单位正方形的欧氏邻域基继承下来的邻域基, 而 $X$ 的其他各点的邻域基分别为

$$U_n(0,0) = \{(0,0)\} \cup \{(x,y) | 0 < x < 1/4, 0 < y < 1/n\},$$
$$U_n(1,0) = \{(1,0)\} \cup \{(x,y) | 3/4 < x < 1, 0 < y < 1/n\},$$
$$U_n(1/2, r\sqrt{2}) = \{(x,y) | 1/4 < x < 3/4, |y - r\sqrt{2}| < 1/n\}.$$

于是, $X$ 是一拓扑空间. 称此空间为 **Arens 空间** (参看图 11).

(i) $X$ 是完全 Hausdorff 空间.

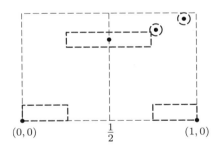

**图 11**

因为 $S$ 中的每一点以及点 $(0,0)$ 和 $(1,0)$, 它们和形如 $(1/2, r\sqrt{2})$ 的点都没有相同的 $y$ 坐标, 所以对于 $X$ 中不同的两个点 $p, q$, 存在 $p$ 与 $q$ 的邻域 $U_p$ 与 $U_q$, 而有 $\overline{U}_p \cap \overline{U}_q = \varnothing$, 即 $X$ 是完全 Hausdorff 空间.

(ii) $X$ 不是 Urysohn 空间.

设映射 $f : X \to I = [0,1]$, 满足条件 $f(0,0) = 0, f(1,0) = 1$. 假如 $f$ 连续, 那么对于 $I$ 中的开集 $[0,1/4)$ 和 $(3/4,1]$, $f^{-1}([0,1/4))$ 和 $f^{-1}((3/4,1])$ 将是 $X$ 中的开集. 因此, 对某个 $n, m$, 应有

$$U_n(0,0) \subset f^{-1}([0,1/4)),$$
$$U_m(1,0) \subset f^{-1}((3/4,1]).$$

于是, 当 $r\sqrt{2} < \min\{1/n, 1/m\}$ 时, 就有

$$f(1/2, r\sqrt{2}) \notin [0, 1/4] \cup (3/4, 1].$$

不妨假定 $f(1/2, r\sqrt{2}) \notin [0, 1/4)$, 则存在含有点 $f(1/2, r\sqrt{2})$ 的开区间 $U$, 使 $\overline{U} \cap [0, 1/4] = \varnothing$, 从而 $f^{-1}(\overline{U})$ 和 $f^{-1}(\overline{[0, 1/4]})$ 将是不相交的闭集, 它们分别包含含有点 $(1/2, r\sqrt{2})$ 和 $(0, 0)$ 的开集. 但据 $r\sqrt{2} < \min\{1/n, 1/m\}$ 的选取, 应有 $f^{-1}(\overline{[0, 1/4]}) \supset U_n(0, 0)$, 且对某个 $k$, 有

$$f^{-1}(\overline{U}) \supset U_k(1/2, r\sqrt{2}).$$

因此, $f^{-1}(\overline{[0, 1/4]})$ 与 $f^{-1}(\overline{U})$ 必定相交, 此为矛盾. 由此可知, 映射 $f$ 不可能连续, 即 $X$ 不是 Urysohn 空间.

**10. 存在某个 Urysohn 空间, 它不是完全正则空间.**

设 $X$ 为实数集, $A = \{1/n | n = 1, 2, \cdots\}$. 定义 $X$ 上的拓扑 $\tau$ 如下: $V \in \tau$ 当且仅当 $V = U \backslash B$, 这里 $B \subset A$, 而 $U$ 为 $X$ 上的欧氏拓扑中的开集.

因 $B = \varnothing \subset A$, 故 $X$ 上的拓扑 $\tau$ 强于 $X$ 上的欧氏拓扑. 又因在 $X$ 上取欧氏拓扑后为一 Urysohn 空间, 故 $(X, \tau)$ 也是一个 Urysohn 空间. 另一方面, 因为包含闭集 $A$ 的任一开集都与含有点 $0 \notin A$ 的任一开集相交, 所以 $(X, \tau)$ 不是 $T_3$ 空间, 从而也不是完全正则空间.

**11. Urysohn 空间与半正则空间互不蕴涵.**

**第一例** 存在某个 Urysohn 空间, 它不是半正则空间.

令 $P = \{(x, y) | x, y \in \mathrm{R}, y > 0\}$, 并在 $P$ 上取欧氏拓扑 $\tau$. 再令 $X = P \cup L$, 其中 $L$ 为实数轴. 在 $X$ 上取拓扑 $\tau^*$, 它是由拓扑 $\tau$ 及形如 $\{x\} \cup (P \cap U)$ 的集组成, 其中 $x \in L$, 而 $U$ 是平面内的点 $x$ 的欧氏邻域 (参看例 7).

因 $X$ 上的拓扑 $\tau^*$ 强于 $X$ 上的欧氏拓扑, 而后者为一 Urysohn 空间, 故 $(X, \tau^*)$ 亦为一 Urysohn 空间. 由例 8 中的第一例可知, $(X, \tau^*)$ 不是半正则空间.

**第二例** 存在某个半正则空间, 它不是 Urysohn 空间.

例 9 中的拓扑空间具有所需的性质.

**12. 存在完全正则而非正规的拓扑空间.**

设 $P = \{(\xi, \eta) | \xi, \eta \in R, \eta > 0\}$ 是上半开平面, 这里, $P$ 上取的是欧氏拓扑 $\tau$. 又设 $L$ 为实数轴, $X = P \cup L$, 并在 $X$ 上取拓扑 $\tau^*$ 如下: 它是由欧氏拓扑 $\tau$ 加上形如 $\{x\} \cup D$ 的集组成, 其中 $x \in L$ 而 $D$ 是切于 $L$ 上 (切点为 $x$) 的开圆盘 (参看图 12).

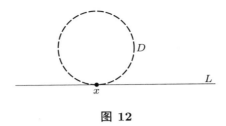

图 12

(i) $(X, \tau^*)$ 是 $T_1$ 空间.

我们将要证明, $X$ 上的拓扑 $\tau^*$ 强于欧氏拓扑. 为此, 设 $U$ 是 $X$ 上的欧氏拓扑下的开集, 且 $x \in U$. 于是, 若 $x \in P$, 则存在 $x$ 的一个邻域 $V$, 使 $V \subset U$, 这是因为对于这样的点 $x$, 这两种拓扑有相同的拓扑基. 若 $x \in L$, 则必定存在以 $x$ 为中心的圆盘 $\Delta$, 使 $\Delta \cap X \subset U$ (参看图 13). 显然, 此时必定存在一个圆盘 $\Delta_1$, 其半径为 $\Delta$ 的半径的一半, 它与 $L$ 切于 $x$, 且包含于 $\Delta$ 之中. 因此, $\Delta_1 \subset U$, 即拓扑 $\tau^*$ 强于欧氏拓扑.

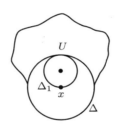

图 13

因 $X$ 在欧氏拓扑下是 $T_1$ 空间, 故 $(X, \tau^*)$ 也是 $T_1$ 空间.

(ii) $(X, \tau^*)$ 是完全正则空间.

任取 $(X, \tau^*)$ 中的闭集 $A$ 及点 $b \notin A$. 我们只要证明存在连续映射 $f$: $(X, \tau^*) \to [0, 1]$, 使 $f(b) = 0$, 而对任意 $x \in A$, 都有 $f(x) = 1$.

(1) 若 $b \in P$, 则存在 $b$ 的一个邻域 $U$, 使 $U \subset X \backslash A$. 因 $U$ 在拓扑 $\tau^*$ 与在欧氏拓扑之下都为 $X$ 的开集, 故它的补集 $X \backslash U$ 在欧氏拓扑之下是闭集. 因欧氏拓扑是完全正则的, 故对于 $X \backslash U$ 与点 $b$ 而言, 必有欧氏拓扑 $\tau$ 下的连续映射 $f : (X, \tau) \to [0, 1]$, 使得 $f(b) = 0$, 而对任意 $x \in X \backslash U$, 都有 $f(x) = 1$. 因拓扑 $\tau^*$ 强于欧氏拓扑, 故 $f$ 在拓扑 $\tau^*$ 之下也是连续的.

(2) 若 $b \in L$, 则必存在切于 $L$ (切点为 $b$) 的圆盘 $D$, 使 $D$ 与 $A$ 不相交. 设 $D$ 的半径为 $\delta$, 并定义映射 $f : (X, \tau^*) \to [0, 1]$ 如下:

$f(b) = 0$. 当 $x \notin D \cup \{b\}$ 时, $f(x) = 1$; 而当 $(\xi, \eta) \in D$ 时, 令

$$f(\xi, \eta) = [(\xi - b)^2 + \eta^2]/2\delta\eta.$$

因 $f^{-1}([0, \alpha))$ 就是开集 $\{b\} \cup D_\alpha$, 而 $f^{-1}((\alpha, 1])$ 就是开集 $X \backslash \overline{D_\alpha}$, 其中 $D_\alpha$ 是半径为 $\alpha\delta$ 且切于 $L$ (切点为 $b$) 的开圆盘, 故 $f$ 是 $(X, \tau^*)$ 到 $[0, 1]$ 上的连续映射, 使 $f(b) = 0$, 而对任意 $x \in A$, 都有 $f(x) = 1$.

由 (1), (2) 可知, $(X, \tau^*)$ 是完全正则空间.

(iii) $(X, \tau^*)$ 不是正规空间.

我们注意到每一点 $x \in L$ 的拓扑基的每个元至多含有 $L$ 的一个点. 因此, $L$ 的每个子集都是闭的 (其中每一点都是孤立点). 于是, 有理数集 $Q \subset L$ 与无理数集 $I \subset L$ 是两个不相交的闭集.

兹证分别包含 $Q$ 与 $I$ 的任意两个开集都是相交的, 从而 $(X, \tau^*)$ 不是正规空间. 为此, 任取 $(X, \tau^*)$ 中的两个开集 $U$ 与 $V$, 使得 $U \supset Q, V \supset I$. 对每一点 $x \in V \cap L$, 相应地存在以 $r_x$ 为半径且切于 $L$ (切点为 $x$) 的圆盘 $D_x \subset V$. 令

$$S_n = \left\{ x \in I | r_x > \frac{1}{n} \text{ 且 } D_x \subset V \right\},$$

则集族 $\{S_n\}$ 与有理数集 $Q$ 就构成第二纲集 $(L, \tau)$ 的一个可数覆盖, 其中 $\tau$ 是欧氏拓扑. 因此, $\{S_n\}$ 中的某一个 $S_{n_0}$ 在 $(L, \tau)$ 中不可能是无处稠密的, 从而存在开区间 $(a, b)$, 使 $(a, b) \subset \overline{S_{n_0}}$, 即 $S_{n_0}$ 在 $(a, b)$ 中稠密. 于是, 任取有理数 $r \in (a, b), r$ 的每个邻域必定与 $V$ 相交, 即 $U$ 与 $V$ 相交.

**13. 存在正规而不完备正规的拓扑空间.**

设 $X$ 是线性序集, 在 $X$ 的两端添加最小元及最大元, 记此集为 $Y$. 令

$$\mathcal{U} = \{(a, b) = \{y \in Y | a < y < b\} | a < b, a, b \in Y\},$$

以 $\mathcal{U}$ 为基在 $Y$ 上导入拓扑, 称它为**区间拓扑**. $\mathcal{U}$ 的元称为**开区间**. 闭区间的定义是明显的. 由区间拓扑立即看出, 线性序集恒为 $T_3$ 空间.

在小于或等于 (小于) 序数 $\alpha$ 的序数全体上导入区间拓扑记作 $[0, \alpha]$ ($[0, \alpha)$).

(i) $[0, \alpha]$ 是紧空间.

设 $\mathcal{V}$ 为 $[0, \alpha]$ 的任意开区间覆盖, 在 $\mathcal{V}$ 的元中必有含 $\alpha$ 者, 设为 $V_1$. $V_1$ 的左端设为 $\alpha_1$, 在 $\mathcal{V}$ 的元中含 $\alpha_1$ 者设为 $V_2$. $V_2$ 的左端设为 $\alpha_2$. 如此继续下去, 作成序列 $\alpha_1, \alpha_2, \cdots$, 必须仅经有限次达到 0. 否则, $\alpha_1 > \alpha_2 > \cdots$ 构成可数无限集, 被包含于 $[0, \alpha]$ 中, 它没有最前元素, 这与序数集是良序集发生矛盾. 故只能取有限次即达到 0, 从而 $\mathcal{V}$ 有有限子覆盖.

(ii) 设 $A$ 为 $[0, \omega_1)$ 的**零集**, 即存在 $[0, \omega_1)$ 上的连续函数 $f$, 使 $A = \{x | f(x) = 0\}$ 成立, 则 $A$ 或 $A$ 的补集必定是等终的, 其中 $\omega_1$ 是第一个不可数序数.

假如相反, 则必有零集 $A$ 存在, 使 $A$ 及 $[0, \omega_1) \backslash A$ 都是共尾的.

因 $A$ 为零集, 故有连续函数 $f : [0, \omega_1) \to [0, 1]$, 使

$$A = \{x \in [0, \omega_1) | f(x) = 0\}.$$

令 $B = [0, \omega_1) \backslash A$, 则

$$B = \{x \in [0, \omega_1) | f(x) \neq 0\} = \bigcup_{n=1}^{\infty} \left\{ x \big| |f(x)| \geqslant \frac{1}{n} \right\}.$$

令 $B_n = \{x \big| |f(x)| \geqslant \frac{1}{n}\}$, 则 $B = \bigcup_{n=1}^{\infty} B_n$. 因 $B_n$ 为闭集, 故 $B$ 为 $F_\sigma$ 集.

若 $B_n$ 均非共尾, 则 $\sup B_n < \omega_1$, 于是

$$\sup_n \sup B_n < \omega_1.$$

这与 $[0, \omega_1) \backslash A$ 是共尾的矛盾, 故必有 $B_n$ 是共尾的. 于是有列

$$\alpha_1 < \beta_1 < \alpha_2 < \beta_2 < \cdots, \quad \alpha_i \in A, \quad \beta_i \in B_n$$

存在. 若 $\sup \alpha_k = \alpha$, 则 $\alpha \in B_n \cap A$. 但 $B_n \cap A = \varnothing$. 矛盾.

(iii) $[0, \omega_1)$ 是正规空间.

设闭集 $F, H$ 使 $F \cap H = \varnothing$, 则 $F, H$ 不能都是共尾的. 如果 $F, H$ 都是共尾的, 则有列

$$\alpha_1 < \beta_1 < \alpha_2 < \beta_2 < \cdots, \quad \alpha_n \in F, \quad \beta_n \in H.$$

若 $\sup \alpha_n = \alpha$, 则 $\alpha \in F \cap H$, 矛盾. 故 $F, H$ 中必有不是共尾的. 设 $F$ 不是共尾的, 则有 $\alpha < \omega_1$, 使 $F \subset [0, \alpha]$. 因 $[0, \alpha]$ 是闭子空间, 故由 (i), 它是紧的 Hausdorff 空间, 从而 $[0, \alpha]$ 是正规的. 取开集 $U, V$, 使 $F \subset U, H \cap [0, \alpha] \subset V, U \cap V = \varnothing, U \cap V \subset [0, \alpha]$. 令

$$W = V \cup (\alpha, \omega_1),$$

则 $W$ 是开集且 $H \subset W, U \cap W = \varnothing$.

(iv) $[0, \omega_1)$ 不是完备正规空间.

设 $F$ 为 $[0, \omega_1)$ 中的极限数全体, 则 $F$ 是闭集. $F$ 与 $[0, \omega_1) \backslash F$ 都是共尾的, 故由 (ii), $F$ 必不是零集. 由定义, $[0, \omega_1)$ 不是完备正规空间.

(v) $[0, \omega_1)$ 上连续函数 $f$ 是有界的.

若 $f$ 是无界连续函数, 则存在 $\alpha_1, \alpha_2, \cdots < \omega_1$, 使 $|f(\alpha_i)| > i$. 若 $\sup \alpha_i = \beta$, 则 $f$ 在 $\beta$ 连续性不成立.

(vi) 对于 $[0, \omega_1)$ 上的连续函数 $f$, 存在 $\alpha < \omega_1$, 对于 $\alpha \leqslant \beta < \omega_1$ 的任意 $\beta$, 有 $f(\alpha) = f(\beta)$.

由 (v), $f$ 是有界的, 故存在正数 $a$, 使 $|f| \leqslant a$. 设 $f$ 的图像为 $G$.

$$G(\alpha) = G \cap ([\alpha, \omega_1) \times [-a, a]), \quad \alpha < \omega_1.$$

若 $A = \{\alpha | f(\alpha) \geqslant 0\}$, 则 $A$ 是某函数的零集. 由 (ii), $A$ 或 $[0, \omega_1) \backslash A$ 是等终的, 即有 $\alpha_1$ 存在, 使下述之一成立.

$$G(\alpha_1) \subset [\alpha_1, \omega_1) \times [-a, 0],$$
$$G(\alpha_1) \subset [\alpha_1, \omega_1) \times [0, a].$$

用二分法将此作法继续作下去, 可取得点列 $\{\alpha_i\}$, 闭区间序列 $\{I_i\}$, 满足

$$G(\alpha_i) \subset [\alpha_i, \omega_1) \times I_i, I_i \supset I_{i+1},$$
$$d(I_i) \longrightarrow 0.$$

注意, $\bigcap_i I_i$ 为一点, 令为 $\{b\}$. 设 $\sup \alpha_i = \alpha$, 则当 $\alpha < \beta$ 时, 有 $f(\alpha) = f(\beta) = b$.

**14. 存在正规而不完全正规的拓扑空间.**

**第一例** (Alexandroff 正方形)　设 $X$ 是单位闭正方形 $[0, 1] \times [0, 1]$, 令

$$\Delta = \{(x, x) | x \in [0, 1]\}.$$

定义点 $p = (s, t) \in X$ 的拓扑基如下:

当 $p = (s, t) \in X \backslash \Delta$ 时, $(s, t)$ 的邻域为中心在 $p$ 点的垂直于 $x$ 轴的开区间:

$$N_\varepsilon(s, t) = \{(s, y) \in X \backslash \Delta \mid |t - y| < \varepsilon\}.$$

当 $p = (s, t) \notin X \backslash \Delta$ 即 $p = (x, x) \in \Delta$ 时, $(x, x)$ 的邻域为 $X$ 中平行于 $x$ 轴的这样的开长条, 在这些长条中要除去有限多条垂直线 $x = x_0, x_1, \cdots, x_n$ 上的点, 即

$$M_\varepsilon(s, s) = \{(x, y) \in X \mid |y - s| < \varepsilon, x \neq x_0, x_1, \cdots, x_n\}$$

(参看图 14).

(i) $X$ 是 Hausdorff 空间, 从而也是 $T_1$ 空间.

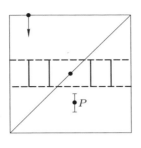

图 14

设 $(x_1, y_1), (x_2, y_2) \in X$ 且 $(x_1, y_1) \neq (x_2, y_2)$. 若 $y_1 \neq y_2$, 则分别存在含点 $(x_1, y_1)$ 与 $(x_2, y_2)$ 的两个不相交的水平开长条, 从而分别存在含点 $(x_1, y_1)$ 与 $(x_2, y_2)$ 的两个不相交的邻域. 若 $y_1 = y_2$, 则 $x_1 \neq y_1$ 或者 $x_2 \neq y_2$. 不妨设 $x_1 \neq y_1$, 则对于任何含有点 $(x_2, y_2)$ 的水平开长条, 我们可在这个长条中去掉通过点 $(x_1, y_1)$ 的垂直线而得 $(x_2, y_2)$ 的一个邻域, 这样一来, $(x_1, y_1)$ 的任何一个邻域都与 $(x_2, y_2)$ 的这个邻域不相交, 故 $X$ 是 Hausdorff 空间.

(ii) $X$ 是正规空间.

因每个紧的 Hausdorff 空间必为正规空间, 故我们只要证明 $X$ 是紧空间即可. 设 $\{U_\alpha\}$ 是 $X$ 的任意一个开覆盖, 令

$$B = \{\alpha | U_\alpha \cap \Delta \neq \varnothing\}.$$

再设 $P$ 是 $X$ 到 $y$ 轴上的射影, 则 $\{P(U_\alpha)|\alpha \in B\}$ 就构成了 $[0,1]$ 的一个开覆盖. 因 $[0,1]$ 在相对拓扑之下是紧的, 故存在有限子覆盖 $\{P(U_{\alpha_i})\}_{i=1}^n$. 于是, 据 $X$ 上的拓扑定义, $\{U_{\alpha_i}\}_{i=1}^n$ 至多不能覆盖 $X$ 上的有限多条垂直闭线段 (每个 $U_{\alpha_i}$ 是水平长条, 每个长条中只有有限多条垂直线段. 因此, 对有限多个邻域 $U_{\alpha_i}(i = 1, 2, \cdots, n)$ 而言, 总共仍为有限多条垂直线段). 这些有限多条垂直线段中的每一条都可以从 $\{U_\alpha\}$ 中选出有限多个元来覆盖. 因此, $X$ 是紧的.

(iii) $X$ 不是完全正规空间.

只要证明 $X$ 不是 $T_5$ 空间, 即要证明存在两个分离集合 $A$ 与 $B, \overline{A} \cap B = A \cap \overline{B} = \varnothing$, 而不存在分别包含 $A$ 与 $B$ 的两个不相交的开集即可. 令

$$A = \Delta \setminus \{(0,0)\}, \quad B = \{(x, y) | x \geqslant 0, y = 0\}.$$

易见, $A$ 与 $B$ 是分离的. 设 $U$ 是包含 $B$ 的任一开集, 则对每一点 $(x, 0) \in B$, 存在一个高度为 $\varepsilon_x$ 的垂直线段, 而此垂直线段含于 $U$ 中. 因 $[0,1]$ 是不可数集, 故对某个自然数 $n, \{\varepsilon_x | \varepsilon_x > 1/n\}$ 是无限集 (实际上, 这是一个不可数集). 由此可知, 对于点 $(1/n, 1/n) \in A$ 而言, 它的每个邻域都与 $U$ 相交. 换言之, 不存在分别包含 $A$ 与 $B$ 的两个不相交的开集. 因此, $X$ 不是 $T_5$ 空间.

**第二例** (Tychonoff 板)　设 $\omega_0$ 是第一个可数序数, $\omega_1$ 为第一个不可数序数, $X = [0, \omega_0], Y = [0, \omega_1], Z = X \times Y$. 由例 13 知 $X$ 与 $Y$ 都是紧的 Hausdorff 空间, 从而 $Z$ 关于积拓扑也是紧的 Hausdorff 空间. 于是, $Z$ 是正规空间.

令 $Z_0 = Z \backslash \{(\omega_0, \omega_1)\}$, 在 $Z_0$ 上考虑相对拓扑, 称 $Z_0$ 为 Tychonoff 板. $Z_0$ 不是正规空间, 即正规空间 $Z$ 的子空间 $Z_0$ 不是正规空间, 亦即 $Z$ 不是完全正规空间. 令

$$A = \{(\omega_0, y) | y \in Y\}, \quad B = \{(x, \omega_1) | x \in X\},$$

则 $A$ 和 $B$ 都是 $Z$ 的闭子集, 因为它们都是在射影映射下的单点集的逆像, 而在 Hausdorff 空间中单点集是闭的. 于是, $A_0 = A \cap Z_0, B_0 = B \cap Z_0$ 都是 $Z_0$ 的闭集, 而且还是不相交的, 因为

$$\begin{aligned} A_0 \cap B_0 &= (A \cap Z_0) \cap (B \cap Z_0) \\ &= (A \cap B) \cap Z_0 \\ &= \{(\omega_0, \omega_1)\} \cap Z_0 = \varnothing. \end{aligned}$$

设 $G_1, G_2$ 是 $Z_0$ 的任意两个开集, 使

$$A_0 \subset G_1, \quad B_0 \subset G_2,$$

则必有 $G_1 \cap G_2 \neq \varnothing$.

实际上, 因 $G_2$ 是开集, 对于 $(n, \omega_1) \in B_0$, 有 $\alpha_n$ 存在使 $\{(n, y) | \alpha_n < y \leqslant \omega_1\} \subset G_2$. 令

$$\alpha = \sup\{\alpha_n | n = 1, 2, \cdots\},$$

则 $\alpha$ 也是具有可数势的序数, 即 $\alpha < \omega_1$.

因 $G_1$ 是开集, 对于 $\alpha + 1$, 有 $m_{\alpha+1}$, 使

$$C = \{(x, \alpha + 1) | m_{\alpha+1} < x \leqslant \omega_0\} \subset G_1.$$

显然, $C \subset G_2$, 故 $C \subset (G_1 \cap G_2) \neq \varnothing$. 因此, $Z_0$ 不是正规空间.

## 15.　正则而不完全正则的拓扑空间.

在例 14 第二例的符号下, 设 $Z_i$ 为 $Z_0$ 的副本 $(i \in N), A_i, B_i$ 分别为对应 $A_0, B_0$ 的 $Z_i$ 的边. 当 $i$ 为奇数 $2n + 1$ 时, 将 $B_{2n+1}$ 和 $B_{2n+2}$ 贴合. 即将 $B_{2n+1}$ 和 $B_{2n+2}$ 相对应的点看作是同一点. 当 $i$ 为偶数 $2n$ 时, 将 $A_{2n}$ 和 $A_{2n+1}$ 贴合. 设 $S$ 为如此得到的点集, 即 $S = \bigcup_{i \in N} Z_i$. 在 $S$ 中导入拓扑如下:

$U \subset S$ 是开集, 当且仅当对于各 $i, U \cap Z_i$ 是开集. 于是 $S$ 是完全正则空间. 设 $p \notin S, T = S \cup \{p\}, S$ 在 $T$ 中是开集, $p$ 点的邻域基为

$$\left\{ U_n = \left( S \backslash \bigcup_{i=1}^{n} Z_i \right) \cup \{p\} | n \in N \right\}.$$

如此导入的拓扑, 显然 $T$ 是正则空间, 由例 13, 对于 $[0, \omega_1)$ 上的连续函数 $f$, 必有 $\alpha < \omega_1$ 和常数 $a$, 使对 $\alpha \leqslant \beta < \omega_1$ 的任意 $\beta$, 恒有 $f(\beta) = f(\alpha) = a$. $a$ 称为 $f$ 的**常值**, 而 $[\alpha, \omega_1)$ 称为**常值尾**.

设 $a$ 为 $g \in C(Z, I)$ 在 $A_0$ 上的常值, 则

$$\lim_{n \to \infty} g(n, \omega_1) = a.$$

实际上, 设 $g$ 在 $\{i\} \times [0, \omega_1)$ 上的常值为 $a_i$, 常值尾为 $\{i\} \times [\alpha_i, \omega_1)$. 设 $g$ 在 $A$ 上的常值尾为 $\{\omega_0\} \times [\alpha, \omega_1)$, 取比所有 $\alpha_i(i < \omega_0)$ 及 $\alpha$ 都大的 $\gamma < \omega_1$. 由

$$\lim_{i \to \infty} g(i, \gamma) = \lim_{i \to \infty} a_i = g(\omega_0, \gamma) = a$$

及 $a_i = g(i, \omega_1)$ 得到

$$\lim_{i \to \infty} g(i, \omega_1) = a.$$

$T$ 不是完全正则的.

实际上, 观察 $p$ 点和 $U_2^c$, 考虑在 $U_2$ 的外部取值为 1 的 $f \in C(T, I)$. 由 $f$ 在 $A_n$ 上的常值与在 $A_{n+1}$ 上的常值是以 $B_n = B_{n+1}$ 为媒介一致. 这对于任意的 $n$ 都成立. 故在各 $A_n$ 上的定常值都必须是 1, 从而 $f(p) = 1$, 即 $T$ 不是完全正则的. 其实, $T$ 甚至还不是 Urysohn 空间.

### 16. Urysohn 空间与正则空间互不蕴涵.

**第一例** 一个 Urysohn 空间, 它不是正则空间.

例 11 第一例中的拓扑空间具有所需的性质.

**第二例** 一个正则空间, 它不是 Urysohn 空间.

例 14 中的拓扑空间 $T$ 具有所需的性质.

### 17. 完全正规而不完备正规的拓扑空间.

设 $X$ 为一不可数集, $p \in X$. 命 $X$ 的非空开集为 $X \backslash C$, 其中 $C$ 或含有点 $p$, 或为有限集.

(i) $X$ 是完全正规空间.

显然, $X$ 是 $T_1$ 空间, 因此, 为证 $X$ 是完全正规空间, 只要证明它是 $T_5$ 空间即可. 任取 $X$ 的两个分离子集 $A$ 与 $B$. 若 $A$ 与 $B$ 均不含点 $p$, 则 $A$ 与 $B$ 都是开

集. 若 $A, B$ 之一含有点 $p$, 假如, $p \in A$, 则 $B$ 为开集. 于是, 只要证明 $X \backslash B$ 也是开集即可. 假如 $X \backslash B$ 不是开集, 即 $B$ 不是闭集, 则 $B$ 必为无限集, 从而 $\overline{B}$ 也为无限集. 因 $X \backslash \overline{B}$ 是开集, 故 $p \in \overline{B}$. 这与 $A \cap \overline{B} = \varnothing$ 发生矛盾. 因此, $X$ 是 $T_5$ 空间.

(ii) $X$ 不是完备正规空间.

为证 $X$ 不是完备正规空间, 我们只要证明闭集 $\{p\}$ 不是 $G_\delta$ 集即可. 假如不然, 即

$$\{p\} = \bigcap_{i=1}^{\infty} G_i,$$

其中 $G_i$ 都是含有点 $p$ 的开集. 于是, $G_i$ 可表为 $X \backslash C_i$ 的形式, 这里 $C_i$ 为有限集. 因此, $X \backslash G_i$ 为有限集, 从而

$$X \backslash \{p\} = X \backslash \bigcap_{i=1}^{\infty} G_i = \bigcup_{i=1}^{\infty} (X \backslash G_i)$$

至多为一可数集, 矛盾.

**18.　存在某个正规空间的子空间, 它不是正规空间.**

例 14 中的拓扑空间具有所需的性质.

**19.　存在某个非正规空间, 它的每个真子空间都是正规的.**

设 $X = \{1, 2, 3\}$, 令

$$\tau = \{\varnothing, \{1, 2, 3\}, \{1, 2\}, \{2, 3\}, \{2\}\},$$

则 $X$ 的闭子集为 $\varnothing, X, \{3\}, \{1\}, \{1, 3\}$. 显然, 不相交的非空闭的真子集只有 $\{3\}$ 与 $\{1\}$. 分别包含 $\{3\}$ 与 $\{1\}$ 的开集必相交, 故 $X$ 不是正规空间. 然而, $X$ 的每个真子空间显然都是正规的.

**20.　存在两个正规空间, 其积空间并不正规.**

一般地说, 正规空间的乘积并不是正规空间. 例如, 设 $[0, \omega_1)$ 为所有小于第一个不可数序数 $\omega_1$ 的序数所成之集, $[0, \omega_1]$ 为所有小于或等于 $\omega_1$ 的序数所成之集, 并在 $[0, \omega_1)$ 与 $[0, \omega_1]$ 上都取区间拓扑, 则 $[0, \omega_1)$ 与 $[0, \omega_1]$ 都是正规空间 (参看例 14 第二例).

(i) 若 $f$ 是从 $[0, \omega_1)$ 到 $[0, \omega_1)$ 的映射, 使对每个 $x \in [0, \omega_1), f(x) \geqslant x$, 则存在 $\beta \in [0, \omega_1)$, 使 $(\beta, \beta)$ 是 $f$ 的图像的聚点.

任取 $x_1 \in [0, \omega_1)$, 令 $x_2 = f(x_1), \cdots, x_{n+1} = f(x_n), \cdots$, 则

$$x_n \leqslant f(x_n) \leqslant x_{n+1}.$$

因此, $\{x_n\}$ 与 $\{f(x_n)\}$ 有相同的上确界 $\beta \in [0, \omega_1)$. 对 $\beta$ 的任意邻域 $U$, 存在 $\alpha < \beta$, 使

$$\{x | \alpha < x \leqslant \beta\} \subset U.$$

因 $\alpha$ 不是 $\{x_n\}$ 的上界, 故有 $x_{n_0} > \alpha$. 由 $\{x_n\}$ 的递增性知当 $n > n_0$ 时, $\alpha < x_n \leqslant \beta$, 从而 $x_n \in U$, 故 $\{x_n\}$ 收敛于 $\beta$. 同理可证 $\{f(x_n)\}$ 也收敛于 $\beta$. 即

$$\lim_{n \to \infty} x_n = \lim_{n \to \infty} f(x_n) = \beta.$$

于是, $f$ 的图像中的点列 $\{(x_n, f(x_n)) | n \in N\}$ 收敛于 $(\beta, \beta)$. 因此, $(\beta, \beta)$ 为 $f$ 的图像的聚点.

(ii) $[0, \omega_1) \times [0, \omega_1]$ 不是正规空间.

$$\diamondsuit \ A = [0, \omega_1) \times \{\omega_1\}, B = \{(x, y) \in [0, \omega_1) \times [0, \omega_1] | x \geqslant y\}.$$

因补集

$$[0, \omega_1) \times [0, \omega_1] \backslash B = \bigcup \{[0, \alpha) \times (\alpha, \omega_1] | \alpha \in [0, \omega_1)\}$$

是开集, 故 $B$ 是闭集, 且 $A \cap B = \varnothing$. 设 $U$ 为包含 $A$ 的任意开集. 对每一 $x \in [0, \omega_1)$, 因 $(x, \omega_1) \in U$, 故存在 $f(x) \in [0, \omega_1), f(x) \geqslant x, (x, f(x)) \in U$. 如此定义的 $f$ 满足 (i), 故存在 $\beta \in [0, \omega_1)$, 使 $(\beta, \beta) \in B$ 为 $f$ 的图像的聚点, 因而它也是 $U$ 的聚点. 由此可知, 包含 $B$ 的任意开集必然与 $U$ 相交, 即 $[0, \omega_1) \times [0, \omega_1]$ 不是正规空间.

**注** 丁石孙[1] 用比较初等的方法构造了两个正规空间, 其积空间并不正规.

**21. 存在不可数个可度量化的可数空间, 其积空间并不正规.**

设 $N$ 为自然数集, 并在 $N$ 上取离散拓扑. 又设 $N_\lambda (\lambda \in \Lambda)$ 是 $N$ 的副本, $\Lambda$ 为一不可数的指标集. 令

$$X = \prod_{\lambda \in \Lambda} N_\lambda,$$

即 $X$ 的点都是不可数集 $\Lambda$ 到 $N$ 内的映射 $x = \{\xi_\lambda\}$.

对每一自然数 $k$, 令 $A^k$ 为所有这种点 $x = \{\xi_\lambda\} \in X$ 所组成, 它满足条件: 对每一不同于 $k$ 的自然数 $n$, 至多存在一个 $\lambda$ 使 $\xi_\lambda = n$.

易见, 每个 $A^k$ 都是 $X$ 的闭子集, 且各个不同的 $A^k$ 彼此不相交. 因此, 如果 $X$ 是正规的, 那么就应该存在不相交的开集 $U$ 与 $V$, 使 $U \supset A^1, V \supset A^2$. 然而, 这是不可能的.

**22.** 存在两个完全正规空间, 其积空间并不完全正规.

设 $X$ 为实直线, 令

$$\mathcal{U} = \{[a,b) | a, b \in X\}.$$

易证, $\{[a,b) | a, b \in X\}$ 是 $X$ 的一个邻域基, 这个邻域基生成 $X$ 上的一个拓扑 $\tau$ 而使 $X$ 为一拓扑空间. 于是, 形如 $(-\infty, a), [a, b), [a, +\infty)$ 之集都是既开又闭的. 因

$$(a, b) = \bigcup \{[\alpha, b) | a < \alpha < b\},$$

故 $(a, b)$ 是开集. 同理, 形如 $(-\infty, a)$ 与 $(a, +\infty)$ 之集也都是开集. 因此, 拓扑 $\tau$ 强于 $X$ 上的欧氏拓扑, 从而 $(X, \tau)$ 是 Hausdorff 空间.

设 $A$ 与 $B$ 是 $X$ 的两个分离子集, 即 $\overline{A} \cap B = A \cap \overline{B} = \varnothing$, 因 $X \backslash \overline{B}$ 是开集, 故任取 $a \in X \backslash \overline{B}$, 存在 $x_a \in X$ 而有 $[a, x_a) \subset X \backslash \overline{B}$. 命

$$O_A = \bigcup_{a \in A} [a, x_a),$$

则 $O_A$ 是包含 $A$ 的开集. 类似地, 可定义包含 $B$ 的开集 $O_B$.

兹证 $O_A \cap O_B = \varnothing$. 假如 $O_A \cap O_B \neq \varnothing$, 则存在 $a \in A, b \in B$ 而有

$$[a, x_a) \cap [b, x_b) \neq \varnothing.$$

不妨假定 $a < b$, 则 $b \in [a, x_a) \subset X \backslash \overline{B}$. 这是不可能的. 因此, $O_a \cap O_b = \varnothing$, 即 $X$ 是 $T_5$ 空间. 因 $X$ 还是一个 Hausdorff 空间, 故它是完全正规空间.

令 $Y = X \times X$. 可证 $Y$ 不是正规空间, 从而也不是完全正规空间.

对每一点 $p = (x, y) \in Y$, 命点 $p$ 的邻域基为 $\{S(p, \varepsilon)\}$, 其中 $S(p, \varepsilon)$ 是左下角为点 $p$ 并以 $\varepsilon > 0$ 为边的半开正方形.

令 $L = \{(x, y) | y = -x\}$, 则 $L$ 是 $Y$ 的闭子集; 而且由于当 $p \in L$ 时, $L \cap S(p, \varepsilon) = \{p\}$, 即在相对拓扑下, $L$ 上的每一点构成的单点集都是开集. 因此, $L$ 上的相对拓扑是离散拓扑. 于是, 若令

$$K = \{(\alpha, -\alpha) | \alpha \text{ 为无理数}\},$$

则 $K$ 与 $L \backslash K$ 都是 $Y$ 的闭子集, 且

$$K \cap (L \backslash K) = \varnothing.$$

今证 $K$ 与 $L \backslash K$ 不能被开集分离, 即不存在开集 $O_K$ 与 $O_{L \backslash K}$ 而有 $K \subset O_K$ 与 $(L \backslash K) \subset O_{L \backslash K}$, 且 $O_K \cap O_{L \backslash K} = \varnothing$.

事实上, 任取包含 $K$ 的开集 $U$, 则对每一点 $p \in U \cap L$, 存在以 $\mu_p$ 为边的半开正方形 $S(p, \mu_p) \subset U$. 令

$$S_n = \{p \in K | \mu_p > 1/n \text{ 且 } S(p, \mu_p) \subset U\}.$$

因 $L = (L \backslash K) \cup \bigcup_{n=1}^{\infty} S_n$, 故集族 $(L \backslash K) \cup \bigcup_{n=1}^{\infty} S_n$ 构成了 $(L, \tau^*)$ 的一个可数覆盖, 其中 $\tau^*$ 是 $L$ 上的欧氏拓扑. 又因 $(L, \tau^*)$ 是第二纲集, 故 $\{S_n\}$ 中至少有一个 $S_{n_0}$, 它在 $(L, \tau^*)$ 中不是无处稠密的. 于是, 在 $L$ 中存在开区间 $(a, b)$ 而有 $(a, b) \subset \overline{S}_{n_0}$, 这里 $\overline{S}_{n_0}$ 是 $S_{n_0}$ 在 $(L, \tau^*)$ 中的闭包. 因此, 对 $(a, b)$ 中的任意有理数 $r$, $r$ 的每个邻域都与 $U$ 相交, 故 $K$ 与 $L \backslash K$ 不能被开集分离, 即 $Y = X \times X$ 不是正规空间.

这个例子是由 Sorgenfrey[159] 作出的.

### 23. 存在一族完备正规空间, 其积空间并不完备正规.

设 $I = [0, 1]$, 并在 $I$ 上取通常拓扑, 则 $I$ 为一完备正规空间. 然而, 不可数个完备正规空间 $I$ 的乘积空间 $I^I$ 不是完备正规的, 因为这个空间中的单元素集为闭集, 但不是 $G_\delta$ 集. 事实上, 我们考虑 $I^I$ 中的单元素 $f(x) \equiv 0$ 所成之集. 设 $\{U_n\}$ 是 $f$ 的可数个开邻域, 不妨设

$$U_n = \cap \{P_a^{-1}(U_a^{(n)}) | a \in F_n\},$$

其中 $U_a^{(n)}$ 为 $I_a$ 中的开集, $I_a$ 为 $I$ 的副本, $F_n$ 为 $I$ 的有限子集, 则

$$\bigcap_{n=1}^{\infty} U_n = \cap \left\{ P_a^{-1}(V_a) \Big| a \in \bigcup_{n=1}^{\infty} F_n \right\}$$

为含 $o$ 的集, 其中 $V_a = \bigcap_{n=1}^{\infty} U_a^{(n)}$. 对 $\bigcup_{n=1}^{\infty} F_n$ 以外的点 $a$, 令

$$g(x) = \begin{cases} 1, & x = a, \\ 0, & x \neq a, \end{cases}$$

则 $g \in \bigcap_{n=1}^{\infty} U_n$. 因此, 单元素集 $\{f\}$ 不能表成可数个开集之交, 即 $I^I$ 并不完备正规.

### 24. 存在某个正则空间的商空间, 它不是正则空间.

设 $X$ 为一正则空间, 但它不是正规空间. 例如, 例 12 的拓扑空间就具有这个性质. 于是, 存在 $X$ 的闭集 $A, B$, 使 $A \cap B = \varnothing$, 但不能用开集分离. 令

$$\Delta = \{(x, x) | x \in X\}, \quad M = \Delta \cup (A \times A).$$

因 $X$ 是正则空间, 从而也是 Hausdorff 空间, 故 $\Delta$ 为 $X \times X$ 的闭子集. 又, $A$ 是 $X$ 的闭集, 故 $A \times A$ 是 $X \times X$ 的闭子集. 因此, $M$ 是 $X \times X$ 的闭子集. 令

$$Y = X/M,$$

即 $Y$ 的点是 $A$ 及 $\{\{x\}|x \in X \backslash A\}$. 因 $Y$ 中的点 $A$ 及闭集 $\{\{x\}|x \in B\}$ 不能用开集分离, 故 $Y$ 不是正则空间.

**注** $T_1$ 空间 (Hausdorff 空间, 完全正则空间, 正规空间) 的商空间也未必是 $T_1$ 空间 (Hausdorff 空间, 完全正则空间, 正规空间).

**25.** **存在某个由正则空间 $X$ 到拓扑空间 $Y$ 上的一对一的闭映射 $f$,** **使 $f(X) = Y$ 不是正则空间.**

可以证明, 若 $X$ 与 $Y$ 都是拓扑空间, 且 $f$ 是 $X$ 到 $Y$ 上的一对一的闭映射, 则当 $X$ 分别为 $T_0$ 空间, $T_1$ 空间, Hausdorff 空间, 完全 Hausdorff 空间时, $Y$ 也分别是 $T_0$ 空间, $T_1$ 空间, Hausdorff 空间, 完全 Hausdorff 空间. 然而, 当 $X$ 是正则空间, 正规空间, 完全正规空间或完备正规空间时, $Y$ 不必是正则空间, 正规空间, 完全正规空间或完备正规空间. 例如, 设 $X$ 为带有通常拓扑 $\tau$ 的实数集, $Q$ 是有理数集. 我们在 $X$ 上取另一拓扑 $\tau^*$, 它是由 $\tau$ 再加上形如 $Q \cup U$ 的集生成的拓扑, 其中 $U \in \tau$. 于是, 拓扑 $\tau^*$ 强于拓扑 $\tau$. 因此, 由 $(X, \tau)$ 到 $(X, \tau^*)$ 上的恒等映射是一对一的闭映射. 显然, $(X, \tau)$ 是完备正规空间, 从而也是完全正规空间, 正规空间和正则空间. 然而, $(X, \tau^*)$ 不是正则空间, 从而也不是正规空间, 完全正规空间和完备正规空间. 事实上, 因 $Q \cap X$ 是 $\tau^*$ 开集, 故 $X \backslash Q$ 是 $\tau^*$ 闭集. 由于 $X \backslash Q$ 是 $X$ 的 $\tau$ 稠密集, 因而对任何包含 $X \backslash Q$ 的 $\tau^*$ 开集 $G, G$ 的 $\tau^*$ 闭包就是 $X$. 因此, 不存在点 $x \in Q$, 使有分别包含 $X \backslash Q$ 与点 $x$ 的不相交的开集 $G$ 与 $G_x$, 即 $(X, \tau^*)$ 不是正则空间.

**26.** **介于 $T_0$ 与 $T_1$ 之间的分离公理.**

我们引入下列分离公理:

A. 拓扑空间 $X$ 的每个点是某个开集与某个闭集之交.

B. 拓扑空间 $X$ 中每个单点集非开即闭.

C. 拓扑空间 $X$ 是门空间, 即 $X$ 的每个子集非开即闭.

可以证明, 下列蕴涵关系成立.

$$T_1 \searrow \atop C \nearrow \quad B \Longrightarrow A \Longrightarrow T_0$$

下面, 我们将给出反例来说明它们之间的进一步的关系.

**第一例** 满足 $T_0$ 而不满足 $A$ 的拓扑空间.

设 $S$ 为无限集, $p \notin S$, 令 $X = S \bigcup \{p\}$, 并规定 $S$ 的一切有限子集及 $X$ 本身为闭集, 则 $X$ 为一 $T_0$ 空间. 但 $X$ 不满足 $A$.

**第二例** 满足 $A$ 而不满足 $B$ 的拓扑空间.

设 $X = \{a, b, c\}$, 命 $X$ 的开集为 $\varnothing, \{a\}, \{a, b\}$ 及 $X$, 则拓扑空间 $X$ 具有所需的性质.

**第三例** $T_1$ 与 $C$ 互不蕴涵, 从而 $B$ 不蕴涵 $C, B$ 也不蕴涵 $T_1$.

(i) 满足 $T_1$ 而不满足 $C$ 的拓扑空间.

设 $X$ 为一不可数集, 规定 $X$ 的闭子集族由 $X$ 的至多可数子集连同 $X$ 组成, 则 $X$ 为一 $T_1$ 空间, 但 $X$ 显然不是门空间.

(ii) 满足 $C$ 而不满足 $T_1$ 的拓扑空间.

设 $X = \{a, b, c\}$, 命 $X$ 的开集为 $\varnothing, \{a\}, \{a, b\}, \{a, c\}$ 及 $X$, 则 $X$ 为一门空间. 因为对于点 $a$ 与 $c$ 而言, 含有点 $c$ 的开集必含有点 $a$, 所以 $X$ 不是 $T_1$ 空间.

**27. 介于 $T_1$ 与 $T_2$ 之间的分离公理.**

拓扑空间 $X$ 称为 **$T^*$ 空间**, 是指 $X$ 的每个紧子集是闭的, 称 $X$ 为 **$T^{**}$ 空间**, 是指 $X$ 中的每个收敛序列只有一个极限点.

Wilansky[176] 分别称 $T^*$ 空间与 $T^{**}$ 空间为 $KC$ 空间与 $US$ 空间, 并证明了下列蕴涵关系成立:

$$T_2 \Rightarrow T^* \Rightarrow T^{**} \Rightarrow T_1,$$

其逆不真, 甚至在紧空间内也是如此.

**第一例** 一个紧的 $T_1$ 空间, 它不是 $T^{**}$ 空间.

设 $X$ 为一可数集, 命 $X$ 的真子集是闭集, 当且仅当它是有限集. 这样, 就定义了 $X$ 上的一个最小 $T_1$ 拓扑, 且 $X$ 是紧的. 因 $X$ 中由不同元组成的序列收敛到 $X$ 中的每个元, 故 $X$ 不是 $T^{**}$ 空间.

**第二例** 一个紧的 $T^{**}$ 空间, 它不是 $T^*$ 空间.

设 $X$ 为一拓扑空间, $X^*$ 是 $X$ 的一点紧化. Wilansky 证明了:

**定理 1** 若 $X$ 是 $T^*$ 空间, 则 $X^*$ 是 $T^{**}$ 空间.

**定理 2**　若 $X$ 是 $T^*$ 空间, 则为使 $X^*$ 是 $T^*$ 空间, 当且仅当 $X$ 是 $\kappa$ 空间.

设 $N$ 是自然数集, 并在 $N$ 上取离散拓扑. 令 $X = N \cup \{b\}$, 这里 $b \in \beta N \backslash N$, 则 $X$ 是非紧的 $T_2$ 空间, 而且 $X$ 也不是 $\kappa$ 空间. 于是, 由定理 1 与定理 2 可知, $X^*$ 是紧的 $T^{**}$ 空间, 但它不是 $T^*$ 空间.

宣孝忠[19] 也作出了一个 $T^{**}$ 空间, 它不是 $T^*$ 空间.

**第三例**　一个 $T^*$ 空间, 它不是 $T_2$ 空间.

设 $X$ 为一不可数集, 命 $X$ 的真子集是闭集, 当且仅当它是至多可数集. 显然, $X$ 是 $T^*$ 空间, 但它不是 $T_2$ 空间.

Wilansky 进一步构造了一个紧的 $T^*$ 空间, 它不是 $T_2$ 空间. 此外, 他构造了一个 $T^{**}$ 空间 $X$, 使 $X^*$ 不是 $T^{**}$ 空间. 他还构造了一个拓扑空间 $X$, 使 $X^*$ 是 $T^{**}$ 空间而 $X$ 不是 $T^*$ 空间. 关于这方面的例子, 读者可参看作者的原文.

**注**　戴锦生[28], 黄锦能[24] 也对 $T^*$ 和 $T^{**}$ 空间进行了研究.

吉智方[6] 指出, 在 $T_1$ 空间和 $T_2$ 空间之间可以插入无穷多种空间.

孟杰和蒲义书[16] 引进了如下概念:

设 $X$ 是一个拓扑空间, $A$ 与 $B$ 是 $X$ 中的任意两个不相交的紧集.

(a) 如果 $A, B$ 中至少有一个存在邻域与另一个不相交, 则称 $X$ 为 $T_0^*$ 型拓扑空间.

(b) 如果 $A$ 有邻域与 $B$ 不相交, $B$ 也有邻域与 $A$ 不相交, 则称 $X$ 为 $T_1^*$ 型拓扑空间.

(c) 如果 $A$ 和 $B$ 分别存在邻域 $U$ 与 $V$, 使得 $U \cap V = \varnothing$, 则称 $X$ 为 $T_2^*$ 型拓扑空间.

显然, $T_0^* \Rightarrow T_0, T_1^* \Rightarrow T_1$.

孟杰和蒲义书指出, $T_2^* \Leftrightarrow T_2$. 但是, $T_0 \not\Rightarrow T_0^*$. 例如, 设

$$X = \{\cdots, -n, \cdots, -2, -1, 0, 1, 2, \cdots, n, \cdots\},$$
$$\tau = \{\varnothing, X, \text{一切形如 } \{x | x < a, a \in X\} \text{ 的集合}\}.$$

令

$$A = \{\cdots, -2n, \cdots, -4, -2, 0\},$$
$$B = \{\cdots, -(2n+1), \cdots, -5, -3, -1\}.$$

显然, $A$ 与 $B$ 是 $X$ 中不相交的两个紧集. 但是, $A$ 的任何邻域皆与 $B$ 相交, $B$ 的任何邻域皆与 $A$ 相交, 因此它不是 $T_0^*$ 型拓扑空间. 然而 $X$ 却是 $T_0$ 型拓扑空间.

他们还指出, $T_1 \not\Rightarrow T_1^*$. 例如, 设 $X$ 是不可数的点集, 开集族 $\tau$ 由空集 $\varnothing$, 有限集的补集, 可数集的补集以及 $X$ 本身组成, 则 $(X, \tau)$ 为一 $T_1$ 空间. 但它不是 $T_1^*$ 型空间.

**28. 存在不可度量化的紧的完全正规空间.**

设 $X$ 是实平面上的两个同心圆周 $C_1$ 与 $C_2$ 所组成, $C_2$ 是外圆周, $C_1$ 是内圆周. 我们取子基为 $C_2$ 上的一切单点集和 $C_1$ 上的每个开圆弧以及每个开圆弧在 $C_2$ 上沿半径的射影并除去射影的中点的集所组成 (参看图 15).

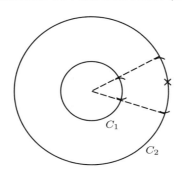

**图 15**

(i) $X$ 是完全正规空间.

$X$ 显然是 Hausdorff 空间. 现任取 $X$ 的两个分离子集 $A$ 与 $B$, 则 $A \cap C_1$ 和 $B \cap C_1$ 也是 $X$ 的两个分离子集. 于是, 在 $C_1$ 中分别有包含 $A \cap C_1$ 与 $B \cap C_1$ 的不相交的欧氏邻域 $U_A$ 与 $U_B$ 存在. 如果 $a \in A \cap C_1$, 则 $a$ 有一个与 $B$ 不相交的邻域 $U_a$, 而且 $U_a$ 可如此选择, 使得

$$U_a \cap C_1 \subset U_A.$$

类似地, 对 $b \in B \cap C_1$, 可取 $b$ 的一个邻域 $U_b$, 使 $U_b \cap A = \varnothing$, 且

$$U_b \cap C_1 \subset U_B.$$

因 $A \cap C_2$ 是开集, 故 $(A \cap C_2) \cup (\bigcup_{a \in A} U_a)$ 与 $(B \cap C_2) \cup (\bigcup_{b \in B} U_b)$ 是分别包含 $A$ 与 $B$ 的两个不相交的开集. 因此, $X$ 是完全正规空间.

(ii) $X$ 是紧空间.

设 $\{U_\alpha\}$ 是 $X$ 的覆盖 $C_1$ 的开集族, 则每个 $U_\alpha$ 是邻域基 $U_\alpha^\beta$ 的并. 因 $C_1$ 在欧氏拓扑下是紧的, 故在 $\{U_\alpha^\beta\}$ 中存在 $C_1$ 的有限子覆盖. 于是, $\{U_\alpha\}$ 含有有限多个 $U_\alpha^\beta$, 它们构成 $C_1$ 的一个覆盖, 而且这个覆盖仅仅盖不住 $C_2$ 的有限多个点. 因此, $X$ 的任意一个开覆盖含有一个有限子覆盖, 它只盖不住 $C_2$ 上的有限个点, 于是可从这个开覆盖中再选出有限个开集, 使它们盖住 $C_2$ 上尚未被覆盖的点. 由此可见. $X$ 是紧的.

(iii) $X$ 不可度量化.

因 $X$ 中不存在在 $C_2$ 中稠密的可数子集, 故 $X$ 不可分. 又因 $X$ 是紧的, 故 $X$ 不可度量化.

**29. 存在不可度量化的可数的完全正规空间.**

设 $X$ 为自然数集, $N(n, E)$ 代表集 $E \subset X$ 中 $\leqslant n$ 的元的数目. $X$ 的开集族如下确定:

对每一大于 1 的自然数 $p$, 命单点集 $\{p\}$ 为开集; 再命含有 1 的集 $E$ 为 $X$ 的开集, 如果它满足条件

$$\lim_{n \to \infty} N(n, E)/n = 1.$$

如此定义的开集族确定了 $X$ 上的一个拓扑, 并称此拓扑空间为 **Appert 空间.**

(i) 空间 $X$ 是完全正规的.

显然, $X$ 是 Hausdorff 空间.

设 $C \subset X$. 若 $1 \in C$ 或 $1 \notin C$ 且

$$\lim_{n \to \infty} N(n, C)/n = 0,$$

则由 $X$ 上的拓扑的定义可知, $C$ 是闭集.

今任取 $X$ 的两个分离子集 $A$ 与 $B$. 若 $1 \notin A \cup B$, 则 $A$ 与 $B$ 本身都是开集. 若 $1 \in A \cup B$, 不妨设 $1 \in A$, 则 $B$ 为开集, 且必有

$$\lim_{n \to \infty} N(n, B)/n = 0$$

(否则, 1 将是 $B$ 的聚点, 从而 $A$ 与 $B$ 并不分离, 矛盾). 于是, $B$ 又是闭集, 从而 $X \backslash B$ 是开集. 因此, $X \backslash B$ 与 $B$ 是分别包含 $A$ 与 $B$ 的两个不相交的开集, 故 $X$ 是完全正规空间.

(ii) $X$ 不是第一可数的.

点 1 没有可数的局部基. 事实上, 假如相反, 设 $\{B_n\}$ 是 1 的可数局部基, 则每个 $B_n$ 必是无限集. 因此, 可取 $x_n \in B_n$, 使 $x_n > 10^n$. 令

$$U = X \backslash \{x_n\},$$

则 $U$ 不包含任何一个 $B_n$. 然而, 由于 $N(n, U) > n - \lg n$, 故有

$$\lim_{n \to \infty} N(n, U)/n = 1,$$

即 $U$ 是一个开邻域, 这与 $\{B_n\}$ 是局部基的假设发生冲突. 因此, $X$ 不是第一可数的.

(iii) $X$ 不可度量化.

因 $X$ 是 Hausdorff 空间, 且不满足第一可数性公理, 故 $X$ 不可度量化.

这个例子是由 Appert[32] 作出的.

# 第五章　连通性

## 引　言

连通空间的概念已在第一章的引言中做了介绍, 现在再介绍与本章例子有关的其他概念.

拓扑空间的**连通区**或**连通分支**, 指的是极大的连通子集, 即为一个连通子集, 并且它不真包含在另外的连通子集内. 又, 子集 $A$ 的连通区是指带有相对拓扑的 $A$ 的连通区, 即为 $A$ 的一个极大的连通子集.

当拓扑空间 $X$ 的连通分支都由唯一点作成时, 称 $X$ 为**完全不连通空间**或**全断空间**.

单位闭区间 $I = [0,1]$ 到拓扑空间 $(X, \tau)$ 的连续映射 $f : I \to X$ 的像集, $f(I) = A$ 称为 $X$ 中的**弧**. 当 $f(0) = a, f(1) = b$ 时, 弧 $A$ 称为联结始点 $a$ 与终点 $b$ 的弧.

拓扑空间 $(X, \tau)$ 称为**弧状连通空间**, 是指联结 $X$ 的任意两点 $a, b$ 的弧都存在.

拓扑空间 $X$ 在点 $x$ 称为**局部连通**的, 是指在点 $x$ 具有由连通邻域组成的邻域基. 拓扑空间 $X$ 称为**局部连通空间**, 是指在 $X$ 的任一点 $x$ 都为局部连通的.

拓扑空间 $X$ 称为**局部弧状连通空间**, 是指 $X$ 的任意点 $x$ 具有弧状连通的邻域基.

设 $X$ 为一拓扑空间. 若 $X$ 中不具有不相交的非空闭集, 则称 $X$ 为**超连通**的, 等价地说, $X$ 是超连通的, 如果不同的两个单点集的闭包必定相交.

设 $X$ 为一拓扑空间. 若对任意 $a, b \in X$, 都存在分离的 $U, V$, 使 $a \in U, b \in V$, 则称 $X$ 是**完全分离**的.

若拓扑空间 $X$ 中每个开集的闭包是开的, 则称 $X$ 为**极端不连通**的. 等价地, 拓扑空间 $X$ 是极端不连通的, 当且仅当它的每个闭集的内部是闭集; 或两个不相交的开集恒有不相交的闭包.

显然, 每个极端不连通空间必定是完全分离的.

连通空间 $X$ 的点 $p$ 称作**切点**, 是指 $X \setminus \{p\}$ 是不连通的. 连通空间 $X$ 的点 $p$ 称作**散点**, 是指 $X \setminus \{p\}$ 是全断的.

可以证明, 若 $X$ 是超连通空间, 则 $X$ 必是弧状连通空间. 若 $X$ 是弧状连通空间, 则 $X$ 必是连通空间.

若 $X$ 是局部弧状连通空间, 则 $X$ 必是局部连通空间.

上述逆命题都不成立.

### 1. 存在连通而非弧状连通的拓扑空间.

容易证明, 弧状连通空间必是连通的. 但连通空间不必是弧状连通的. 例如, 设 $A$ 是欧氏平面 $R^2$ 中的图形 $y = \sin(1/x)(0 < x \leqslant 1)$ 上的点的全体, $B$ 是 $y$ 轴上的闭区间 $\{(x, y) | x = 0, -1 \leqslant y \leqslant 1\}$. 显然, $\overline{A} = A \cup B$, 且 $A$ 是连通的. 因连通集的闭包仍是连通的, 故 $\overline{A}$ 也是连通的. 但 $A$ 的任一点与 $B$ 的任一点不能用弧联结, 因而 $\overline{A}$ 不是弧状连通的.

### 2. 存在弧状连通而非超连通的拓扑空间.

容易证明, 超连通空间必是弧状连通的. 但弧状连通空间不必是超连通的. 例如, 设 $X$ 为实数集, 并在 $X$ 上取通常拓扑. 因对 $X$ 中任意两个不同的点 $a$ 与 $b$, 存在连续映射 $f : [0, 1] \to X$, 使 $f(0) = a, f(1) = b$, 故 $X$ 是一个弧状连通空间. 另一方面, 对于 $X$ 中不同的两点所成的单点集, 它们的闭包并不相交, 故 $X$ 不是超连通空间.

### 3. 存在局部连通而非局部弧状连通的拓扑空间.

容易证明, 局部弧状连通的拓扑空间必定是局部连通的. 但局部连通空间未必是局部弧状连通的. 例如, 设 $X$ 为一可数集, 在 $X$ 上取有限补拓扑, 即 $X$ 的非空开集为其补集是有限的任何集合. 于是, $X$ 的仅有闭集为 $X, \varnothing$ 以及任意有限集. 由于任意两个非空开集都是相交的, 故 $X$ 是局部连通的. 另一方面, 如果 $f : [0, 1] \to X$ 是连续映射, 则因 $X$ 可数, 故

$$F = \{f^{-1}(x) | x \in X\}$$

是可数个两两不相交的闭集, 它们的并就是 $[0,1]$. 但这是不可能的. 由此可见, $X$ 不是局部弧状连通空间.

**4. 局部连通空间与连通空间互不蕴涵.**

**第一例** 局部连通而非连通的拓扑空间.

设 $X$ 为带有通常拓扑的实数集, $Y = (0,1) \cup (2,3)$, 则 $Y$ 作为 $X$ 的子空间它是局部连通的, 但 $Y$ 并不连通.

**第二例** 连通而不局部连通的拓扑空间.

设 $X$ 是二维欧氏空间 $R^2$ 的子空间: $X = A \cup B$, 其中

$$A = \{(x,y)|x = 0, -1 \leqslant y \leqslant 1\},$$
$$B = \{(x,y)|0 < x \leqslant 1, y = \sin(1/x)\}.$$

因 $B$ 是在连续映射 $f(x) = (x, \sin(1/x))$ 下的区间 $(0,1]$ 的像, 故 $B$ 是连通的. 又 $X = \overline{B}$, 故 $X$ 也是连通的. 然而 $X$ 并不局部连通, 因为并非每一点 $p \in X$ 和 $p$ 的每个邻域 $U, U$ 中含 $p$ 的连通区为 $p$ 的一个邻域 (参看图 16).

我们再给出一个连通而不局部连通的拓扑空间如下:

设 $X$ 是 $R^2$ 中由下列线段组成的子集: 联结点 $(0,1)$ 与 $\left(n, \frac{1}{n+1}\right)$ 的线段; 半直线 $y = \frac{1}{n+1}, x \leqslant n \ (n = 1, 2, \cdots)$; 直线 $y = 0$. 在 $X$ 上取通常拓扑, 这个拓扑空间称作 **Nested 角** (参看图 17).

$X$ 显然是连通的. 但 $X \setminus \{(0,1)\}$ 不连通, 故 $X$ 不是局部连通的.

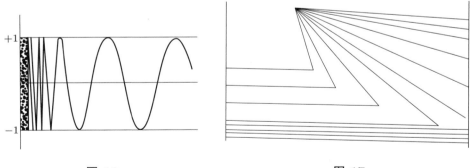

图 16　　　　　　　　　　　　　　　　图 17

**5. 弧状连通空间与局部连通空间互不蕴涵.**

**第一例** 存在弧状连通而非局部连通的拓扑空间.

设 $X = \{(x,y)|0 \leqslant x \leqslant 1, y = x/n, n = 1, 2, \cdots, \text{或} \ y = 0\}$, 并在 $X$ 上取通常拓扑. 再设 $M = X \setminus \{(0,0)\}, z = (1,0)$. 因实平面是 $T_1$ 空间, 而 $X$

是 $T_1$ 空间的子空间, 故 $X$ 也是 $T_1$ 空间. 因此, 单点集 $\{(0,0)\}$ 是闭集, 从而 $M = X \setminus \{(0,0)\}$ 是开集. 又, $M$ 内含点 $z = (1,0)$ 的连通区是

$$C_z = \{(x,y)|0 < x \leqslant 1, y = 0\}.$$

(i) $X$ 不是局部连通的.

对任意 $\varepsilon > 0$, 当 $n$ 充分大时, 就有

$$d((1,0),(1,1/n)) = 1/n < \varepsilon,$$

即 $(1,1/n)$ 属于以 $z = (1,0)$ 为中心 $\varepsilon$ 为半径的球内. 而 $(1,1/n) \notin C_z$, 故 $C_z$ 不是点 $z = (1,0)$ 的邻域, 因而 $C_z$ 不是开的. 由于开集 $M$ 的连通区 $C_z$ 不是开的, 故 $X$ 不是局部连通的.

(ii) $X$ 是弧状连通的.

因 $X$ 的任意两点或者在同一条射线 $\{(x,x/n)|0 \leqslant x \leqslant 1\}$ 上, 或者在两条不同而在点 $(0,0)$ 处连接的射线上, 故 $X$ 是弧状连通的.

**第二例**　存在局部连通而非弧状连通的拓扑空间.

**例 4** 第一例中的拓扑空间具有所需的性质.

### 6. 超连通空间与局部连通空间互不蕴涵.

**第一例**　存在超连通而不局部连通的拓扑空间.

设 $X$ 为实平面 $R^2$ 内这样的极坐标的点 $(n,\theta)$ 所成之集, 其中 $n$ 是非负整数, 而 $\theta \in \{1/n\}_{n=1}^{\infty} \cup \{0\}$ (参看图 18). 在非负整数集 $\{0,1,2,\cdots\}$ 上取右序拓扑, 即由形如 $S_i = \{x|x > i\}$ 的开集基生成的拓扑; 再在 $\{0\} \cup \{1/n\}_{n=1}^{\infty}$ 上取由实数集上通常拓扑继承下来的拓扑. 然后, 我们取形如 $U \times V$ 的一切集为 $X$ 上的拓扑 $\tau$ 的开集基, 这里, $U$ 是拓扑空间 $\{0,1,2,\cdots\}$ 中的开集, 而 $V$ 是拓扑

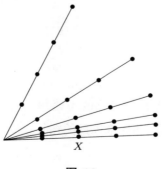

**图 18**

空间 $\{0\} \cup \{1/n\}_{n=1}^{\infty}$ 中的开集. 于是, 含有点 $(0,0)$ 的开集只有一个, 它就是 $X$ 本身.

因为点 $(1,0)$ 没有连通的邻域基, 故 $X$ 不是局部连通的. 又因 $X$ 中任何两个非空闭集都是相交的, 故 $X$ 是一个超连通空间.

**第二例** 存在局部连通而不超连通的拓扑空间.

例 4 第一例中的拓扑空间具有所需的性质.

### 7. 局部弧状连通空间与超连通空间互不蕴涵.

**第一例** 存在局部弧状连通而不超连通的拓扑空间.

设 $X$ 是一个至少含有三个点的集, $p \in X$. 命 $X$ 的开集为含点 $p$ 的任意集及空集 $\varnothing$, 则 $X$ 不是超连通的. 但 $X$ 是局部弧状连通的, 因为若 $q \in X$, 我们可取映射 $f: [0,1] \to X$, 它映 1 到 $q$, 而映 $[0,1)$ 为 $p$.

**第二例** 存在超连通而不局部弧状连通的拓扑空间.

例 6 第一例中的拓扑空间具有所需的性质.

### 8. 局部弧状连通空间与连通空间互不蕴涵.

**第一例** 局部弧状连通而不连通的拓扑空间.

设 $X$ 为一多于一点之集, 在 $X$ 上取离散拓扑, 则 $X$ 为一局部弧状连通空间. 显然, $X$ 并不连通.

**第二例** 连通而不局部弧状连通的拓扑空间.

例 4 第二例中的拓扑空间具有所需的性质.

### 9. 局部弧状连通空间与弧状连通空间互不蕴涵.

**第一例** 局部弧状连通而不弧状连通的拓扑空间.

例 8 第一例中的拓扑空间具有所需的性质.

**第二例** 弧状连通而不局部弧状连通的拓扑空间.

例 6 第一例中的拓扑空间具有所需的性质.

### 10. 存在连通而不强连通的拓扑空间.

拓扑空间 $X$ 的子集 $A$ 称作**强连通的**, 是指当 $A \subset U \cup V$ 时, 就有 $A \subset U$ 或者 $A \subset V$, 这里, $U$ 和 $V$ 都是 $X$ 的开集.

容易证明, 若 $A$ 是强连通的, 则 $A$ 亦必是连通的. 但逆命题并不成立. 例如, 设 $X = \{a, b, c\}$. 令

$$\tau = \{\varnothing, \{a\}, \{a,b\}, \{a,c\}, X\},$$

则 $X$ 是连通的. 但 $X$ 并不强连通, 因为

$$X \subset \{a,b\} \cup \{a,c\},$$

而 $X$ 既不包含于 $\{a,b\}$, 也不包含于 $\{a,c\}$.

**11. 强局部连通空间与强连通空间互不蕴涵.**

拓扑空间 $(X,\tau)$ 称作在点 $x \in X$ **强局部连通的**, 是指对每一含有 $x$ 的开集 $U$, 存在强连通的开集 $G$, 使

$$x \in G \subset U.$$

拓扑空间 $(X,\tau)$ 称作强局部连通的, 是指它在每一点 $x \in X$ 都是强局部连通的.

易见, 强局部连通空间必是局部连通的. 但其逆不真. 例如, 若在实数集上取通常的拓扑, 则它是一个局部连通而非强局部连通的拓扑空间. 又, 强局部连通空间与强连通空间互不蕴涵.

**第一例**　强局部连通而不强连通的拓扑空间.

设 $X = \{a,b,c\}$. 令

$$\tau = \{\{a\}, \{a,b\}, \{a,c\}, X\},$$

则 $(X,\tau)$ 是强局部连通的. 然而, 它并不强连通.

**第二例**　强连通而不强局部连通的拓扑空间.

设 $(R,\tau)$ 是实数集并赋予通常拓扑而成的拓扑空间. 令

$$R^* = R \cup \{\infty\}, \quad \tau^* = \tau \cup \{R^*\},$$

则 $(R^*,\tau^*)$ 是强连通的拓扑空间. 但它并不强局部连通.

**12. 存在某个拓扑空间的子集 $A$ 与 $B$, 使 $A \cup B$ 与 $A \cap B$ 都是连通的, 但 $A$ 与 $B$ 并不都连通.**

容易证明, 若 $A$ 和 $B$ 都是拓扑空间 $X$ 的闭子集, 且 $A \cup B$ 和 $A \cap B$ 都是连通的, 则 $A$ 和 $B$ 也都是连通的. 应当注意, 若 $A$ 或 $B$ 中有一个不是闭集, 则此命题不再成立. 例如, 设 $X$ 为实数集, 并在 $X$ 上取通常拓扑. 令

$$A = [0,2], \quad B = [1,2) \cup (2,3],$$

则 $A \cup B = [0,3]$ 和 $A \cap B = [1,2)$ 都是 $X$ 的连通子集, 但 $B$ 显然不是连通的.

**13. 闭包连通而本身并不连通的子集.**

容易证明, 若 $A$ 是拓扑空间 $X$ 的连通子集, 则 $A$ 的闭包 $\overline{A}$ 也是 $X$ 的连通子集. 应当注意, 这个命题之逆并不成立. 例如, 设 $A$ 是实直线上的一切有理点所成之集, 则 $A$ 为非连通集, 而 $\overline{A}$ 为连通集.

**14. 存在某个拓扑空间, 其中每个无限集都是连通的.**

设 $X$ 为一无限集. 当 $A$ 为 $X$ 的有限子集 (包括空集) 时, 命 $A$ 的闭包 $\overline{A} = A$; 当 $A$ 为无限集时, 命 $\overline{A} = X$. 于是, $X$ 成为一个拓扑空间. 易见, $X$ 的每个无限子集都是连通的.

**15. 存在某个不连通的度量空间 $(X, d)$, 使得对每一 $x \in X, f_x(y) = d(x, y)$ 都具有介值性质.**

容易证明, 若 $X$ 是连通的度量空间, 则对每一 $x \in X$, 实值函数 $f_x(y) = d(x, y)$ 具有介值性质, 即若

$$f_x(y_1) = a < c < b = f_x(y_2),$$

则存在 $y \in X$ 而有 $f_x(y) = c$. 然而, 也确实存在不连通的度量空间 $(X, d)$, 使得对每一 $x \in X, f_x(y) = d(x, y)$ 都具有介值性质. 例如, 取实平面 $R \times R$ 的子空间 $X$, 使 $(a, b) \in X$ 当且仅当 $a$ 为有理数, $b$ 为无理数.

$X$ 作为 $R \times R$ 的子空间, 它也是一个度量空间. 我们注意, 为使每个拓扑空间 $X_\alpha (\alpha \in \Delta)$ 是连通的, 当且仅当积空间 $\prod_{\alpha \in \Delta} X_\alpha$ 是连通的. 而 $X = R_1 \times R_2$, 其中 $R_1$ 为全体有理数所成之集, $R_2$ 为全体无理数所成之集, $R_1$ 与 $R_2$ 都是全断的, 故 $X$ 并不连通.

兹证对任一 $x \in X, f_x(y) = d(x, y)$ 都具有介值性质. 其实, $f_x(y) = d(x, y)$ 可以取到 $[0, +\infty)$ 内的任何一个实数值. 为此, 设 $x = (a, b) \in X$. (i) 当 $r \in [0, +\infty)$ 为有理数时, 在直线 $x_1 = a$ 上取一点 $y = (a, b + r)$, 则

$$d(x, y) = d((a, b), (a, b + r)) = r.$$

因 $b + r$ 是无理数, 故 $(a, b + r) \in X$. (ii) 当 $r \in [0, +\infty)$ 为无理数时, 若 $b + r$ 是有理数, 则 $b - r$ 必为无理数, 即 $(a, b - r) \in X$, 若 $b + r$ 是无理数, 则 $(a, b + r) \in X$. 不论哪一种情形, 都有

$$d(x, a \pm r) = r,$$

故对每一 $x \in X, f_x(y)$ 可以取到 $[0, +\infty)$ 内的任何一个值.

**注** 可以证明, 定义在连通拓扑空间上的任何一个实值连续函数必定具有介值性质. 反之, 若定义在拓扑空间 $X$ 上的任何一个实值连续函数都具有介值性质,

则 $X$ 必为连通空间. 例 15 说明了即使在度量空间中, 也不能把这个命题中的任何实值连续函数具有介值性质减弱为对任意 $x \in X, f_x(y) = d(x, y)$ 具有介值性质.

**16.** **存在某个度量空间 $(X, d)$ 中的序列 $S$, 使 $S$ 有子列 $Y = \{y_n\}$ 满足 $\lim_{n \to \infty} d(y_n, y_{n+1}) = 0, C(Y) = C(S)$, 而 $C(S)$ 不连通, 这里 $C(Z)$ 表示序列 $Z$ 的聚点之集.**

Niechajewicz[122] 证明了, 如果 $S = \{x_n\}_{n=1}^{\infty}$ 是度量空间 $(X, d)$ 中的紧序列, 即从 $S$ 的每个子列中都可选出收敛的子序列, $C(S)$ 是 $S$ 的聚点之集, 则为使 $C(S)$ 是连通集, 必须且只须 $S$ 有子列 $Y = \{y_n\}_{n=1}^{\infty}$ 满足

$$\lim_{n \to \infty} d(y_n, y_{n+1}) = 0, \tag{1}$$
$$C(Y) = C(S), \tag{2}$$

这里 $C(Y)$ 是 $Y$ 的聚点之集.

王国俊[2] 指出, Niechajewicz 的证明是繁琐的, 而且结论的局限性较大. 王国俊简化并推广了 Niechajewicz 定理, 他还指出, 对非紧的序列 $S$ 而言, 条件 (1) 与 (2) 式不能保证 $C(S)$ 的连通性, 例子如下:

考虑函数 $y = 1/x$ $(x \geqslant 1)$ 在欧氏坐标平面中的图像 $G$ 以及由点 $A(1, 0)$ 算起的 $x$ 轴 $X_A$ 二者构成的集 $C = G \cup X_A$. 显然 $C$ 是不连通的, 但可作出满足 (1) 式的序列 $Y$, 使 $C = C(Y)$.

事实上, 设 $n$ 是任一自然数, 我们先来作一有限的局部序列 $L_n, L_n$ 由四部分组成:

(i) $X_A$ 上横坐标依次为

$$\frac{n}{n} = 1, \quad \frac{n+1}{n}, \quad \cdots, \quad \frac{n^2}{n} = n$$

的 $n^2 - n + 1$ 个点;

(ii) $G$ 上横坐标依次为

$$\frac{n^2}{n} = n, \quad \frac{n^2 - 1}{n}, \quad \cdots, \quad \frac{n}{n} = 1$$

的 $n^2 - n + 1$ 个点;

(iii) $G$ 上由 (ii) 中的点按相反顺序排列的 $n^2 - n + 1$ 个点;

(iv) $X_A$ 上由 (i) 中的点按相反顺序排列的 $n^2 - n + 1$ 个点.

以上四部分共 $4(n^2 - n + 1)$ 个点, 由 $A(1, 0)$ 出发, 先后经过 $X_A$ 上、$G$ 上、$G$ 上和 $X_A$ 上横坐标是不超过 $n$ 且分母等于 $n$ 的有理数的各点, 最后回到 $A(1, 0)$. 容易看出, $L_n$ 中每相邻两点间的距离都小于 $2/n$.

令 $Y = \{y_n\}_{n=1}^{\infty}$ 为由各有限的局部序列 $L_1, L_2, \cdots$ 中各点按其出现的先后顺序组成的序列, 则因 $L_n$ 中每相邻两点间的距离都小于 $2/n$, 而 $L_n$ 的最后一点与 $L_{n+1}$ 的最初一点同为 $A(1,0)$, 其距离为 0, 所以序列 $Y$ 满足条件 (1). 又, $Y$ 含有 $C$ 中一切横坐标为有理数的点, 因此 $C = C(Y)$. 令 $S = Y$, 则 $Y$ 是 $S$ 的满足条件 (1) 与 (2) 的子序列, 但 $C(S)$ 不是连通集. $S$ 显然非紧, 因此, 对非紧的序列 $S$ 而言, 条件 (1) 与 (2) 式不能保证 $C(S)$ 的连通性.

### 17. 存在不闭的弧状连通区.

我们知道, 拓扑空间的连通区一定是该空间的闭集. 但是, 拓扑空间的弧状连通区不必是该空间的闭集. 例如, 设

$$Y = \{(x, y) \mid y = \sin(1/x), 0 < x \leqslant 1\},$$

$\overline{Y}$ 表 $Y$ 在取通常拓扑的实平面中的闭包, 并在 $\overline{Y}$ 上取相对拓扑, 则 $Y$ 是 $\overline{Y}$ 的弧状连通区, 但它在 $\overline{Y}$ 中不是闭的.

### 18. 存在某个弧状连通集, 其闭包并不弧状连通.

容易证明, 连通集的闭包一定是连通的. 但是, 弧状连通集的闭包未必是弧状连通的. 例如, 设

$$Y = \{(x, y) \mid y = \sin(1/x), 0 < x \leqslant 1\},$$

则 $Y$ 是弧状连通的. 但 $\overline{Y}$ 不是弧状连通的, 因为不存在联结始点 $(0,0)$ 与终点 $(1/\pi, 0)$ 的弧. 事实上, 如果存在连续映射 $f : I = [0,1] \to \overline{Y} \subset R^2$, 使 $f(0) = (0,0), f(1) = (1/\pi, 0)$, 那么必有两个坐标函数 $P_1 \circ f$ 和 $P_2 \circ f$ 都连续, 其中 $P_1$ 与 $P_2$ 是 $\overline{Y}$ 分别在 $x$ 轴与 $y$ 轴上的射影. 我们分两种情形来讨论, 并指出不论属于哪一种情况, 都将导致矛盾.

(i) 假定任取 $[0, \delta] \subset I$, 都存在 $t \in [0, \delta]$, 使 $P_1 \circ f(t) > 0$. 因 $P_1 \circ f(0) = 0$, 故由连续函数的介值定理, 对充分大的 $n, P_1 \circ f|[0, \delta)$ 就能取到形如 $2/n\pi$ 的值. 由于 $P_2 \circ f(t) = \sin(1/P_1 \circ f(t))$, 因而 $P_2 \circ f$ 就能取到函数值 1 或 $-1$. 这样, $P_2 \circ f$ 将在 $t = 0$ 点不连续, 矛盾.

(ii) 假定存在 $[0, \delta]$, 使得对任意 $t \in [0, \delta]$, 都有 $P_1 \circ f(t) = 0$. 令

$$\alpha = \sup\{t \mid t \in I, P_1 \circ f(t) = 0\},$$

则由 $P_1 \circ f(t)$ 的连续性, 得到 $P_1 \circ f(\alpha) = 0$, 并且 $\alpha < 1$, 因为 $P_1 \circ f(1) = 1/\pi \neq 0$. 这样, 我们就可以用 (i) 的方法, 证明 $P_2 \circ f$ 在 $t = \alpha$ 点不连续, 从而也导致矛盾.

综上所述, 可见 $\overline{Y}$ 不是弧状连通的.

**19.** $R^2$ 中存在某个子集 $B$, 使 $B$ 与 $\overline{B}$ 都是连通的, 且 $\overline{B}$ 还是弧状连通的, 但 $B$ 却不是弧状连通的.

设 $B$ 是二维欧氏空间 $R^2$ 中联结原点 $(0,0)$ 与点 $(1, 1/n)(n = 1, 2, \cdots)$ 的直线段及在 $x$ 轴上的半开区间 $(1/2, 1]$ 的并集, 则不难看出, $\overline{B}$ 是 $B$ 与区间 $(0, 1]$ 的并集 (参看图 19).

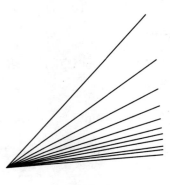

图 19

显然, $B$ 与 $\overline{B}$ 都是连通的, 但它们都不是局部连通的. 此外, $\overline{B}$ 还是弧状连通的, 然而 $B$ 并不弧状连通.

**20.** 存在某个连通空间, 任意移走一点后仍为连通空间.

设 $X$ 为 $n$ 维 $(n > 1)$ 欧氏空间. 任取 $x_0 \in X$, 命 $Y = X \setminus \{x_0\}$, 并把 $Y$ 任意表成两个非空集合之并:

$$Y = A \cup B, \quad A \neq \varnothing, \quad B \neq \varnothing.$$

因 $n > 1$, 故存在 $a \in A, b \in B$, 使得 $a, b, x_0$ 不在同一条直线上. 令

$$f(t) = a(1 - t) + bt \quad (0 \leqslant t \leqslant 1),$$

则 $f$ 是由区间 $[0, 1]$ 到 $[a, b] \subset Y$ 上的连续映射. 因 $[0, 1]$ 是一维欧氏空间的连通子集, 故 $[a, b]$ 是 $Y$ 的一个连通子集. 令

$$A_1 = \{x | x \in [a, b] \text{ 且 } x \in A\},$$
$$B_1 = \{x | x \in [a, b] \text{ 且 } x \in B\},$$

则 $A_1, B_1$ 皆为 $X$ 的非空子集, 且 $A_1 \subset A, B_1 \subset B, [a, b] = A_1 \cup B_1$. 因 $[a, b]$ 是连通集, 故 $\overline{A_1} \cap B_1 \neq \varnothing$ 或 $A_1 \cap \overline{B_1} \neq \varnothing$. 于是就有 $\overline{A} \cap B \neq \varnothing$ 或 $A \cap \overline{B} \neq \varnothing$. 因把 $Y$ 表成任意两个非空集 $A$ 与 $B$ 之并, 都有 $\overline{A} \cap B \neq \varnothing$ 或 $A \cap \overline{B} \neq \varnothing$, 故 $Y$ 是连通的.

其实还可进一步证明, 对任意至多可数集 $A \subset X$, $X \setminus A$ 仍为连通空间.

**21. 存在完全不连通的非离散的拓扑空间.**

如所周知, 离散拓扑空间是完全不连通的. 但是, 完全不连通的拓扑空间不必是离散的. 例如, $R$ 表带有通常拓扑的实数集, $Q$ 表有理数的全体. $Q$ 作为拓扑空间 $R$ 的子空间是完全不连通的, 但 $Q$ 上的相对拓扑并非离散拓扑.

**22. 存在某个完全不连通的度量空间, 其中任意开球 $B(a,r)$ 的闭包都是闭球 $B[a,r]$.**

设 $X$ 为带有通常拓扑的 Cantor 三分集, 则 $X$ 为完全不连通的度量空间, 且其中任意开球

$$B(a,r) = \{x|d(x,a) < r\}$$

的闭包都是闭球

$$B[a,r] = \{x|d(x,a) \leqslant r\}.$$

**注** 一般说来, 度量空间中开球的闭包未必是一个闭球. 上述反例说明了也确实存在完全不连通的度量空间, 其中任意开球的闭包都是闭.

**23. 存在某个连通空间, 只移走一点后就变成完全不连通空间.**

下面的例子是由 Knaster 和 Kuratowski[92] 作出的.

设 $C$ 为 $[0,1]$ 中的 Cantor 三分集, $p$ 是实平面中的点 $(1/2,1/2)$. 对每一 $c \in C$, 我们用 $L(c)$ 代表连结平面上两点 $c$ 与 $p$ 的闭直线段. 设 $X$ 是 $C$ 上的锥, 即

$$X = \cup\{L(c)|c \in C\}.$$

设 $E$ 是构造 Cantor 集 $C$ 时从 $[0,1]$ 中移走的一切开区间的端点全体, $X_E$ 代表 $E$ 上的锥:

$$X_E = \cup\{L(c)|c \in E\}.$$

类似地, 令 $F = C \setminus E, X_F$ 代表 $F$ 上的锥:

$$X_F = \cup\{L(c)|c \in F\}.$$

然后, 令

$$Y_E = \{(x,y) \in X_E|y \in Q\},$$

这里, $Q$ 是有理数集. 而令

$$Y_F = \{(x,y) \in X_F|y \notin Q\}, \quad Y = Y_E \cup Y_F,$$

并在 $X$ 与 $Y$ 上都取由欧氏平面继承下来的相对拓扑 (参看图 20).

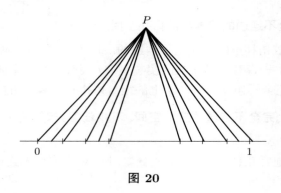

**图 20**

(i) 拓扑空间 $Y$ 是连通的.

任取 $Y$ 的两个分离子集 $A$ 与 $B$, 其中 $p \in A$. 我们只要证明对某个稠密子集 $S \subset C, A$ 包含 $Y$ 中的一切这样的点, 这种点位于 $S$ 的锥上. 于是, $\overline{A} = Y$, 从而 $Y$ 是连通的.

对每一 $c \in C$, 令

$$l(c) = \sup\{B \cap L(c)\}.$$

若 $B \cap L(c) = \varnothing$, 就规定 $l(c) = c$. 易证, 如果 $l(c) \neq c$, 则 $l(c) \overline{\in} Y$. 事实上, 假若 $l(c) \in Y$, 则 $l(c)$ 既是 $A$ 的聚点, 又是 $B$ 的聚点. 这是矛盾的. 其次, 若 $B \cap l(c) = \varnothing$, 则 $l(c) = c$ 在 $Y$ 中仅当它在 $Y_E$ 中. 因此, 对每一 $c \in C$, 或者 $l(c) \overline{\in} Y$, 或者 $l(c) = c \in Y_E$. 令

$$S = \{c \in F | c = l(c)\},$$
$$T_i = \{c \in C | L(c) \cap \overline{H}_i \neq \varnothing\},$$

这里 $\overline{H}_i = \{(x, r_i) | l(c) = (x, r_i) \text{ 对某个 } c \in F\}, \{r_i\}$ 是 $(0, 1/2]$ 中的全体有理数. 每个 $\overline{H}_i$ 是直线 $y = r_i$ 上的有界闭集, 故每个 $T_i$ 也是闭的. 此外, 对每一 $c \in E$ 和 $i > 0$, 都有 $\overline{H}_i \cap L(c) = \varnothing$. 因此, 对每一 $i$, 都有 $T_i \subset F$. 令 $T = \cup T_i$, 则 $F = S \cup T$, 从而

$$C = E \cup S \cup T,$$

这里, $C$ 是一个完备的度量空间, $E$ 是可数集. 易证, 每个 $T_i$ 在 $C$ 中都是无处稠密的. 事实上, 假如相反, 即存在某个 $T_i$, 使 $\overline{T}_i = T_i$ 在 $C$ 中有非空的内部. 于是存在开区间 $U$, 使 $U \cap C \subset T_i \subset F$. 然而, 每个 $U \cap C$ 内必有 $E$ 的点, 这与 $U \cap C \subset F$ 发生矛盾. 因此, $E \cup T$ 是第一纲集, 而 $C$ 不是第一纲集. 此外, $S = C \setminus (E \cup T)$ 在 $C$ 中是稠密的.

任取 $q \in B$, 因 $S$ 在 $C$ 中稠密, 故含有点 $q$ 的每个开集必与某个 $L(c)(c \in S)$

相交. 据集 $S$ 的定义, 当 $c \in S$ 时, 有

$$Y \cap (L(c) \setminus \{c\}) \subset A.$$

因此, $q \in \overline{A}$, 从而 $\overline{A} = Y$, 即 $Y$ 是连通的.

(ii) $Y^* = Y \setminus \{p\}$ 是完全不连通的.

任取 $A \subset Y^*$, 且 $A$ 至少含有两个点. 若 $A$ 是某个 $L^*(c)$ 的子集, 其中

$$L^*(c) = \{(x,y) \in L(c) | c \in E \text{ 且 } y \in Q\}$$

或

$$L^*(c) = \{(x,y) \in L(c) | c \in F \text{ 且 } y \notin Q\},$$

则 $A$ 显然不是连通集. 如果 $A$ 中至少有两点 $r, s$ 分别属于两个不同的 $L^*(c)$ 与 $L^*(c')$, 其中 $c, c' \in C$ 且 $c < c'$, 则在 $Y^*$ 的补集中将有一条通过点 $(1/2, 1/2)$ 的直线隔开 $r$ 与 $s$, 这就是经过 $(1/2, 1/2)$ 和任一点 $(t, 0)$ 的那条直线, 其中 $c < t < c'$, 且 $t \notin C$. 因此, $A$ 仍是不连通的.

总之, $Y^*$ 是完全不连通的.

本例中的点 $p$ 称作拓扑空间 $Y$ 的**散点**. 这是具有散点的拓扑空间的第一个例子.

### 24. 存在可数 Hausdorff 连通空间.

Urysohn[172] 证明了正则的连通空间必定不可数. 然而, 确实存在可数 Hausdorff 连通空间. 第一个这种例子是由 Urysohn 作出的. 这里介绍的例子属于 Bing[39].

设 $Q$ 为有理数集, 令

$$X = \{(x,y) | y \geqslant 0, x, y \in Q\}.$$

对固定的某个无理数 $\theta$, 命 $(x,y) \in X$ 的邻域为

$$N_\varepsilon(x,y) = \{(x,y)\} \cup B_\varepsilon(x + y/\theta) \cup B_\varepsilon(x - y/\theta),$$

这里 $B_\varepsilon(\xi) = \{r \in Q | |r-\xi| < \varepsilon\}$, $Q$ 是 $x$ 轴上的有理数集. 因此, 每个 $N_\varepsilon(x,y)$ 是由点 $(x,y)$ 加上两个区间所组成的, 这两个区间的中心是 $x$ 轴上的无理点 $x \pm y/\theta$, 而 $x \pm y/\theta$ 到 $(x,y)$ 的射线的斜率为 $\pm\theta$.

拓扑空间 $X$ 是可数 Hausdorff 空间 (参看第四章例 6 第二例). 因 $X$ 的任何两个非空开集的闭包都是相交的, 故 $X$ 是一个连通空间.

**注** Baggs[35] 进一步构造了一个可数 (或不可数) 的 Hausdorff 连通空间 $(X,\sigma)$, 它有如下性质: 对 $X$ 上每个严格强于 $\sigma$ 的拓扑 $\gamma$, 这里 $(X,\gamma)$ 是连通的, 则一定存在严格强于 $\gamma$ 的拓扑 $\gamma'$, 使 $(X,\gamma')$ 也是连通的. 也就是说, Baggs 构造了一个 Hausdorff 连通空间, 它不能嵌入到最大连通空间之中.

### 25. 存在可数 Hausdorff 连通、局部连通空间.

Bing 构造了一个可数 Hausdorff 连通空间 (参看例 24). 这个空间不是局部连通的. 于是便产生问题: 是否存在可数 Hausdorff 连通且是局部连通的空间? Kirch[91] 给这个问题以肯定的回答. 我们在这里介绍的一个例子属于 Ritter[136].

设 $X = \{(a,b) \in Q \times Q | b > 0\}$, $Q$ 为有理数集; 再设 $\theta$ 为一固定的无理数. 对每一 $(a,b) \in X$ 及每一 $\varepsilon > 0$, 我们考虑两个集 $L_\varepsilon(a,b)$ 与 $R_\varepsilon(a,b)$, 它们分别由三角形 $ABC$ 和 $A'B'C'$ 中的一切点组成, 这里

$$A = (a - b/\theta, 0), \quad B = (a - b/\theta + \varepsilon, 0),$$
$$C = (a - b/\theta + \varepsilon/2, \theta\varepsilon/2),$$
$$A' = (a + b/\theta - \varepsilon, 0), \quad B' = (a + b/\theta, 0),$$
$$C' = (a + b/\theta - \varepsilon/2, \theta\varepsilon/2).$$

命 $(a,b) \in X$ 的 $\varepsilon$ 邻域为

$$N_\varepsilon(a,b) = \{(a,b)\} \cup L_\varepsilon(a,b) \cup R_\varepsilon(a,b)$$

(参看图 21).

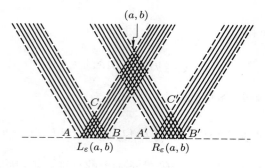

**图 21**

因 $\theta$ 是无理数, 故对 $X$ 中不同的两点 $(a_1, b_1)$ 与 $(a_2, b_2)$, 它们不能位于斜率为 $\theta$ 或 $-\theta$ 的同一直线上. 于是, 对于 $X$ 的任意两个不同的点, 可选取 $\varepsilon > 0$ 充分小, 使这两个点位于不同的 $\varepsilon$ 邻域, 故 $X$ 是 Hausdorff 空间.

显然, $X$ 是可数的. 又, 图 21 说明了每个 $N_\varepsilon(a,b)$ 的闭包是从三角形 $R_\varepsilon(a,b)$ 和 $L_\varepsilon(a,b)$ 射出的以 $\pm\theta$ 为斜率的四个无限长条所组成. 因此, 任何两个邻域的闭包都是相交的, 即 $X$ 是连通空间. 但 $X$ 并不正则, 从而也不可度量化.

同理, 对每一 $(a,b) \in X$ 及 $\varepsilon > 0$, 子空间 $N_\varepsilon(a,b)$ 是连通的. 因为假若 $(a',b') \in N_\varepsilon(a,b)$, 那么任一含有 $(a',b')$ 的相对开集的闭包必交于任一含有 $(a,b)$ 的相对开集的闭包. 因此, $X$ 是局部连通的.

### 26. 存在具有散点的可数 Hausdorff 连通空间.

第一个可数 Hausdorff 连通空间由 Urysohn 作出. 其后, Hewitt[78], Bing[39], Brown[42], Golomb[66], Krich[91] 和 Stone[162] 也先后作出了这种例子. 第一个具有散点的连通空间是由 Knaster 和 Kuratowski[92] 作出的. 其后, Erdös[60], Wilder[179] 也作出了这种例子. 这里, 我们进一步介绍一个具有散点的可数 Hausdorff 连通空间, 它是由 Roy[141] 构造的.

设 $\{C_i\}_{i=1}^{\infty}$ 是有理数集 $Q$ 的两两不相交的可数个稠密子集, $Q = \bigcup_{i=1}^{\infty} C_i$. 再设 $X$ 为 $\{(r,i) \in Q \times N | r \in C_i\}(i = 1, 2, \cdots)$ 再加上一个假想点 $\omega$. 我们规定, 形如 $(r, 2n)$ 的点的邻域为通常的开区间:

$$U_\varepsilon(r, 2n) = \{(t, 2n) | |t - r| < \varepsilon\},$$

而形如 $(r, 2n-1)$ 的点的邻域为三个开区间的堆积:

$$V_\varepsilon(r, 2n-1) = \{(t, m) | |t - r| < \varepsilon,$$
$$m = 2n-2, 2n-1, 2n\}.$$

假想点 $\omega$ 的邻域为一切 $\geqslant 2n$ 的直线 (这里所说的直线是指直线上属于 $X$ 的点, 以下不再声明):

$$W_n(\omega) = \{(s, i) \in X | i \geqslant 2n\}$$

(参看图 22). 这些邻域构成了可数集 $X$ 的拓扑 $\tau$ 的基, 子空间 $X \setminus \{\omega\}$ 记作 $X^*$.

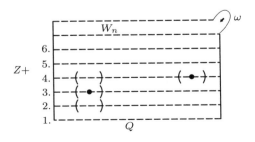

**图 22**

(i) 拓扑空间 $X$ 是连通的.

我们先来证明, 假如闭集包含某条偶数号码上的直线, 那么它也一定包含相邻的奇数号码上的直线. 事实上, 直线 $\{(r,i) \in X | i = 2n-1\}$ 中的每一点的每个邻域都与直线 $\{(r,i) \in X | i = 2n\}$ 及直线 $\{(r,i) \in X | i = 2n-2\}$ 相交, 故结论自明. 类似地, 每个包含某条奇数号码上的直线的开集, 它就必然包含相邻的两条偶数号码上的直线.

我们再来证明 $X$ 是连通的. 为此, 假定 $A$ 是 $X$ 的一个包含 $\omega$ 的既开且闭的子集, 那么 $A$ 必定包含 $\omega$ 的一个邻域.

$$U = \{(r,i) \in X | i \geqslant 2n\}.$$

因 $A$ 是闭的, 故它必定包含下面一条奇数号码上的直线. 又因 $A$ 是开的, 故它又包含再下面一条直线. 于是, $A$ 必定包含 $2n$ 以下的全部直线, 即 $A = X$. 因此, $X$ 是连通的.

(ii) $X^*$ 是完全不连通的.

我们只要证明 $X^*$ 是完全分离的, 即对 $X^*$ 中任意两个不同的点 $a$ 与 $b$, 存在分离集 $U$ 与 $V$, 使 $a \in U$ 而 $b \in V$. 由此推知, $X^*$ 是完全不连通的.

任取 $(r,i)$ 和 $(s,j) \in X^*, r < s$. 取无理数 $t$, 使 $r < t < s$. 于是, $(r,i)$ 与 $(s,j)$ 分别属于 $X$ 的两个分离集 $\{(r,i) \in X^* | r < t\}$ 与 $\{(r,i) \in X^* | r > t\}$ 之中, 即 $X^*$ 是完全分离的.

(iii) $X$ 是完全 Hausdorff 空间.

因 $X$ 中任何两个不同的点, 它们必有不相同的第一个坐标, 故可取充分小的区间, 使分别含有这两个点的两个开集有不相交的闭包.

**注**　Martin[111] 也作出了一个具有散点的可数 Hausdorff 连通空间. Martin 问: 是否存在具有散点的可数 Urysohn 连通空间? Roy[141] 第一个作出了这种空间. 1972 年, Kannan[88] 作出了这种空间的一个简单例子.

Miller[117] 构造了一个可数 Hausdorff 连通、局部连通、拟可度量化且包含 $Q$ 作为其稠密子空间, 这里 $Q$ 是有理数集. 他还构造了一个可数连通拟可度量化且具有散点的 Urysohn 空间, 这个空间还包含 $Q \times Q$ 作为其稠密子空间.

**27.** **存在某个具有散点 $p$ 的连通空间 $X$, 使得对每一连续的非常值映射 $f : X \to X$, 都有 $f(p) = p$.**

设 $C$ 为 $[0,1]$ 中的 Cantor 三分集, 并把 $C$ 考虑为实平面的子集. 令 $p = (1/2, 1/2)$, 对每一 $c \in C$, 设 $L_c$ 为连接两点 $p$ 与 $c$ 的闭直线段. $B$ 是构造 Cantor

集 $C$ 时被删去的开区间的端点所成之集, $E = C \setminus B$. 令

$$S = \{(x, y) \in \bigcup_{c \in C} L_c | c \in B \text{ 且 } y \text{ 是有理数}\},$$

$$T = \{(x, y) \in \bigcup_{c \in C} L_c | c \in E \text{ 且 } y \text{ 是无理数}\},$$

$$X = S \cup T,$$

在 $X$ 上取从实平面的通常拓扑继承下来的拓扑. 我们称 $X$ 为 **Cantor 锥**.

$X$ 是连通空间, 且 $p$ 是 $X$ 的散点 (参看例 23).

Cobb 和 Voxman[44] 证明了, 对每一连续的映射 $f : X \to X$, 都有 $f(p) = p$.

Cobb 和 Voxman 猜测, 若 $X$ 是具有散点 $p$ 的连通空间. $f : X \to X$ 是连续的非常值映射, 则有 $f(p) = p$.

若此猜测不成立, 则在连通空间 $X$ 上加些什么条件, 能使此猜测成立?

又, 若 $X$ 是连通空间, 它有唯一的点 $x^* \in X$, 使对每一连续的非常值映射 $f : X \to X$, 都有 $f(x^*) = x^*$, 则 $x^*$ 是否必为 $X$ 的散点?

Cobb 和 Voxman 指出, 这个问题的答案是否定的. 他们的例子如下: 令

$Y = R^2 \setminus \{(x, y) | x \text{ 与 } y \text{ 都是有理数 }\}$, 并在 $Y$ 上取从实平面通常拓扑继承下来的拓扑. 设 $X = Y \cup \{\infty\}$ 是 $Y$ 的一点紧化. 易见, $X$ 和 $Y$ 都是连通空间, 且点 $\infty$ 不是 $X$ 的散点. 然而, 若 $f : X \to X$ 是连续的非常值映射, 则 $f(\infty) = \infty$. 为证实这一点, 我们假设 $f(\infty) = q \neq \infty$. 令 $U$ 是 $q$ 在 $R^2$ 中的任一邻域, $V$ 是 $\infty$ 的一个邻域, 使 $f(V) \subset U$. 注意, $\overline{V} = X$, 故

$$f(X) = f(\overline{V}) \subset \overline{U}.$$

由于 $U$ 是 $q$ 的任一邻域, 因而 $f$ 是常值映射. 此为矛盾.

Cobb 和 Voxman 问: 在 $X$ 上加些什么条件, 才能使上述问题的答案是肯定的? 又, 上述例子中的连通空间 $X$ 不是 Hausdorff 空间. 于是, 便自然提出问题: 是否存在连通的 Hausdorff 空间 $X$, 它没有散点, 但对任一由 $X$ 到 $X$ 的连续的非常值映射 $f$, 它都有唯一的不动点?

**28. 存在某个连通空间, 它是可数个两两不相交的连通紧集的并集.**

设

$$A_n = \left\{ \left(\frac{1}{n}, y, 0\right) \in R^3 | 0 \leqslant y \leqslant 3n \right\},$$

$$B_n = \left\{ (0, y, 0) \in R^3 | 2n - \frac{1}{2} \leqslant y \leqslant 2n + \frac{1}{2} \right\},$$

$$C_n = \left\{ (x,y,z) \in R^3 | 0 \leqslant x \leqslant \frac{1}{n}, y = 2n, z = x\left(\frac{1}{n} - x\right) \right\}.$$

令 $X = \bigcup_{n=1}^{\infty}(A_n \cup B_n \cup C_n)$，并在 $X$ 上取通常拓扑 (参看图 23).

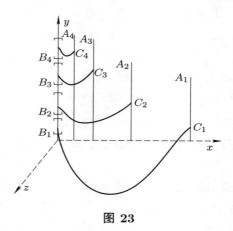

图 23

　　显然, $X$ 是连通的拓扑空间. 对每一 $n$, $D_n = A_n \cup B_n \cup C_n$ 是 $X$ 的连通紧子集, 且

$$D_n \cap D_m = \varnothing \quad (n \neq m).$$

### 29. 存在某个拓扑空间, 它是两个全断的闭子集的并, 但它本身却是连通的.

　　Fort[62] 提出如下问题: 若一个拓扑空间是两个闭的全断子集的并集, 则此拓扑空间是否必是全断的?

　　Tangora[164] 指出, 这个问题的答案是否定的. 他的例子如下: 设 $R$ 是实直线, $X, Y, Z$ 是 $R$ 的三个两两不相交的在通常拓扑下的稠密子集, 其并为 $R$. 例如, 可取 $X$ 为一切形如 $m/2^n$ 的有理数所成之集, $Y$ 为其他的有理数所成之集, $Z$ 为无理数集. 在 $R$ 上定义另一拓扑如下: 它是 $R$ 上的通常拓扑再加上 $X, Y$ 作为其开集; 而对 $z \in Z$, 命形如

$$\{z\} \cup \{\omega \in X \cup Y \, | \, |\omega - z| < \delta, \delta > 0\}$$

的集作为 $Z$ 的邻域基. 它们确定了 $R$ 上的一个拓扑 $\tau$, 而且拓扑 $\tau$ 严格强于 $R$ 上的通常拓扑.

　　因 $X, Y$ 在 $R$ 的通常拓扑下是全断的子集, 故它们在 $(R, \tau)$ 中也是全断的. 又, $Z$ 是 $(R, \tau)$ 的一个离散子空间. 令

$$A = Y \cup Z, \quad B = X \cup Z,$$

因 $A$ 与 $B$ 分别是开集 $X$ 与 $Y$ 的补集, 故 $A$ 与 $B$ 都是闭集. 对于每一点 $x \in X$, $A$ 被分为两个不相交的子集: $\{a \in A | a < x\}$ 与 $\{a \in A | a > x\}$. 因此, $A$ 中没有两个点能在同一个连通区, 故 $A$ 是全断的. 同理可证, $B$ 也是全断的.

兹证, 空间 $R = A \cup B$ 在拓扑 $\tau$ 之下是连通的, 并称 $(R, \tau)$ 为 **Tangora 连通空间**.

假如相反, 即 $R$ 可表为两个不相交的非空开集 $C$ 与 $D$ 之并. 假定 $C$ 的某点 $c$ 小于 $D$ 的某点 $d$, 令

$$p = \sup\{c \in C | c < d\}.$$

(i) 若 $p \in X \times Y$, 不妨设 $p \in X$, 则 $X$ 必包含一个含有 $p$ 的开邻域. 因 $C$ 与 $D$ 都是开集, 故据 $p$ 的定义, $p$ 既不属于 $C$ 也不属于 $D$, 否则, 将导致 $C$ 与 $D$ 相交的矛盾.

(ii) 若 $p \in Z$, 不妨假定 $p \in C$. 据拓扑 $\tau$ 的定义, $C$ 将包含一个 $X \cup Y$ 中的关于 $p$ 的一个 "开区间". 再据 $p$ 的定义, 也将导致 $C$ 与 $D$ 相交的矛盾.

**30. 存在可数个局部连通空间, 其积空间并不局部连通.**

设 $C$ 为区间 $[0,1]$ 中的 Cantor 三分集, 并在 $C$ 上取通常拓扑. 再设 $A_n = \{0, 2\}, n = 1, 2, \cdots$, 并在 $A_n$ 上取离散拓扑. 令

$$A = \prod_{n=1}^{\infty} A_n,$$

并在 $A$ 上取乘积拓扑.

兹证, 拓扑空间 $A$ 同胚于拓扑空间 $C$.

事实上, $C$ 中邻域基的元素是由形如

$$\{y | x - y| < \varepsilon, x \in C, \varepsilon > 0\}$$

的一切集组成. 在 $A = \prod_{n=1}^{\infty} A_n$ 中, 形如

$$\left\{ \{a_i\} \in \prod_{n=1}^{\infty} A_n | 1 \leqslant i \leqslant n, a_i \text{ 固定} \right\}$$

的集组成乘积拓扑的邻域基. 现在定义映射 $f$ 如下: 对每一点 $(a_1, a_2, \cdots) \in \prod_{n=1}^{\infty} A_n$, 令 $C$ 中的点 $0.a_1 a_2 \cdots$ 与之对应. 显然, $f$ 是拓扑空间 $\prod_{n=1}^{\infty} A_n$ 到拓扑空间 $C$ 上的一对一的连续映射, 且逆映射 $f^{-1}$ 也是连续的, 这是因为 $f$ 与 $f^{-1}$ 都映基元素为基元素. 于是, $\prod_{n=1}^{\infty} A_n$ 与 $C$ 是两个同胚的拓扑空间.

拓扑空间 $C$ 不是局部连通的, 但它是可数个局部连通空间 $\{0,2\}$ 的副本的乘积.

**31.　存在某个局部连通空间的连续像, 它不是局部连通的.**

设 $X = \{0, 1, 2, \cdots\}$, 并在 $X$ 上取离散拓扑. 再设

$$Y = \{0\} \cup \{1/n \,|\, n = 1, 2, \cdots\},$$

并在 $Y$ 上取通常拓扑. 定义映射 $f : X \to Y$ 为 $f(0) = 0, f(n) = 1/n$, 则 $f$ 是由拓扑空间 $X$ 到拓扑空间 $Y$ 上的一对一的连续映射. 显然, $X$ 是局部连通空间. 但 $Y$ 并不局部连通, 因为点 $o$ 的任一邻域都不是连通的.

**注**　由局部连通空间 $X$ 到拓扑空间 $Y$ 上的一对一的既开且闭的满射 $f$, 其像集 $f(X) = Y$ 也未必是局部连通的.

**32.　存在拓扑空间 $X$ 与 $Y$ 以及 $X$ 到 $Y$ 上的连续满射 $f$, 使 $f(X) = Y$ 是连通空间, 而 $X$ 不是连通空间.**

容易证明, 若 $X$ 与 $Y$ 都是拓扑空间, $f : X \to Y$ 是连续映射, $A$ 为 $X$ 的连通子集, 则 $f(A)$ 是 $Y$ 的连通子集. 应当注意, 这个命题之逆并不成立. 例如, 设 $X$ 为带有离散拓扑的实数集, $Y$ 为带有通常拓扑的实数集, $f$ 是 $X$ 到 $Y$ 上的恒等映射, 则 $f$ 是 $X$ 到 $Y$ 上的一对一的连续满射. 但 $Y$ 连通而 $X$ 并不连通.

**33.　箱拓扑与积拓扑之间的差异.**

对于有限个拓扑空间而言, 箱拓扑与积拓扑相同. 对于无限个拓扑空间而言, 二者并不相同. 这里, 我们作出二者之间的差异的一些例子如下:

(i) 在积拓扑中, 连通空间之积仍是连通的. 对于箱拓扑而言, 这一命题并不成立. 例如, 实数集的可数积

$$X = \prod_{i=1}^{\infty} R_i \quad (R_i = R, i = 1, 2, \cdots)$$

取箱拓扑后, $X$ 中的有界序列所组成之集是既开又闭的, 从而无界序列所组成之集是开的. 于是, 有界序列所组成之集与无界序列所组成之集是 $X$ 的两个不相交的开集, 其并为 $X$. 因此, $X$ 是一个不连通的拓扑空间.

(ii) 在积拓扑中, 紧集之积仍为紧集; 而在箱拓扑中, 这一命题也不成立. 例如, 设 $I_i$ 是单位闭区间 $I = [0, 1]$ 的副本并取通常拓扑, $X = \prod_{i=1}^{\infty} I_i$, 在 $X$ 上取箱拓扑 $\tau$. 令

$$A_0 = [0, 1), \quad A_1 = (0, 1],$$

则形如 $A_{\varepsilon_1} \times A_{\varepsilon_2} \times \cdots$ 的开集之积的全体构成了 $X$ 的一个不可数的开覆盖, 其中 $\varepsilon_i = 0$ 或 $1$. 不难证明, 它没有真子覆盖, 从而箱拓扑空间 $(X, \tau)$ 不是紧的. 事实上, 假如删去某个元 $A_{\varepsilon_1} \times A_{\varepsilon_2} \times \cdots$, 那么点 $(\varepsilon_1, \varepsilon_2, \cdots) \in X$ 就没有被覆盖了.

(iii) 在积拓扑中, 映射 $f : X \to \prod_\alpha X_\alpha$ 连续是坐标映射 $f_\alpha : X \to X_\alpha$ 都连续的特征. 对于箱拓扑而言, 这一命题也不成立. 例如, 映射 $f : R \to \prod_{i=1}^\infty R_i$ 定义为

$$f(x) = (x, x, x, \cdots),$$

其中 $R, R_i \ (i = 1, 2, \cdots)$ 都是一维欧氏空间, 并在 $\prod_{i=1}^\infty R_i$ 上取箱拓扑.

易见, 每个坐标映射都是连续的. 但是, $f$ 却并不连续.

此外, 我们有: 可数个可度量化的拓扑空间的积仍可度量化. 可数个可分空间之积仍可分. 可数个满足第一可数公理的拓扑空间之积仍满足第一可数公理. 然而, 容易作出例子, 对于箱拓扑而言, 这些命题都不成立.

# 第六章　紧　　　　性

## 引　　言

我们在第一章的引言中已经介绍了紧拓扑空间与局部紧拓扑空间的概念. 现在再介绍一些与本章反例有关的其他概念如下:

拓扑空间 $X$ 称为**序列紧的**, 是指 $X$ 的任意点列含有收敛子列; 称 $X$ 为**子集紧的**, 是指 $X$ 的任一无限子集必有聚点; 称 $X$ 为**可列紧**或**可数紧的**, 是指 $X$ 的任意可数开覆盖必有有限子覆盖.

拓扑空间 $X$ 称作 $\sigma$ **紧的**, 是指 $X$ 可表成至多可数个紧集的并集.

显然, 每个紧空间是 $\sigma$ 紧的; 而每个 $\sigma$ 紧空间是 Lindelöf 空间. 但逆命题都不成立.

拓扑空间 $X$ 称作**强局部紧的**, 是指 $X$ 的每一点含于某个开集, 而这个开集的闭包是紧的.

显然, 强局部紧空间必是局部紧的, 但逆命题不成立. 在 Hausdorff 空间内, 局部紧空间也是强局部紧的, 因为在 Hausdorff 空间内紧集必是闭的, 故每个紧邻域的内部有紧的闭包.

拓扑空间 $X$ 称作 **K 空间**, 如果 $X$ 的子集 $A$ 与每个闭紧集的交为闭集, 则 $A$ 为闭集.

关于紧性或弱于紧性的空间之间的蕴涵关系可列表如下:

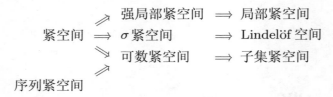

凡是上面未曾列出的蕴涵, 可能都不成立.

关于紧空间, 序列紧空间, 可数紧空间, 子集紧空间, 局部紧空间, 强局部紧空间在其子空间、积空间、商空间中的传递性如下表 (成立者为 ○, 不成立者为 ×):

| | | 紧 | 序列紧 | 可数紧 | 子集紧 | 局部紧 | 强局部紧 |
|---|---|---|---|---|---|---|---|
| 子空间 | 一般 | × | × | × | × | × | × |
| | 闭集 | ○ | ○ | ○ | ○ | ○ | ○ |
| | 开集 | × | × | × | × | × | × |
| 积空间 | 一般 | ○ | × | × | × | × | × |
| | 有限积 | ○ | ○ | × | × | ○ | ○ |
| | 可数积 | ○ | ○ | × | × | × | × |
| 商空间 | | × | × | × | × | × | × |

设 $X$ 为一集合, $\mathcal{U} = \{U_\alpha | \alpha \in A\}$ 与 $\mathcal{V} = \{V_\beta | \beta \in B\}$ 是 $X$ 的两个子集族. 称 $\mathcal{U}$ **细分** $\mathcal{V}$ 或 $\mathcal{U}$ 是 $\mathcal{V}$ 的**加细**, 是指存在映射 $\varphi : A \to B$, 若 $\alpha \in A, \varphi(\alpha) = \beta$, 则 $U_\alpha \subset V_\beta$. 这时记作 $\mathcal{U} < \mathcal{V}$, 并称 $\varphi$ 为**加细映射**.

设 $\mathcal{U}$ 是拓扑空间 $X$ 的子集族. 称 $\mathcal{U}$ 为**局部有限**的, 是指对任意一点 $x \in X$, 有 $x$ 的邻域 $V$ 存在, 使 $V \cap U_\alpha \neq \varnothing$ 的 $\mathcal{U}$ 的元 $U_\alpha$ 只有有限个; 称 $\mathcal{U}$ 为**点有限**的, 是指对每一 $x \in X, x$ 最多属于 $\mathcal{U}$ 的有限个元; 称 $\mathcal{U}$ 为**星有限**的, 是指对任意 $U_\alpha \in \mathcal{U}$, 使 $U_\alpha \cap U_\beta \neq \varnothing$ 的 $\mathcal{U}$ 的元 $U_\beta$ 只有有限个.

拓扑空间 $X$ 称为**仿紧空间**, 是指 $X$ 的任意开覆盖有局部有限的开覆盖加细; 称 $X$ 为**亚紧的**或**逐点仿紧的**, 是指 $X$ 的每一开覆盖有点有限的开覆盖加细; 称 $X$ 为**可数仿紧的**, 是指 $X$ 的每一可数开覆盖恒有局部有限的开覆盖加细; 称 $X$ 为**可数亚紧**的, 是指 $X$ 的每一可数开覆盖恒有点有限的开覆盖加细.

显然, 每个紧空间是仿紧的; 而每个仿紧空间必是亚紧的. 但逆命题都不成立.

还可证明, 仿紧性是拓扑性质; Hausdorff 仿紧空间是正规的; 仿紧空间的闭子空间是仿紧的; 一个仿紧空间与一个紧空间之积是仿紧的.

设 $X$ 是拓扑空间, $S \subset X, F = \{U_\alpha\}$ 是 $X$ 的一个覆盖. 我们称 $F$ 中与 $S$ 相交的一切元素之并为 $S$ 关于 $F$ 的**星**. $S$ 关于覆盖 $F$ 的星记作 $F^*(S)$. 单点集 $\{x\}$

关于覆盖 $F$ 的星记作 $F^*(x)$.

$X$ 的覆盖 $\{V_\beta\}$ 称为覆盖 $\{U_\alpha\}$ 的一个**星加细**, 是指对每一 $x \in X$, 存在某个 $U_\alpha$ 使 $x^* \subset U_\alpha$, 这里 $x^*$ 是 $x$ 关于 $\{V_\beta\}$ 的星.

拓扑空间 $X$ 称为**全体 $T_4$ 空间**, 是指 $X$ 的每个开覆盖有一个开覆盖星加细.

若拓扑空间 $X$ 既是全体 $T_4$ 空间又是 $T_1$ 空间, 则称 $X$ 为**全体正规空间**.

拓扑空间 $X$ 的开覆盖序列 $U_1, U_2, \cdots$ 称为**可展**的, 是指对每一 $x \in X$, $\{U_i(x)\}_{i=1}^{\infty}$ 是 $x$ 的一个局部基. 若拓扑空间 $X$ 具有可展的开覆盖序列, 则称 $X$ 为**可展空间**.

拓扑空间 $X$ 称为 **Moore 空间**, 是指 $X$ 是正则的可展空间.

每个度量空间是 Moore 空间; 但 Moore 空间未必可度量化.

每个度量空间是仿紧的, 每个仿紧空间是全体正规空间.

拓扑空间 $X$ 称作**强仿紧**或**星仿紧**的, 是指 $X$ 的每个开覆盖有一个开覆盖星有限加细.

每个强仿紧空间是仿紧的.

拓扑空间 $X$ 称作**可遮**的, 是指对 $X$ 的每个开覆盖 $F$, 存在两两不相交的开集族序列 $\{F_n\}$, 使 $\bigcup_{n=1}^{\infty} F_n$ 是 $F$ 的一个加细. 拓扑空间 $X$ 称作**强可遮**的, 是指可以选取具有上述性质的离散的 $F_n$.

拓扑空间 $X$ 称作**族正规**的, 是指对于 $X$ 的每个离散族 $\{F_\alpha\}$, 存在两两不相交的开集族 $\{G_\alpha\}$, 使对每一 $\alpha$, 都有 $F_\alpha \subset G_\alpha$. 拓扑空间 $X$ 称作**完全族正规的**, 是指它是遗传族正规的.

**1. 存在子集紧而不可数紧的拓扑空间.**

设 $X$ 是一切自然数所成之集, 对每一自然数 $n$, 命 $U_n = \{2n-1, 2n\}$, 则 $\{U_n\}$ 显然是 $X$ 的一个拓扑基, 从而生成 $X$ 上的一个拓扑.

(i) 拓扑空间 $X$ 是子集紧的.

事实上, 对于每个自然数 $n$, 点 $2n$ 是单点集 $\{2n-1\}$ 的一个聚点, 而点 $2n-1$ 是单点集 $\{2n\}$ 的一个聚点, 因而 $X$ 的每个非空子集至少有一个聚点, 即 $X$ 是子集紧的.

(ii) 拓扑空间 $X$ 不是可数紧的.

事实上, $\{U_n\}$ 是 $X$ 的一个可数开覆盖, 但它没有有限子覆盖.

**注** 可以证明, 对于 $T_1$ 空间而言, 子集紧空间与可数紧空间是等价的. 上述反例说明了在这个命题中, $T_1$ 空间的条件不可去掉.

**2. 存在可数紧而不紧的拓扑空间.**

设 $\omega_1$ 为第一个不可数序数, $X = [0, \omega_1]$ 为所有小于或等于 $\omega_1$ 的序数组成之集, $Y = [0, \omega_1)$ 是所有小于 $\omega_1$ 的序数组成之集. 在 $X$ 与 $Y$ 上都取区间拓扑, 则 $X = [0, \omega_1]$ 是紧的 (参看第四章例 13), 从而 $[0, \omega_1]$ 也是可数紧的. 这就是说, 在 $[0, \omega_1)$ 中每个序列都有聚点 $x \in [0, \omega_1]$. 因 $\omega_1$ 是集 $(\alpha, \omega_1)$ 的聚点, 但它不是 $(\alpha_1, \omega_1)$ 中某个序列的聚点, 故 $x \neq \omega_1$, 从而 $x \in [0, \omega_1)$. 可见 $[0, \omega_1)$ 是可数紧的. 但是, $[0, \omega_1)$ 不是紧的, 因为 $\{[0, \alpha) | \alpha < \omega_1\}$ 是 $[0, \omega_1)$ 的一个开覆盖, 而它没有有限子覆盖.

**3. 存在序列紧而不紧的拓扑空间.**

取例 2 中的拓扑空间 $X = [0, \omega_1)$, 它是一个可数紧而不紧的拓扑空间. 兹证, $X$ 是序列紧的. 为此, 只要证明 $X$ 满足第一可数性公理即可. 这是显然的, 因为 $[0, \omega_1)$ 中只有一个点 $\omega_1$ 的邻域系没有可数基.

**4. 存在紧而不序列紧的拓扑空间.**

设 $I$ 为单位闭区间, 并在 $I$ 上取通常拓扑, $X$ 为乘积空间 $I^I$. 据 Tychonoff 定理, $X$ 是紧的. 兹证 $X$ 不是序列紧的. 为此, 我们定义函数序列 $\alpha_n \in X (n = 1, 2, \cdots)$ 如下: $\alpha_n(x)$ 代表 $x \in I$ 的二进位表示式中的第 $n$ 个数字. 为证 $X$ 不是序列紧的, 只要证明 $\{\alpha_n\}$ 中不存在收敛子列即可. 假如相反, 设 $\{\alpha_n\}$ 有子列 $\{\alpha_{n_k}\}$ 收敛于 $\alpha \in X$. 因乘积空间中的收敛性等价于依坐标收敛, 故对每一 $x \in I$, $\alpha_{n_k}(x)$ 在 $I$ 内收敛于 $\alpha(x)$. 取 $x \in I$, 使其在二进位表示式中奇数位置上的数字为 $0$, 偶数位置上的数字为 $1$, 则据函数 $\alpha_{n_k}(x)$ 的定义, 当 $k$ 为奇数时 $\alpha_{n_k}(x) = 0$. 而当 $k$ 为偶数时 $\alpha_{n_k}(x) = 1$. 也就是说, 序列 $\{\alpha_{n_k}(x)\}$ 是 $0, 1, 0, 1, 0, 1, \cdots$, 它并不收敛. 因此, $X$ 不是序列紧的.

**5. 存在可数紧而不序列紧的拓扑空间.**

例 4 中的拓扑空间具有所需的性质.

**6. 存在局部紧而不强局部紧的拓扑空间.**

下面的例子是由 Schnare[148] 作出的.

设 $N$ 为自然数集, 令

$$A_n = \{n\} \times N \times \{1\}, \quad n = 1, 2, \cdots,$$

$$B_1 = \varnothing, \quad B_n = \{(n, 1, 2), (n, 2, 2), \cdots, (n, n-1, 2)\}, \quad n = 2, 3, \cdots.$$

再令 $C_n = A_n \cup B_n, n = 1, 2, \cdots,$

$$X = \bigcup_{n=1}^{\infty} C_n.$$

取 $X$ 的拓扑基为所有这样的集 $C$, 使对某个 $n, C \subset C_n$ 且 $C_n \setminus C$ 是有限集. 于是, $X$ 是强局部紧的, 且 $X$ 是 $T_1$ 空间. 令

$$Y = (N \times \{1\}) \cup (N \times \{2\}),$$

并在 $Y$ 上取拓扑 $\tau$ 如下:

$$\tau = \{C \subset Y | (N \times \{1\}) \setminus C \text{ 是有限集} \} \cup \{\varnothing\}.$$

拓扑空间 $Y$ 是 $T_1$ 空间. 因为 $Y$ 的每个非空开集的闭包是整个空间, 它不是紧的, 所以 $Y$ 不是强局部紧的. 然而, $Y$ 显然是局部紧的.

### 7. 三种不同的局部紧空间的定义之间的关系.

常用的局部紧空间的定义有下列三种:

a. 拓扑空间 $X$ 称作局部紧的, 是指 $X$ 的每一点有一个紧的邻域.

b. 拓扑空间 $X$ 称作局部紧的, 是指 $X$ 的每一点含于某个开集, 这个开集的闭包是紧的 (在本书的其他场合, 我们称这种局部紧空间为强局部紧的).

c. 拓扑空间 $X$ 称作局部紧的, 是指 $X$ 的每一点有一个 $X$ 的紧子集组成的邻域基.

不难证明, 依 b 意义下的局部紧空间必是依 a 意义下的局部紧空间 (简称 b 蕴涵 a). 同样, c 蕴涵 a. 对于 Hausdorff 空间而言, b 与 a 等价, c 与 a 也等价, 从而它们彼此都等价.

Gross[67] 指出, 在一般的拓扑空间内, 它们并不等价. 为此, 只要举例说明 b 与 c 互不蕴涵即可.

**第一例** 依 c 意义下局部紧而不是依 b 意义下局部紧的拓扑空间.

设 $X$ 为实数集, 命 $X$ 的开集为 $X, \varnothing$ 以及一切区间 $(-n, n)$, 这里 $n$ 是自然数. 集 $X$ 显然是含有点 0 的唯一闭集. 因 $X$ 的开覆盖 $\{(-n, n)\}_{n=1}^{\infty}$ 没有有限子覆盖, 故 $X$ 不是紧的. 因此, 不存在含有点 0 的开集, 其闭包是紧的, 即 $X$ 不是依 b 意义下的局部紧空间.

另一方面, $X$ 的每个有界子集都是紧的. 特别, $X$ 的每个有界开集都是紧的. 因此, $X$ 的每一点 $x$ 有一个 $X$ 的紧子集组成的基, 它就是含有 $x$ 的有界开子集族, 故 $X$ 是依 c 意义下的局部紧空间.

**第二例** 依 b 意义下局部紧而不是依 c 意义下局部紧的拓扑空间.

设 $Y$ 是实平面上使 $0 \leqslant x \leqslant 1, 0 \leqslant y \leqslant 1$ 的点 $(x, y)$ 组成之集. 若 $a, b$ 均为非零实数, 令

$$B(a, b) = \{(x, y) \in Y | y \leqslant -(b/a)x + b\},$$

则 $B(a,b)$ 是由 $Y$ 的一切这样的点所成之集, 它们在通过点 $(a,0)$ 和 $(0,b)$ 的线段上或在该线段之下的点组成. 取一切这种 $B(a,b)$ 为 $Y$ 的一个子基, 则 $Y$ 成为一个拓扑空间.

显然, $Y$ 本身是 $Y$ 的唯一的一个含有点 $(1,1)$ 的开子集. 于是, $Y$ 本身是 $Y$ 的每个开覆盖中的一个元. 可见, $Y$ 是紧的, 从而 $Y$ 是依 b 意义下的局部紧空间.

另一方面, $B(1,1)$ 是点 $(1,0)$ 的一个邻域. 设 $U$ 是 $(1,0)$ 的任一邻域, 使

$$U \subset B(1,1).$$

兹证 $U$ 不是紧的, 从而 $Y$ 不是依 c 意义下的局部紧空间.

事实上, 假若 $V$ 是关于这个拓扑中的基的一个元, 使 $V \subset U$ 且 $(1,0) \in V$. 例如,

$$V = B(a_1,b_1) \cap B(a_2,b_2) \cap \cdots \cap B(a_n,b_n).$$

注意, 对于 $j = 1, 2, \cdots, n$, 都有 $a_j \geqslant 1$, 因为否则的话, 点 $(1,0)$ 将不在 $B(a_j,b_j)$ 之中了. 因此, 对每一 $j$, 有

$$B(1,b_j) \subset B(a_j,b_j).$$

取 $b_0 = \min\{b_1,b_2,\cdots,b_n\}$, 则对每一 $j$, 有

$$B(1,b_0) \subset B(a_j,b_j).$$

因此, $B(1,b_0) \subset V$. 现令

$$C = \{B(1,b_0/2)\} \cup \{B(1-1/n,n-1)|n=2,3,\cdots\},$$

并证 $C$ 覆盖 $B(1,1)$. 显然, $(1,0) \in B(1,b_0/2)$. 若 $(x,y)$ 是 $B(1,1)$ 中任意的另一点, 则必有 $x < 1$. 我们取整数 $n_0 > 1/(1-x)+1$, 则

$$\begin{aligned}1-x &= n_0(1-x) - (n_0-1)(1-x)\\&< n_0(1-x) - 1\\&= -n_0x + n_0 - 1\\&= -(n_0-1)x/(1-1/n_0) + n_0 - 1.\end{aligned}$$

因 $(x,y) \in B(1,1)$ 蕴涵 $y \leqslant 1-x$, 故

$$y \leqslant -(n_0-1)x/(1-1/n_0) + n_0 - 1,$$

从而 $(x,y) \in B(1-1/n_0, n_0-1)$. 于是, $C$ 覆盖 $B(1,1)$, 故 $C$ 也就覆盖 $U$.

注意, 若 $m \leqslant n$, 则 $B(1-1/m, m-1) \subset B(1-1/n, n-1)$. 因此, 假如 $C$ 中存在包含 $U$ 的有限子覆盖, 那么必然存在整数 $M \geqslant 2$, 使

$$U \subset B(1, b_0/2) \cup B(1-1/M, M-1). \tag{1}$$

但点 $(1-1/2M, b_0/2M)$ 是在 $B(1, b_0)$ 之中, 故它也在 $U$ 中. 然而, $(1-1/2M, b_0/2M)$ 既不在 $B(1, b_0/2)$ 中, 也不在 $B(1-1/M, M-1)$ 中, 这与 (1) 式相矛盾. 因此, $C$ 中不存在包含 $U$ 的有限子覆盖, 即 $U$ 不是紧的.

**8. 存在某个强局部紧空间, 它不是紧的.**

易见, 紧空间一定是强局部紧的. 这个命题之逆并不成立. 例如, 设 $X$ 为带有离散拓扑的无限集, 则 $X$ 是强局部紧的, 但它不是紧的.

**9. 存在某个 Lindelöf 空间, 它不是 $\sigma$ 紧的.**

容易证明, $\sigma$ 紧的拓扑空间必是 Lindelöf 空间. 但 Lindelöf 空间不必是 $\sigma$ 紧的. 例如, 设 $X$ 为一不可数集, 命 $X$ 的开集为 $X$ 本身, 空集 $\varnothing$, 以及补集为至多可数的一切子集. 因 $X$ 的每个开集的补集都是至多可数的, 故 $X$ 是 Lindelöf 空间. 又因 $X$ 中只有有限集才是紧的, 故 $X$ 不可能是 $\sigma$ 紧的.

**10. 存在某个 $\sigma$ 紧而不紧的拓扑空间.**

容易证明, 紧空间必是 $\sigma$ 紧的, 但是, $\sigma$ 紧空间不必是紧的. 例如, 设 $X$ 是带有通常拓扑的实数集, 则 $X$ 是 $\sigma$ 紧的. 但 $X$ 显然不是紧的.

**11. $R^2$ 中存在两个局部紧的子空间, 其并不是局部紧的.**

令 $A = \{(x, y) | (x, y) \in R^2, x > 0\}, B = \{(0, 0)\}$, 则 $A$ 与 $B$ 都是二维欧氏空间 $R^2$ 中的局部紧的子空间. 因点 $(0, 0)$ 在 $A \cup B$ 中没有紧的邻域, 故 $A \cup B$ 不是局部紧的.

**注** 容易证明, 在局部紧的度量空间中, 两个局部紧子空间之交仍是局部紧的. 上述反例说明了对于并的运算而言, 相应的命题并不成立.

**12. 存在可数个局部紧空间, 其积不是局部紧的.**

可以证明, 有限个局部紧空间之积仍是局部紧的. 然而, 无限个局部紧空间之积不必是局部紧的. 例如, 我们用 $Z^+$ 代表自然数集, 并在 $Z^+$ 上取离散拓扑. 令

$$X = \prod_{i=1}^{\infty} Z_i^+,$$

其中 $Z_i^+ = Z^+, i = 1, 2, \cdots$. 显然, $Z_i^+$ 是局部紧的.

兹证 $X$ 不是局部紧的, 为此, 我们首先指出, 若 $X$ 的子集 $Y$ 是紧的, $P_n$ 是 $X$ 到 $Z_n^+$ 上的射影, 则因 $P_n$ 是连续映射, 故 $P_n(Y)$ 是 $Z_n^+ = Z^+$ 内的紧集. 由于 $Z^+$ 是离散空间, 因而 $P_n(Y)$ 必为有限集. 为证 $X$ 不是局部紧的, 我们只要证明 $X$ 中没有一个紧集可以包含开集即可. 假如相反, 即有 $X$ 的紧集 $Y$, 它包含某个开集 $U$. 据乘积拓扑的定义, 存在某个射影 $P_n$ 而有 $P_n(U) = Z^+$, 从而 $P_n(Y) = Z^+$. 于是 $P_n(Y)$ 不是有限集, 此为矛盾. 因此, $X$ 不是局部紧的.

**注**  因 $Z^+$ 还是强局部紧的, 故这个例子也说明了可数个强局部紧空间之积不必是强局部紧的.

**13.  存在某个局部紧空间的子空间, 它不是局部紧的.**

容易证明, 局部紧空间的闭子空间也是局部紧的. 然而, 局部紧空间的非闭子空间未必是局部紧的. 例如, 设 $X$ 为带有通常拓扑的实数集, 则 $X$ 是一个局部紧空间. 有理数集是 $X$ 的一个子空间, 它不是局部紧的.

**注**  例 13 中的拓扑空间 $X$ 也是强局部紧的. 因此, 这个例子也说明了强局部紧空间的子空间未必是强局部紧的.

**14.  存在某个局部紧空间的商空间, 它不是局部紧的.**

设 $X$ 为带有通常拓扑的实数空间, 则 $X$ 是局部紧的. 设 $Z$ 为整数集, 再设 $Y$ 是 $X$ 的一个这样的分解, 它的元素为 $Z$ 和所有的单点集 $\{x\}$, 其中 $x \in X \setminus Z$.

兹证商空间 $Y$ 不是局部紧的.

事实上, 设 $U$ 是商空间 $Y$ 中点 $Z$ 的一个邻域. 对任一 $n \in N$, 取

$$x_n \in P^{-1}(U) \cap (n, n+1),$$

并记 $U_n = P^{-1}(U) \cap ((n + x_n)/2, (n + 1 + x_n)/2)$, 则 $\{P[P^{-1}(U) \setminus \{x_n | n \in N\}]\} \cup \{P(U_n) | n \in N\}$ 是商空间 $Y$ 中 $U$ 的一个开覆盖. 显然, 它没有有限子覆盖, 故 $U$ 不紧. 因此, 商空间 $Y$ 不是局部紧的.

**15.  存在某个局部紧空间的连续像, 它不是局部紧的.**

可以证明, 局部紧空间的同胚像必定是局部紧的. 但是, 局部紧空间的连续像不必是局部紧的. 例如, 设 $X = \{-1\} \cup (0, 1]$, 把 $X$ 作为一维欧氏空间的子集而在 $X$ 上取相对拓扑, 则 $X$ 显然是一个局部紧的拓扑空间.

设 $S$ 是函数 $g(x) = \sin(1/x) (0 < x \leqslant 1)$ 的图像上的点的全体. 令

$$Y = S \cup \{(0, 0)\},$$

并把 $Y$ 作为二维欧氏空间的子集而在 $Y$ 上取相对拓扑, 则可证 $Y$ 不是局部紧的. 其实, 我们只要证明点 $(0, 0)$ 的任何邻域都不是紧的即可. 任取 $(0, 0)$ 的一个邻

域 $U$, 则必有欧氏平面上的以原点为中心, $\varepsilon$ 为半径的圆盘 $O$, 使得 $O \cap Y \subset U$. 取平行于 $x$ 轴的直线 $y = \varepsilon/2$, 这条直线与集 $O \cap Y$ 的一切交点构成 $U$ 的一个无穷子集. 显然, 这个子集没有聚点, 故 $U$ 不是紧的, 从而 $Y$ 不是局部紧的.

现在定义由 $X$ 到 $Y$ 上的映射 $f$ 如下:

$$f(x) = \begin{cases} (0,0), & x = -1, \\ (x, \sin(1/x)), & 0 < x \leqslant 1, \end{cases}$$

则 $f$ 是连续映射, 其像集 $f(x) = Y$ 不是局部紧的.

**注** 强局部紧空间的连续像也不必是强局部紧的.

**16. 存在某个强局部紧空间 $X$ 和开映射 $f$, 使 $f(X)$ 不是强局部紧的.**

当所论的空间不是 Hausdorff 空间时, 强局部紧空间在开映射之下未必不变. 下面的例子是由 Cunkle[47] 作出的.

设 $X$ 是自然数集, 由两个点 $2n-1$ 与 $2n$ $(n = 1, 2, \cdots)$ 组成之集族构成了 $X$ 上的一个拓扑基. 因每个邻域 $\{2n-1, 2n\}$ 是紧的, 故 $X$ 是强局部紧的. 设 $Y$ 也是自然数集, 其拓扑基由单点集以及一切两个点 $1$ 与 $n$ 的集组成之集族构成. 因 $Y$ 中每个邻域的闭包是 $Y$, 它不是紧的, 故 $Y$ 不是强局部紧的.

现在定义 $X$ 到 $Y$ 上的映射 $f$ 为 $f(2n-1) = 1, f(2n) = n$. 因 $X$ 中每个非空开集 $A$ 含有点 $2n-1$, 故 $f(A)$ 含有点 $1$, 从而 $f(A)$ 在 $Y$ 中是开的, 即 $f$ 是一个开映射.

**17. 存在某个强局部紧空间的开连续像, 它不是强局部紧的.**

强局部紧空间的开连续像不必是强局部紧的. 下面的例子是由 Schnare[147] 作出的.

设 $X = \bigcup_{n=1}^{\infty} A_n, A_n = \{(n,1), \cdots, (n,n)\}$, 其拓扑基由这样的集 $B$ 组成: 使对某个 $n$, 有 $B \subset A_n$ 且 $(n,1) \in B$. 因对每一 $n, A_n$ 是既开且闭的紧集, 故 $X$ 是强局部紧的, 且 $X$ 是 $T_0$ 空间. 再设 $Y$ 为自然数集, 并在 $Y$ 上取拓扑 $\tau$ 如下:

$$\tau = \{A \subset Y | A = \varnothing \text{ 或 } 1 \in A\}.$$

易见, $Y$ 是 $T_0$ 空间. 因 $Y$ 的每个非空开集的闭包是整个空间, 它不是紧的, 故 $Y$ 不是强局部紧的.

现在定义映射 $f : X \to Y$ 为

$$f(n, m) = m,$$

则 $f$ 是一个连续的开映射, 且是一个满射.

**18. 存在可数个 $\sigma$ 紧空间, 其积不是 $\sigma$ 紧的.**

容易证明, 有限个 $\sigma$ 紧空间之积仍是 $\sigma$ 紧的. 但无限个 $\sigma$ 紧空间之积不必是 $\sigma$ 紧的. 例如, 设 $Z^+$ 为自然数集, 并在 $Z^+$ 上取离散拓扑. 命

$$X = \prod_{i=1}^{\infty} Z_i^+,$$

其中 $Z_i^+ = Z^+$, 则 $Z_i^+$ 是 $\sigma$ 紧的.

兹证 $X$ 不是 $\sigma$ 紧的, 假如相反, 即 $X$ 是 $\sigma$ 紧的, 亦即

$$X = \bigcup_{k=1}^{\infty} Y_k,$$

其中 $Y_k(k = 1, 2, \cdots)$ 都是 $X$ 的紧子集, 设 $P_n$ 是 $X$ 到 $Z_n^+$ 上的射影, 则 $P_n$ 是连续的, 从而 $P_n(Y_k)$ 是 $Z_n^+$ 的紧子集. 因 $Z_n^+$ 是离散的拓扑空间, 故 $P_n(Y_k)$ 必为有限集. 令 $m(n, k)$ 是 $P_n(Y_k)$ 中的最大整数, 则点

$$x = (m(1, 1) + 1, \cdots, m(n, n) + 1, \cdots) \in X,$$

而 $x \notin Y_k(k = 1, 2, \cdots)$, 此为矛盾. 因此, $X$ 不是 $\sigma$ 紧的.

**19. 存在某个 $\sigma$ 紧空间的子空间, 它不是 $\sigma$ 紧的.**

设 $X = [0, 1]$, 以 $[0, 1]$ 及所有单点集 $\{x\}(x \neq 0)$ 为拓扑基生成 $X$ 上的一个拓扑, 则 $X$ 的每个开覆盖都包含 $[0, 1]$, 故 $X$ 是紧的, 从而也是 $\sigma$ 紧的. 但 $X$ 的子空间 $(0, 1]$ 不可数且是离散的, 故它不是 $\sigma$ 紧的.

**20. 存在某个拓扑空间中的两个紧集, 其交不是紧集.**

设 $Y$ 是实数集并取通常拓扑, $Z$ 是点集 $\{0, 1\}$ 并取平庸拓扑, $X = Y \times Z$ 并取乘积拓扑. 令

$$A = \{[a, b] \times \{0\}\} \cup \{(a, b) \times \{1\}\},$$
$$B = \{(a, b) \times \{0\}\} \cup \{[a, b] \times \{1\}\}.$$

我们注意, $X$ 的开集具有形式 $(c, d) \times \varnothing$ 或 $(c, d) \times \{0, 1\}$. 因此, 假若 $X$ 的开集 $G$ 含有点 $x = (y, 0)$, 那么 $G$ 也一定含有点 $(y, 1)$.

(i) $A$ 与 $B$ 都是 $X$ 的紧子集.

任取 $A$ 的一个开覆盖 $\bigcup_\alpha G_\alpha$, 其中每个开集 $G_\alpha$ 都具有形式 $(c_\alpha, d_\alpha) \times \{0, 1\}$. 因 $[a, b]$ 是闭区间, 故可选出有限多个开集 $(c_i, d_i) \times \{0, 1\}(i = 1, 2, \cdots, n)$, 它们已经覆盖了 $[a, b] \times \{0\}$. 又据前面的注意, $(c_i, d_i) \times \{0, 1\}(i = 1, 2, \cdots, n)$ 也覆盖了 $(a, b) \times \{1\}$, 从而它们就覆盖了 $A$, 即 $A$ 是紧的. 同理可证 $B$ 也是紧的.

(ii) $A \cap B$ 不是紧的.

因 $A \cap B = (a, b) \times \{0, 1\}$, 而 $(a, b)$ 不是 $Y$ 的紧子集, 故 $A \cap B$ 也不是 $X$ 的紧子集.

**注** 可以证明, 若 $A, B$ 皆为 Hausdorff 空间中的紧集, 则 $A \cap B$ 必为紧集. 因此, 在 Hausdorff 空间中作不出上述那种例子. 还可以证明, 拓扑空间中一族闭的紧子集之交仍为闭的紧子集. 上述反例也说明了在这个命题中, 闭集的条件不可去掉.

**21. 存在不可数个序列紧空间, 其积空间并不序列紧.**

可以证明, 至多可数个序列紧空间的积空间仍是序列紧的. 但是, 不可数个序列紧空间的积空间不必是序列紧的. 例如, 设 $I$ 为单位闭区间并在 $I$ 上取通常拓扑, $X$ 为乘积空间 $I^I$, 则 $I$ 是序列紧的, 而 $X$ 不是序列紧的 (参看例 4).

**22. 存在两个可数紧空间, 其积空间并不可数紧.**

两个可数紧空间的积空间未必是可数紧的. 例如, 设 $N$ 是自然数集, 并在 $N$ 上取离散拓扑. $\beta N$ 是 $N$ 的 Stone-Čech 紧化. Novak[123] 证明了存在 $\beta N$ 的可数紧子集 $E$ 与 $F$, 使

$$E \cup F = \beta N, \quad E \cap F = N.$$

作乘积空间 $X = E \times F$. 令 $H = \{(n, n) | n \in N\}$, 则 $H$ 是 $X$ 的闭子集, 且具有离散拓扑. 因此, $X$ 不是可数紧的.

**注** 这个例子也说明了两个子集紧空间的积空间未必是子集紧的.

Terasaka 进一步构造了一个可数紧空间 $X$, 使积空间 $X \times X$ 不是可数紧的.

Parsons[126] 构造了一个可数紧空间 $X$, 使积空间 $X \times X$ 是可数仿紧的, 但不是可数紧的.

Mrowkn[118] 指出, 若可数紧空间 $X$ 与 $Y$ 中有一个是紧的或是序列紧的, 则积空间 $X \times Y$ 必是可数紧的.

**23. 存在某个子集紧空间的连续像, 它不是子集紧的.**

容易证明, 紧空间、序列紧空间与可数紧空间的连续像仍分别是紧的、序列紧的与可数紧的. 但是, 子集紧空间的连续像未必是子集紧的. 例如, 设 $X$ 为自然数集. 对每一自然数 $n$, 命 $U_n = \{2n - 1, 2n\}$, 则 $\{U_n\}$ 是 $X$ 的一个拓扑基. 因 $X$ 的每个非空子集都有聚点, 故 $X$ 是子集紧的. 我们在集 $X$ 上再取离散拓扑, 如此得到的拓扑空间记作 $Y$. 令

$$f(2n) = n, \quad f(2n - 1) = n,$$

则 $f$ 是 $X$ 到 $Y$ 上的连续映射, 但 $f(X) = Y$ 不是子集紧的.

**24. 存在某个 Hausdorff 空间, 它的一点紧化不是 Hausdorff 空间.**

设 $X = (Q, \tau)$ 是有理数集并取通常拓扑, $p \notin (Q, \tau)$. 令

$$Q^* = Q \cup \{p\},$$

并在 $Q^*$ 上取拓扑 $\tau^*$ 如下: $Q^*$ 中的开集或为 $(Q, \tau)$ 中的开集, 或其补集为 $(Q, \tau)$ 中的闭的紧子集.

易见, $(Q, \tau)$ 是 Hausdorff 空间. 另一方面, 因 $(Q, \tau)$ 不是局部紧的, 故 $(Q^*, \tau^*)$ 不是 Hausdorff 空间.

**注** 可以证明, 设拓扑空间 $(X, \tau)$ 是 Hausdorff 空间. 若 $(X, \tau)$ 是局部紧的, 则 $(X^*, \tau^*)$ 必为 Hausdorff 空间, 且逆命题亦成立.

**25. 任给自然数 $n$, 可构造一个具有 $n$ 点紧化的拓扑空间, 但对 $m > n$, 不存在 $m$ 点紧化空间.**

设 $X$ 为一 Hausdorff 空间. 称 $\xi(X)$ 为 $X$ 的紧化空间, 是指 $\xi(X)$ 是包含 $X$ 的紧空间, 且 $X$ 在其中稠密.

设 $n$ 是自然数, $X$ 的紧化 $\xi(X)$ 称为 $n$ 点紧化, 是指 $\xi(X) \backslash X$ 由 $n$ 个点组成. 下面的定理以及反例的构造均属于 Magill[108].

**定理 1** 对于 Hausdorff 空间 $X$ 而言, 下列断语彼此等价:

(i) $X$ 有 $n$ 点紧化空间.

(ii) $X$ 是局部紧的且包含一个紧子集 $K$, 它的补集是 $n$ 个两两不相交的开集 $\{G_i\}_{i=1}^n$ 之并, 使对每一 $i(1 \leqslant i \leqslant n), K \cup G_i$ 都不是紧的.

**定理 2** 若拓扑空间 $X$ 有如下性质: $X$ 的每个紧子集包含于某个紧子集之中, 该紧子集的补集至多有 $n$ 个连通分支, 则当 $m > n$ 时, $X$ 没有 $m$ 点紧化.

现在构造所需的反例. 设 $i$ 是自然数, 令

$$L_i = \{(x, y) \in R \times R | y = x/i, x \geqslant 0\}, \quad S_n = \bigcup_{i=1}^n L_i,$$

并在 $S_n$ 上取由欧氏平面继承下来的拓扑. 再令

$$K = \{(0, 0)\}, \quad S_n \backslash K = \bigcup_{i=1}^n L_i',$$

这里 $L_i' = L_i \backslash \{(0, 0)\}$. 显然, $\{L_i'\}_{i=1}^n$ 中的各个元两两不相交, 且对每一 $i, K \cup L_i'$ 不是紧的. 据定理 $1, S_n$ 有 $n$ 点紧化空间.

设 $K$ 是 $S_n$ 的任一紧子集, 则存在正数 $r$, 使

$$K \subset \{(x,y) \in S_n | \sqrt{x^2 + y^2} \leqslant r\} = K^*.$$

显然, $K^*$ 是紧的, 且 $S_n \backslash K^*$ 恰有 $n$ 个连通分支. 据定理 2, 当 $m > n$ 时, $S_n$ 就没有 $m$ 点紧化.

**26. 存在两个 Hausdorff 空间, 它们都有 $n$ 点紧化空间, 而其积空间没有 $n$ 点紧化空间.**

可以证明, 若两个拓扑空间都有一点紧化空间, 则其积也有一点紧化空间. Magill[108] 指出, 对于 $n$ $(n > 1)$ 点紧化空间而言, 相应的命题并不成立.

**定理 3 (Magill)** 设 $(X, d_1)$ 与 $(Y, d_2)$ 是两个无界的连通的度量空间, 且对每一正数 $r$ 和点 $x_0 \in X, y_0 \in Y$, 集

$$\{x \in X | d_1(x, x_0) \leqslant r\}$$

与

$$\{y \in Y | d_2(y, y_0) \leqslant r\}$$

都是紧的, 则当 $n > 1$ 时, $X \times Y$ 就没有 $n$ 点紧化空间.

现取例 25 中的拓扑空间 $S_n$, 则 $S_n$ 有 $n$ 点紧化空间. 据上述定理, 当 $m > 1$ 时, $S_n \times S_n$ 就没有 $m$ 点紧化空间.

**27. 存在某个最强的紧拓扑, 它不是 Hausdorff 拓扑.**

Hewitt[77] 证明了: 紧的 Hausdorff 拓扑必是最强的紧拓扑. 但是, 最强的紧拓扑未必是 Hausdorff 拓扑. Ramanathan[134] 有例如下:

设 $X$ 为平面上全体自然数对 $(i, j)$ 连同两个假想点 $x, y$ 所成之集. 命每一自然数对 $(i, j)$ 所成之单点集 $\{(i, j)\}$ 为 $X$ 的开集; 又命形如 $X \backslash A$ 的集为假想点 $x$ 的开邻域, 其中 $A$ 是这样的自然数对 $(i, j)$ 所成之集, 使在每一行上至多有有限个点属于 $A$; 再命形如 $X \backslash B$ 的集为 $y$ 的开邻域, 其中 $B$ 是这样的自然数对所成之集, 使至多有有限多个行上的点属于 $B$. 这样定义的开集族形成了 $X$ 上的一个拓扑 $\tau$.

(i) $(X, \tau)$ 不是 Hausdorff 空间.

事实上, 点 $x$ 与 $y$ 的任何两个开邻域都是相交的.

(ii) $(X, \tau)$ 是紧的.

任取 $X$ 的开覆盖 $\mathcal{U} = \{U_\alpha | \alpha \in \Delta\}$. 设 $X \backslash A$ 与 $X \backslash B$ 分别是 $x$ 与 $y$ 的开邻域, 其中 $X \backslash A \in \mathcal{U}, X \backslash B \in \mathcal{U}$, 则

$$X \backslash [(X \backslash A) \cup (X \backslash B)] = A \cap B$$

是有限集. 因此, 存在子族 $\{U_1, U_2, \cdots, U_n\} \subset \mathcal{U}$, 使得

$$X \setminus [(X \setminus A) \cup (X \setminus B)] \subset \bigcup_{i=1}^{n} U_i.$$

于是, $(X \setminus A) \cup (X \setminus B) \cup \bigcup_{i=1}^{n} U_i$ 就是 $(X, \tau)$ 的一个有限子覆盖, 即 $(X, \tau)$ 是紧的.

(iii) $(X, \tau)$ 中的紧集都是闭的.

假如存在紧集 $E \subset X$ 而 $E$ 不闭. 因每一自然数对 $(i, j)$ 皆为开集, 而 $E$ 不闭, 故只有 $x$ 或 $y$ 是 $E$ 的聚点且又不属于 $E$.

若 $y \in \overline{E} \setminus E$, 则 $E$ 必定含有无穷多个行上的点 (如若不然, $E$ 只含有有限多个行上的点, 则 $X \setminus E$ 将是 $y$ 的邻域而无 $E$ 中的点, $y$ 就不是 $E$ 的聚点了). 在这无穷多行的每一行上任取一点 $(i_n, j_n)$, 则

$$A = \{(i_n, j_n)\}_{n=1}^{\infty} \subset E.$$

于是, $X \setminus A$ 是开集, 而且 $X \setminus A$ 连同开集族 $A = \{(i_n, j_n)\}_{n=1}^{\infty}$ 构成了 $E$ 的一个开覆盖. 易见, 此开覆盖没有有限子覆盖, 因而 $E$ 不是紧集, 这与 $E$ 是紧集的假设发生矛盾.

类似地, 若 $x \in \overline{E} \setminus E$, 则 $E$ 必定含有某行上的无穷多个点, 把这一行上的这种点的全体记作 $B$, 则 $X \setminus B$ 是开集, 而且 $X \setminus B$ 连同开集族 $B$ 构成了 $E$ 的一个开覆盖, 而它没有有限子覆盖, 故 $E$ 不是紧的, 此也为矛盾.

(iv) $\tau$ 是 $X$ 上最强的紧拓扑.

假如在 $X$ 上存在另一个紧拓扑 $\tau^*$, 它严格强于 $\tau$, 即包含关系 $\tau^* \supset \tau$ 是严格的. 于是, 存在子集 $A$, 它在 $(X, \tau^*)$ 中是闭的, 而在 $(X, \tau)$ 中不闭. 因 $\tau^*$ 是紧拓扑, 且 $A$ 是 $(X, \tau^*)$ 中的闭集, 故 $A$ 必是 $(X, \tau^*)$ 中的紧集. 又因 $\tau^* \supset \tau$, 故 $A$ 也是 $(X, \tau)$ 中的紧集. 据 (iii), $A$ 是 $(X, \tau)$ 中的闭集, 矛盾.

### 28. 存在某个最弱的 Hausdorff 拓扑, 它不是紧拓扑.

可以证明, 紧 Hausdorff 拓扑必是最弱的 Hausdorff 拓扑. 但是, 最弱的 Hausdorff 拓扑未必是紧拓扑. Ramanathan[135] 有例如下:

设 $A$ 是线性序集 $\{1, 2, 3, \cdots, \omega_0, \cdots, -3, -2, -1\}$, 并在 $A$ 上取区间拓扑, 即取 $\{x | y < x\}$ 与 $\{x | x < z\}$ 作为 $A$ 的子基. 于是, 区间

$$(y, z) = \{x \in A | y < x < z\}$$

都是开集, 其中 $y, z \in A$ 且 $y < z$. 又, $Z^+$ 代表自然数集, 并在 $Z^+$ 上取离散拓扑. 命 $X$ 为 $A \times Z^+$ 并加上两个假想点 $a$ 与 $-a$. $X$ 上的拓扑 $\tau$ 定义为 $A \times Z^+$ 上

的乘积拓扑连同 $a$ 与 $-a$ 的两个邻域基 $M_n^+(a)$ 与 $M_n^-(-a)$ (参看图 24):

$$M_n^+(a) = \{a\} \cup \{(i,j) \mid i < \omega_0, j > n\},$$
$$M_n^-(-a) = \{-a\} \cup \{(i,j) \mid i > \omega_0, j > n\}.$$

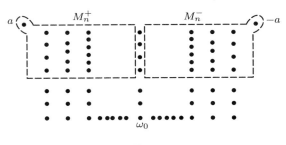

**图 24**

据 $X$ 上拓扑 $\tau$ 的定义, $(X, \tau)$ 显然是 Hausdorff 空间.

(i) $(X, \tau)$ 不是紧空间.

事实上, $X$ 的邻域基构成了 $X$ 的一个开覆盖. 据拓扑 $\tau$ 的定义, 当 $j \neq k$ 时, $(\omega_0, j)$ 的基邻域不含有 $k$, 同理, $(\omega_0, k)$ 的基邻域不含有 $j$. 因此, 点 $(\omega_0, j)$ 只含于它自己的基邻域内, 从而不存在有限子覆盖.

(ii) $(X, \tau)$ 是 $H$ 闭的, 即对 $X$ 的任一开覆盖 $\{O_\alpha\}$, 可以选出有限子族 $O_1, O_2, \cdots, O_n$, 使 $\{\overline{O}_1, \overline{O}_2, \cdots, \overline{O}_n\}$ 覆盖 $X$.

事实上, 点 $a$ 与 $-a$ 的任意邻域 $M_n^+(a)$ 与 $M_m^-(-a)$, 当 $j > \max\{m, n\}$ 时, 它们的闭包 $\overline{M_n^+(a)}$ 与 $\overline{M_m^-(-a)}$ 包含了所有的点 $(\omega, j)$. 剩下的 $(\omega_0, j)(j \leqslant \max\{m, n\})$ 只有有限多个, 因此存在有限个 $O_1, O_2, \cdots, O_n$, 它们覆盖了 $X \setminus \overline{(M_n^+(a) \cup M_m^-(-a))}$. 于是, $(\overline{M_n^+(a)} \cup \overline{M_m^-(-a)}) \cup \bigcup_{i=1}^n O_i$ 就覆盖了 $X$, 即 $X$ 是 $H$ 闭的.

(iii) $\tau$ 是 $X$ 上最弱的 Hausdorff 拓扑.

设 $\tau^* \subset \tau$ 且 $U$ 是 $X$ 的 $\tau$ 邻域基中的元, 并任取 $X \setminus U$ 的一个 $\tau^*$ 开覆盖 $\{O_\alpha\}$. 因 $\tau^* \subset \tau$, 故 $\{O_\alpha\}$ 也是 $X \setminus U$ 的 $\tau$ 开覆盖. 据 (ii), 存在有限个 $O_1, O_2, \cdots, O_n$, 使它们的 $\tau$ 闭包之并覆盖了 $X \setminus U$, 从而它们的 $\tau^*$ 闭包之并也覆盖了 $X \setminus U$.

现证 $\tau$ 是 $X$ 上最弱的 Hausdorff 拓扑. 假若不然, 即 $X$ 上存在 Hausdorff 拓扑 $\tau^*$, 它严格弱于 $\tau$. 于是, 存在某个 $U \in \tau$, 使 $X \setminus U$ 不是 $\tau^*$ 闭的. 因此, 存在点 $x \in U$, 使得 $x$ 属于 $X \setminus U$ 的 $\tau^*$ 闭包. 设 $\{C_\alpha\}$ 是 $x$ 的 $\tau^*$ 闭邻域族, 并

且 $\{X \setminus C_\alpha\}$ 覆盖 $X \setminus U$. 据前面所述, 存在有限子族 $C_1, C_2, \cdots, C_n$, 使

$$X \setminus U \subset \bigcup_{i=1}^n \overline{X \setminus C_i}.$$

因 $\bigcup_{i=1}^n \overline{X \setminus C_i}$ 是 $\tau^*$ 闭的, 故 $x \in \bigcup_{i=1}^n \overline{X \setminus C_i}$. 然而, 由于 $C_i$ 是 $x$ 的邻域, 因而这是不可能的. 可见 $\{X \setminus C_\alpha\}$ 不是 $X \setminus U$ 的 $\tau^*$ 开覆盖. 于是, $\bigcap_\alpha C_\alpha$ 中一定含有异于 $x$ 的点 (若 $\bigcap_\alpha C_\alpha = \{x\}$, 则 $\{X \setminus C_\alpha\}$ 就成了 $X \setminus U$ 的 $\tau^*$ 开覆盖了). 因此, $\tau^*$ 不是 Hausdorff 拓扑, 即 $\tau$ 是最弱的 Hausdorff 拓扑.

### 29. 存在某个可度量化的局部紧空间, 其一点紧化不可度量化.

设 $X$ 为一不可数集, 并在 $X$ 上取离散拓扑, 则 $X$ 为一可度量化的局部紧空间. 然而, 它的一点紧化不可度量化. 事实上, 假想点不满足第一可数公理, 这是因为任何一个含有假想点的开集的补集必是有限集. 但是, 假想点的可数基的元素之交正好是这个假想点. 因为每个元素的补集是有限集, 故这个假想点的补集将是可数的. 这与 $X$ 为一不可数集的条件发生矛盾.

### 30. 存在可数亚紧而非亚紧的拓扑空间.

设 $P = \{(x,y)|x,y \in R, y > 0\}$ 是带有欧氏拓扑 $\tau$ 的上半开平面, $L$ 为实轴. 命 $X = P \cup L$, 并在 $X$ 上取拓扑 $\tau^*$ 如下: 它是由 $\tau$ 加上形如 $\{x\} \cup (P \cap U)$ 的集组成, 这里 $x \in L, U$ 是 $x$ 在平面内的欧氏开邻域.

拓扑 $\tau^*$ 的邻域基是由下列两类集合组成的: 若 $x \in P$, 则含有 $x$ 的基元素是包含于 $P$ 中的开圆盘; 若 $x \in L$, 则含有 $x$ 的基元素是形如 $\{x\} \cup (P \cap D)$ 的集合, 其中 $D$ 是以 $x$ 为中心的开圆盘. 即含有 $x \in L$ 的基元素是由中心在 $x$ 的开半圆盘连同 $\{x\}$ 本身组成.

易见, 子空间 $L$ 是离散空间.

(i) $(X, \tau^*)$ 不是亚紧的.

$X$ 的每一点的基元素的全体是 $(X, \tau^*)$ 的一个开覆盖. 兹证, 它没有点有限的开加细. 事实上, 任取它的一个开加细, 并用 $S_n$ 代表这种 $y \in L$ 所成之集, 使得凡是含有 $y$ 的开加细中的元素必定包含一个半径大于 $1/n$ 的基元素. 于是, $\{S_n\}$ 就覆盖了 $L$. 因 $L$ 是一个第二纲的集, 故必有 $n_0$, 使 $S_{n_0}$ 不是无处稠密的, 即存在开区间 $I$ 使 $I \subset \overline{S_{n_0}}$. 于是, 对任意 $x \in I$, 当 $0 < y < 1/n$ 时, 点 $(x,y)$ 包含于这个开加细的无限多个元素之中. 因此, $(X, \tau^*)$ 不是亚紧的.

(ii) $(X, \tau^*)$ 是可数亚紧的.

设 $\{A_i\} = \{V_j\} \cup \{U_k\}$ 是 $(X, \tau^*)$ 的任意一个可数开覆盖, 这里, 每个 $V_j \subset P$, 而每个 $U_k$ 与 $L$ 相交. 令

$$S_k = U_k \cap L,$$

则集序列 $U_k \setminus S_k(k=1,2,\cdots)$ 连同 $\{V_j\}$ 就构成了上半平面的一个欧氏拓扑下的开覆盖. 因此, 存在点有限的开加细 $\{W_\alpha\}$. 令

$$T_i = S_i \setminus \bigcup_{j<i} U_j \quad (i>2), \quad T_1 = S_1,$$

则 $T_i\,(i=1,2,\cdots)$ 两两不相交且 $\cup_{i=1}^\infty T_i = L$. 再令

$$U_k' = U_k \bigcap \left( \bigcup_{s\in T_k} D_{s,k} \right),$$

其中 $D_{s,k}$ 是 $s$ 的具有半径为 $1/k$ 的邻域基的集. 于是, 由 $U_k'$ 的定义可知 $L$ 上没有一个点可以含于多于有限个 $U_k'$ 之中. 因此, $\{W_\alpha\} \cup \{U_k'\}$ 覆盖了 $X$ 并且是点有限的, 故 $(X,\tau^*)$ 是可数亚紧的拓扑空间.

**注** 戴牧民[27] 引进了一类称为 $\sigma$ 亚紧空间的拓扑空间, 它以亚紧空间为特款. 戴牧民指出, $\sigma$ 亚紧空间未必是亚紧空间; $\sigma$ 亚紧空间之积未必是 $\sigma$ 亚紧的; $\sigma$ 亚紧空间的子空间未必是 $\sigma$ 亚紧空间.

**31. 存在亚紧而不仿紧的拓扑空间.**

设 $X$ 为一实数集, $\sigma$ 代表 $X$ 上的欧氏拓扑. 令 $A = \{1/n | n=1,2,\cdots\}$, 并在 $X$ 上定义另一拓扑 $\tau$ 如下: $G \in \tau$ 当且仅当 $G = U \setminus B$, 其中 $B \subset A$, 而 $U$ 是 $X$ 上欧氏拓扑 $\sigma$ 之下的开集.

显然, $X$ 上的拓扑 $\tau$ 强于欧氏拓扑 $\sigma$.

(i) $(X,\tau)$ 不是可数仿紧的, 从而也不是仿紧的.

事实上, $G_n = X \setminus (A \setminus \{1/n\})(n=1,2,\cdots)$ 是 $X$ 上的一个可数开覆盖. 任取这个开覆盖的一个开加细, 在这个开加细中, 凡是含有点 $0$ 的开集必定与这个开加细中的其他无限多个元相交. 因此, 这个开覆盖没有局部有限的开加细, 从而 $(X,\tau)$ 不是可数仿紧的.

(ii) $(X,\tau)$ 是亚紧的.

任取 $X$ 的一个开覆盖 $\{G_\alpha\} = \{U_\alpha \setminus B_\alpha\}$, 其中 $B_\alpha \subset A$, 则 $\{U_\alpha\}$ 形成了欧氏空间 $(X,\sigma)$ 的一个开覆盖. 因 $(X,\sigma)$ 是亚紧的, 故存在点有限的开加细 $\{V_\beta\}$. 于是, 集族 $\{V_\beta \setminus A\}$ 是 $\{U_\alpha\}$ 的一个加细, 但它只覆盖了 $X \setminus A$. 因 $A$ 中每一点 $1/n$ 含于某个 $G_\alpha$ 中, 故存在以 $1/n$ 为中心、长度小于 $1/2n(n+1)$ 的开区间 $I_n$, 使

$$I_n \subset G_\alpha.$$

这些开区间两两不相交, 因此 $\{V_\beta \setminus A\} \cup \{I_n\}$ 就构成了 $\{G_\alpha\}$ 的一个加细, 它覆盖了 $X$ 且显然是点有限的. 因此, $X$ 是亚紧的.

**32.　存在一个仿紧空间, 它不是紧空间.**

设 $R$ 是带有通常拓扑的实数集, 则 $R$ 不是紧空间.

任取 $R$ 的一个开覆盖 $\{G_\alpha\}$, 这个开覆盖当然覆盖了每个紧区间 $[n, n+1]$. 因此, 对每一紧区间 $[n, n+1]$, 存在有限子覆盖 $\{G_i^{(n)}\}_{i=1}^{K_n}$. 于是, 集 $G_i^{(n)} \cap (n-1, n+1)$ 的全体就形成了原开覆盖的一个局部有限的开加细. 因此, $R$ 是仿紧空间.

**33.　存在可数亚紧而不可数仿紧的拓扑空间.**

例 31 中的拓扑空间具有所需的性质.

**34.　存在可数仿紧而不可数紧的拓扑空间.**

设 $X$ 为带有离散拓扑的可数集. 于是, $\{x | x \in X\}$ 是 $X$ 的一个可数开覆盖, 它没有有限的子覆盖, 故 $X$ 不是可数紧的.

易见, 开覆盖 $\{x | x \in X\}$ 是局部有限的, 且是任何其他开覆盖的一个加细. 因此, $X$ 是仿紧空间, 从而也是可数仿紧空间.

**35.　存在可数仿紧而不仿紧的拓扑空间.**

设 $[0, \omega_1)$ 是一切小于第一个不可数序数 $\omega_1$ 的序数之集, 并在 $[0, \omega_1)$ 上取区间拓扑. 因 $[0, \omega_1)$ 中每个序列都有属于 $[0, \omega_1)$ 的聚点, 故 $[0, \omega_1)$ 是可数紧的, 从而它也是可数仿紧的.

另一方面, 一个拓扑空间是紧的, 当且仅当它既是可数紧的又是亚紧的. 而 $[0, \omega_1)$ 不是紧空间, 故 $[0, \omega_1)$ 不是亚紧空间, 从而也不是仿紧空间.

**36.　亚紧空间与可数仿紧空间互不蕴涵.**

**第一例**　亚紧而不可数仿紧的拓扑空间.

例 31 中的拓扑空间具有所需的性质.

我们再给出一个亚紧而不可数仿紧的空间如下: 设

$$X = [0, \omega_1] \times [0, \omega_0] \setminus \{(\omega_1, \omega_0)\},$$

在 $X$ 上取拓扑 $\tau$, 它是由 $[0, \omega_1) \times [0, \omega_0)$ 中的每一点所成的单点集再加上形如

$$U_\alpha(\beta) = \{(\beta, \gamma) | \alpha < \gamma < \omega_0\}$$

与

$$V_\alpha(\beta) = \{(\gamma, \beta) | \alpha < \gamma \leqslant \omega_1\}$$

的集组成. 这个拓扑空间称作 **Dieudonné 板** (参看图 25).

可以证明, Dieudonné 板是亚紧而不可数仿紧的拓扑空间.

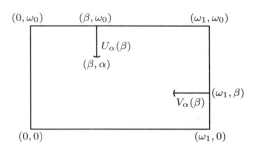

图 25

**第二例**　可数仿紧而不亚紧的拓扑空间.

例 35 中的拓扑空间具有所需的性质.

### 37. 存在仿紧而不全体正规的拓扑空间.

设 $Y$ 为实直线并取通常拓扑, $Z = \{0, 1\}$ 并取离散拓扑. 令 $X = Y \times Z$ 并取乘积拓扑. 因 $Y$ 是仿紧空间, $Z$ 是紧空间, 故乘积空间 $X$ 是仿紧空间.

另一方面, 由于 $X$ 不是 $T_1$ 空间, 因而它也不是全体正规空间.

### 38. 存在正规而不全体正规的拓扑空间.

第四章例 13 已经指出, 序空间 $[0, \omega_1)$ 是正规空间. 因全体正规空间必然是仿紧的, 而 $[0, \omega_1)$ 并不仿紧 (参看例 35), 故它也不是全体正规空间.

**注**　其实, $[0, \omega_1)$ 还是一个完全族正规空间, 其证明可参看 [160].

Bing[38] 证明了每个全体正规空间是族正规的. 上述反例说明了这个命题之逆不真, 甚至存在完全族正规空间, 它不是全体正规的.

### 39. 存在全体正规而不超全体正规的拓扑空间.

在拓扑空间 $X$ 中, 两个不空点集 $A$ 与 $B$ 称作**超分离**的, 是指

$$[(\overline{\overline{A} \cap B}) \cap (\overline{A \cap \overline{B}})] \cap [(\overline{A} \cap B) \cup (A \cap \overline{B})] = \varnothing.$$

在拓扑空间 $X$ 中, 若 $A$ 与 $B$ 是非互补的超分离集, $X$ 中必存在开集 $U$ 与 $V$, 使得 $A \subset U, B \subset V$, 且 $U \cap V = \varnothing$, 则称拓扑空间 $X$ 为**超全体正规空间**.

徐荣权[23] 指出, 若拓扑空间 $X$ 是超全体正规的, 则 $X$ 必是全体正规的. 但逆命题并不成立. 例如, 设 $R$ 是实数集, $\tau$ 是由

$$\mathcal{U} = \{[a, b) | a, b \in R, a < b\}$$

产生的拓扑.

(i) 拓扑空间 $X = (R, \tau)$ 是全体正规的.

事实上, 任取 $X$ 的一个开覆盖 $\{U_\alpha\}$, 并设 $U_\alpha^\circ$ 是 $U_\alpha$ 在 $R$ 中依欧氏拓扑下的内部. 因 $R$ 的每个子集都是 Lindelöf 空间, 故 $\{U_\alpha^\circ\}$ 有可数子集 $\{U_{\alpha_i}^\circ\}$, 它覆盖了 $U = \bigcup_\alpha U_\alpha^\circ$. 易证, 补集 $A = X \setminus U$ 是可数集. 于是, $A$ 可被 $\{U_\alpha\}$ 的一个可数子族所覆盖. 因此, $X$ 是 Lindelöf 空间.

对 $X$ 的任意两个分离子集 $A$ 与 $B$, 并任取 $a \in X \setminus \overline{B}$. 因 $X \setminus \overline{B}$ 是开集, 故存在 $x_a$ 使 $[a, x_a) \subset X \setminus \overline{B}$. 令

$$O_A = \bigcup_{a \in A} [a, x_a),$$

并类似地作出 $O_B$. 显然, $A \subset O_A, B \subset O_B$ 且 $O_A \cap O_B = \varnothing$. 因为假如 $O_A \cap O_B \neq \varnothing$, 则对某个 $a \in A, b \in B$, 将有

$$[a, x_a) \cap [b, x_b) \neq \varnothing.$$

不妨设 $a < b$, 则 $b \in [a, x_a) \subset X \setminus \overline{B}$, 矛盾. 因此, $O_A$ 与 $O_B$ 不相交, 从而 $X$ 是完全正规空间.

$X$ 既是 Lindelöf 空间, 又是完全正规空间, 当然也是正则空间, 从而是仿紧空间. 又, 对于 Hausdorff 空间而言, 仿紧空间与全体正规空间是一致的, 故 $X$ 是全体正规空间.

(ii) $X$ 不是超全体正规空间.

在 $X$ 中, 设 $A = (1, 2] \cup (3, 4), B = (2, 3]$, 则 $\overline{A} \cap B = \{3\}, A \cap \overline{B} = \{2\}$. 于是由

$$\overline{\overline{A} \cap B} \cap \overline{A \cap \overline{B}} = \overline{\{3\}} \cap \overline{\{2\}} = \{3\} \cap \{2\} = \varnothing$$

可知 $A$ 与 $B$ 是超分离的. 又 $A$ 与 $B$ 并不互补, 但不存在开集 $U$ 与 $V$, 使 $A \subset U, B \subset V$, 且 $U \cap V = \varnothing$, 故 $X$ 不是超全体正规的.

**40. 存在正规而不族正规的拓扑空间.**

设 $R$ 为实数集, $P$ 为 $R$ 的一切子集所成的集族. 令

$$X = \prod_{\lambda \in P} \{0, 1\}_\lambda,$$

其中 $\{0, 1\}_\lambda$ 是 0 和 1 所组成的离散空间的副本. 对每一 $r \in R$, 定义 $x_r \in X$ 如下:

对于 $\lambda \in P$, 若 $r \in \lambda$, 令 $x_r(\lambda) = 1$; 若 $r \notin \lambda$, 令 $x_r(\lambda) = 0$. 即 $x_r$ 的第 $\lambda$ 个坐标 $x_r(\lambda) = 1$ 当且仅当 $r \in \lambda$.

再令 $M = \{x_r \in X | r \in R\}$. 如果在 $X$ 上取积拓扑, 那么 $X \setminus M$ 在 $X$ 中稠密.

Bing[38] 在 $X$ 上赋予新拓扑 $\sigma$, 它是由 $\tau$ 再加上 $X \setminus M$ 中的每一点作为开集而构成的.

因 $X \setminus M$ 是 $(X, \sigma)$ 的开子集, 故 $M$ 是 $(X, \sigma)$ 的闭子集. 任取 $M$ 的子集 $L$, 并设 $\lambda$ 是 $R$ 的对应于 $L$ 的子集, 则 $P_\lambda^{-1}(1)$ 与 $P_\lambda^{-1}(0)$ 是 $X$ 的两个不相交的开集, 它们分别包含 $L$ 与 $M \setminus L$. 即对于 $M$ 中任意两个不相交的子集, 存在 $X$ 的两个不相交的开集, 它们分别包含这两个子集.

现在任取 $X$ 的两个不相交的闭子集 $A_1$ 与 $A_2$. 据前所述, 存在 $X$ 的两个不相交的开集 $U_1$ 与 $U_2$, 它们分别包含 $A_1 \cap M$ 与 $A_2 \cap M$. 于是, $(U_1 \setminus A_2) \cup (A_1 \setminus M)$ 与 $(U_2 \setminus A_1) \cup (A_2 \setminus M)$ 是分别包含 $A_1$ 与 $A_2$ 的两个不相交的开集. 又, $(X, \sigma)$ 显然是 Hausdorff 空间. 因此, $(X, \sigma)$ 是正规空间. 然而可以证明, $(X, \sigma)$ 不是族正规的.

### 41. 存在族正规而不完全族正规的拓扑空间.

设 $I = [0, 1]$ 并取通常拓扑, $I_i$ 是 $I$ 的副本. 令

$$X = \prod_{i \in I} I_i,$$

并在 $X$ 上取积拓扑, 则 $X$ 是紧的 Hausdorff 空间, 从而 $X$ 也是正规空间.

设 $Z^+$ 为自然数集, 并在 $Z^+$ 上取离散拓扑, $Z_i^+$ 是 $Z^+$ 的副本. 令

$$A = \{1/n \in I | n \in Z^+\},$$

$A_i$ 是 $A$ 的副本. 因 $A$ 上的相对拓扑同胚于 $Z^+$ 上的离散拓扑, 故 $X$ 包含一个子空间 $Y = \prod_{i \in I} A_i$, 它同胚于 $\prod_{i \in I} Z_i^+$. 于是, $Y$ 是 $X$ 的一个非正规的子空间, 从而 $X$ 不是完全正规的. 因此, $X$ 也不是完全族正规空间. 然而可以证明, $X$ 是族正规的.

### 42. 存在 $\sigma_f$ 仿紧而非正规的拓扑空间.

拓扑空间 $X$ 称为 $\boldsymbol{\sigma_f}$ **仿紧的**, 是指 $X$ 是可数个闭的仿紧子空间的并.

$\sigma_f$ 仿紧空间未必是正规的. 下面的例子是由蒲思立[26] 作出的.

设 $X$ 是第四章例 12 中的拓扑空间. $X$ 是一个正则空间, 但它不是正规空间.

兹证 $X$ 是 $\sigma_f$ 仿紧的. 为此, 令

$$X_0 = \{(x, y) | (x, y) \in X, \ \text{且} \ y = 0\},$$

$$X_1 = \{(x,y)|(x,y) \in X,\ \text{且}\ 1 \leqslant y \leqslant 2\},$$

$$X_2 = \{(x,y)|(x,y) \in X,\ \text{且}\ 2 \leqslant y \leqslant 3\},$$

$$\cdots\cdots$$

$$X_n = \{(x,y)|(x,y) \in X,\ \text{且}\ n \leqslant y \leqslant n+1\},$$

$$\cdots\cdots$$

$$X_1^* = \{(x,y)|(x,y) \in X,\ \text{且}\ 1/2 \leqslant y \leqslant 1\},$$

$$X_2^* = \{(x,y)|(x,y) \in X,\ \text{且}\ 2^{-2} \leqslant y \leqslant 2^{-1}\},$$

$$\cdots\cdots$$

$$X_n^* = \{(x,y)|(x,y) \in X,\ \text{且}\ 2^{-n} \leqslant y \leqslant 2^{-(n-1)}\},$$

$$\cdots\cdots$$

则 $X_0, X_i, X_i^*(i = 1, 2, \cdots)$ 中的每一个是 $X$ 中的闭仿紧子集, 且

$$X = X_0 \bigcup \left(\bigcup_{i=1}^{\infty} X_i\right) \bigcup \left(\bigcup_{i=1}^{\infty} X_i^*\right),$$

从而 $X$ 是 $\sigma_f$ 仿紧的.

**43.　存在某个可数亚紧空间的开连续像, 它不是可数亚紧的.**

设 $X = \{0, 1\}$, 命 $X$ 的开集为 $\varnothing, \{0\}$ 和 $\{0, 1\}$. 又设 $Y$ 为实数集 $R$ 的可数子集, 并在 $Y$ 上取离散拓扑. 易见, $X$ 是紧的, $Y$ 是仿紧的, 从而积空间 $X \times Y$ 是仿紧的. 因此, $X \times Y$ 也是可数亚紧的.

设 $p \notin Y$, 令 $Z = \{p\} \cup Y$, 并规定 $Z$ 的开集族为空集 $\varnothing$ 以及含有点 $p$ 的任意子集. 于是, $\{\{p, \alpha\}|\alpha \in Y\}$ 是 $Z$ 的一个可数开覆盖. 显然, 它的任何一个开加细都不是点有限的. 因此, $Z$ 不是可数亚紧空间.

现在定义 $X \times Y$ 到 $Z$ 上的映射 $f$ 如下:

$$f(0, x) = p, \quad f(1, x) = x,$$

则对 $X \times Y$ 的任意非空开集 $U, f(U)$ 都含有点 $p$, 即 $f(U)$ 是 $Z$ 中的开集, 故 $f$ 是开映射. 又, 任取 $Z$ 中的开集 $V, f^{-1}(V)$ 显然是 $X \times Y$ 中的开集. 因此, $f$ 是连续映射.

**注**　这个例子也说明了仿紧空间、可数仿紧空间、亚紧空间的开连续像不必是仿紧空间、可数仿紧空间、亚紧空间.

但是, 对于从一个拓扑空间 $X$ 到另一个拓扑空间 $Y$ 的闭的满射 $f$ 而言, 情况

就大不相同. Michael[114] 证明了: 若 $X$ 是仿紧空间, 则 $Y$ 也是仿紧空间. Yorrell 证明了: 若 $X$ 是亚紧空间, 则 $Y$ 也是亚紧空间.

**44. 存在两个仿紧空间, 其积空间并不仿紧.**

设 $X$ 为实直线, 命 $X$ 的邻域基为 $\{[a,b)|a,b \in X\}$, 此邻域基生成 $X$ 上的一个拓扑 $\tau$ 而使 $X$ 成为一个拓扑空间.

易证, 拓扑空间 $(X, \tau)$ 是正则的 Lindelöf 空间 (参看第三章例 21), 从而是仿紧空间.

令 $Y = X \times X$, 并在 $Y$ 上取乘积拓扑, 则对每一点 $p = (x, y) \in Y, p$ 点的邻域基为 $\{S(p, \varepsilon)\}$, 其中 $S(p, \varepsilon)$ 是左下角的点为 $p$ 并以 $\varepsilon > 0$ 为边的半开正方形.

令 $L = \{(x, y)|y = -x\}$, 则 $L$ 是 $Y$ 的闭子集. 又因当 $p \in L$ 时, $L \cap S(p, \varepsilon) = \{p\}$, 故 $L$ 上的相对拓扑是离散的. 因此, 若令

$$K = \{(\alpha, -\alpha)|\alpha \text{ 为无理数}\},$$

则 $K$ 与 $L \setminus K$ 都是 $Y$ 的闭子集, 且 $K \cap (L \setminus K) = \varnothing$.

兹证 $Y$ 不是仿紧的. 为此, 只要证明 $Y$ 不是可数仿紧即可. 显然, 集族

$$\mathcal{B} = (Y \setminus (L \setminus K)) \cup \{S(p, 1)|p \in L \setminus K\}$$

是 $Y$ 的一个可数开覆盖. 任取 $\mathcal{B}$ 的一个开加细 $\{U_\alpha\}$, 当然要求这个开加细也覆盖 $Y$. 我们将要证明, $\{U_\alpha\}$ 不是局部有限的. 事实上, 对每一点 $p \in L \setminus K$, 存在 $\delta_p > 0$ 而使 $S(p, \delta_p)$ 包含于某个 $U_\alpha$ 内 (假如没有这样的 $U_\alpha$, 则 $\{U_\alpha\}$ 就盖不住点 $p$, 从而 $\{U_\alpha\}$ 就不是 $Y$ 的开覆盖了). 此外, 每个 $U_\alpha$ 至多包含一个 $S(p, \delta_p)$ (因为 $\{U_\alpha\}$ 是 $\mathcal{B}$ 的一个开加细, 所以对每个 $U_\alpha$, 存在 $S(p, 1)$ 而有 $U_\alpha \subset S(p, 1)$. 如果 $U_\alpha$ 还包含另一个 $S(q, \delta_q), p \neq q, q \in L \setminus K$, 那么将有 $S(q, \delta_q) \subset S(p, 1)$. 然而, 这是不可能的). 假如 $\{U_\alpha\}$ 是局部有限的, 那么对每一点 $q \in K$, 应存在点 $q$ 的一个邻域 $N_q$, 它只与有限个 $U_\alpha$ 相交. 由于每个 $U_\alpha$ 最多包含一个 $S(p, \delta_p)$, 从而 $N_q$ 也最多与有限个 $S(p, \delta_p)$ 相交. 于是对每一点 $q \in K$, 可取 $\varepsilon_q > 0$, 使 $S(q, \varepsilon_q)$ 与这有限个 $S(p, \delta_p)$ 都不相交, 从而 $S(q, \varepsilon_q)$ 与一切 $S(p, \delta_p)$ 都不相交, 其中 $p \in L \setminus K$(这是因为 $S(q, \varepsilon_q) \subset N_q$ 之故). 令

$$S_n = \{q \in K|\varepsilon_q > 1/n \text{ 且 } S(q, \varepsilon_q) \text{ 与一切 } S(p, \delta_p) \text{ 不相交}, p \in L \setminus K\},$$

则 $\{S_n\}$ 与 $L \setminus K$ 构成了 $(L, \tau^*)$ 的一个可数覆盖, 这里 $\tau^*$ 是 $L$ 上的欧氏拓扑. 因 $(L, \tau^*)$ 是第二纲集, 故 $\{S_n\}$ 中至少有一个 $S_{n_0}$, 它在 $(L, \tau^*)$ 中不是无处稠密的. 因此, 存在 $L$ 上的开区间 $(a, b)$ 而有 $(a, b) \subset \overline{S}_{n_0}$, 即 $S_{n_0}$ 在 $(a, b)$ 内是稠密的. 由此可知, 当 $p \in (L \setminus K) \cap (a, b)$ 时, $S(p, \delta_p)$ 必定含有 $S_{n_0}$ 中的点, 即

$$S(p, \delta_p) \cap S_{n_0} \neq \varnothing.$$

但 $S(q, \varepsilon_q)$ 与一切 $S(p, \delta_p)$ 不相交, 故导致矛盾. 因此, $\{U_\alpha\}$ 不是局部有限的, 即 $Y$ 不是可数仿紧空间.

这个例子是由 Sorgenfrey[159] 作出的.

这个例子也说明了两个可数仿紧空间、亚紧空间、可数亚紧空间之积未必是可数仿紧空间、亚紧空间、可数亚紧空间.

**45. 存在某个仿紧空间的子空间, 它不是仿紧空间.**

容易证明, 仿紧空间的闭子空间仍是仿紧空间. 但是, 仿紧空间的非闭子空间未必是仿紧空间. 例如, 设 $[0, \omega_1]$ 是不大于第一个不可数序数 $\omega_1$ 的序数之集, $[0, \omega_0]$ 是不大于第一个无限序数 $\omega_0$ 的序数之集, 并分别取序拓扑. 因 $[0, \omega_1]$ 与 $[0, \omega_0]$ 都是紧的 Hausdorff 空间, 故 $X = [0, \omega_1] \times [0, \omega_0]$ 也是紧的 Hausdorff 空间. 于是, $X$ 的每个开覆盖 $\{G_\alpha\}$ 必有有限子覆盖 $\{G_\alpha | \alpha \in F, F$ 为有限集$\}$. 子覆盖显然是 $\{G_\alpha\}$ 的加细, 有限覆盖显然是局部有限的, 故 $X$ 是仿紧空间.

令 $Y = [0, \omega_1] \times [0, \omega_0] \setminus \{(\omega_1, \omega_0)\}$, 则 $Y$ 不是正规的 (参看第四章例 14 中的第二例), 从而也不是仿紧的.

**注** 仿紧空间的商空间也未必是仿紧的.

**46. 存在某个完全正规的仿紧空间与某个可分的度量空间, 其积空间不是正规空间.**

下面的例子属于 Michael[115].

设 $(R, \tau)$ 是带有欧氏拓扑的实直线, $Q$ 为有理数集, 令 $D = R \setminus Q$. 我们在 $R$ 上取另一拓扑 $\tau^*$ 如下: $D$ 中每一点为孤立点, 而 $Q$ 中的每一点具通常的邻域.

易证, $(R, \tau^*)$ 是完全正规的仿紧空间.

我们再在 $Q$ 上取由 $R$ 上的欧氏拓扑继承下来的拓扑, 记此拓扑为 $\tau'$, 则 $(Q, \tau')$ 为一可分的度量空间, 令

$$(X, \sigma) = (R, \tau^*) \times (D, \tau').$$

兹证 $(X, \sigma)$ 不是正规空间. 为此, 我们考虑两个不相交的子集

$$A = Q \times D = \{(x, y) | x \in Q, y \in D\}$$

和

$$B = \{(z, z) | z \in D\}.$$

因 $Q$ 是 $(R, \tau^*)$ 中的闭集, 故 $A$ 是闭集. 又, $(R, \tau^*)$ 与 $(D, \tau')$ 都是 Hausdorff 空间, 故 $B$ 亦为闭集. 由于 $B$ 的点的邻域基是由垂直区间组成, 而 $A$ 的点的邻域基

都是矩形, 因而 $A$ 与 $B$ 不可能有不相交的开邻域, 即 $(X, \sigma)$ 不是正规空间, 从而也不是仿紧空间 (参看图 26).

**47. 存在某个亚紧的 Moore 空间, 它不是可遮空间.**

Heath[73] 证明了, 每个可遮的 Moore 空间必定是亚紧的. 他还指出, 亚紧的 Moore 空间未必是可遮的. 例如, 设 $X$ 是上半平面 (包括 $x$ 轴) 的一切点所组成之集. $X$ 的拓扑基 $\mathcal{U}$ 定义如下 (参看图 27): 对于 $x$ 轴上面的点 $p$, 令单点集 $\{p\} \in \mathcal{U}$; 对于 $x$ 轴上的每一点 $x$ 和每一自然数 $n$, 令

$$\{(t, y) | t = x + y \text{ 或 } t = x - y, 0 \leqslant y \leqslant 1/n\} \in \mathcal{U}.$$

于是, 拓扑空间 $X$ 是一个 Moore 空间, 且是亚紧的, 但 $X$ 不是可遮的 (证明细节请参看作者原文).

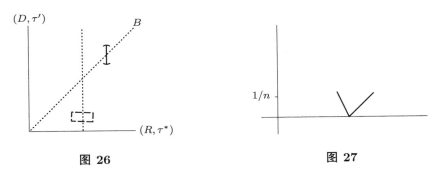

图 26         图 27

**48. 存在某个可遮的 Moore 空间, 它并不正规.**

设 $X$ 是包含实轴 $L$ 的上半平面, 对每一 $x \in X \setminus L$, 命单点集 $\{x\}$ 为 $X$ 的开集; 而对每一 $x \in L$, 若 $x$ 是有理数, 规定 $x$ 的邻域基为高 $1/n$ 下端为 $x$ 的垂直线段组成; 若 $x$ 为无理数, 规定 $x$ 的邻域基为斜率为 $1$ 高为 $1/n$ 的线段组成 (参看图 28).

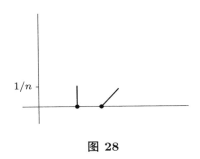

图 28

Heath[73] 引入了这个空间, 并指出: 它是可遮的 Moore 空间, 但并不正规.

## 49. 存在不可度量化的完全正规的仿紧空间.

下面的例子属于 Bing[38].

设 $X$ 为实平面. 我们命一切位于通过原点的射线上的不与原点相交的开区间的全体, 连同原点的形如 $\cup\{I_\theta|0 \leqslant \theta < 2\pi\}$ 的集族构成 $X$ 上拓扑 $\tau$ 的基, 这里, 每个 $I_\theta$ 是中心在原点且位于斜率为 $\tan\theta$ 的直线上的非空开区间 (参看图 29).

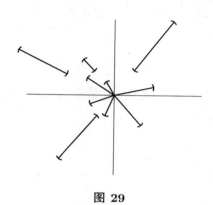

**图 29**

(i) $(X, \tau)$ 是完全正规空间.

$(X, \tau)$ 显然是 Hausdorff 空间. 任取 $X$ 的两个分离子集 $A$ 与 $B$, 并设 $L_\theta$ 是过原点且斜率为 $\tan\theta$ 的直线, 则 $A \cap L_\theta$ 和 $B \cap L_\theta$ 是 $L_\theta$ 的两个分离子集, 这里, $L_\theta$ 是作为平面上取欧氏拓扑下的子空间. 于是, 在 $L_\theta$ 中分别存在包含 $A \cap L_\theta$ 与 $B \cap L_\theta$ 的欧氏拓扑下的开集 $U_\theta$ 与 $V_\theta$. 显然, $\cup U_\theta$ 与 $\cup V_\theta$ 是 $X$ 的分别包含 $A$ 与 $B$ 的不相交的开集, 故 $(X, \tau)$ 是完全正规空间.

(ii) $(X, \tau)$ 不是第一可数的.

我们只要证明 $(X, \tau)$ 在原点没有可数的局部基即可. 假如相反, 设 $\{U_n\}$ 是原点的一个可数的局部基, 这里 $U_n = \cup I_\theta^n$. 如果 $\{\theta_n\}$ 是任一序列, $\theta_n$ 均为射线与 $x$ 轴的夹角, 令 $J_{\theta_n}$ 是区间 $I_{\theta_n}^n$ 的中间的一半; 而对其他的 $\theta$, 令 $J_\theta = L_\theta$, 那么 $\cup J_\theta$ 是一个不包含 $U_n$ 的原点的邻域, 此为矛盾.

(iii) $(X, \tau)$ 既非局部紧, 也非 Lindelöf 空间.

因为原点的每个邻域的闭包都不是紧的, 所以 $(X, \tau)$ 不是局部紧的. 又, $(X, \tau)$ 显然不可分, 也不是 Lindelöf 空间.

(iv) $(X, \tau)$ 是仿紧空间.

任取 $X$ 的一个开覆盖 $\{U_\alpha\}$. 因 $X$ 的每个子空间 $L_\theta$ 是仿紧的, 故 $\{U_\alpha \cap L_\theta\}$ 有局部有限的加细 $N_\alpha^\theta$. 因此, 族 $\{N_\alpha^\theta|0 \notin N_\alpha^\theta\}$ 连同 $\cup\{N_\alpha^\theta|0 \in N_\alpha^\theta\}$ 是 $\{U_\alpha\}$ 的一个局部有限的加细, 故 $(X, \tau)$ 是仿紧空间.

(v) $(X, \tau)$ 不可度量化.

因 $X$ 不是第一可数的, 故它不可度量化.

### 50.　存在不可度量化的 Moore 空间.

可以证明, 可度量化的拓扑空间必定是 Moore 空间. 但是, Moore 空间未必可度量化. 例如, 设 $X$ 是自然数的全体, 令 $P = \{\{2k-1, 2k\}\}$, $X$ 的非空子集是开的, 当且仅当它是 $P$ 中一些子集的并集. 因此, 一个集是开集当且仅当它是闭集. 于是, $X$ 为一正则空间. 又, $X$ 显然是一个可展空间, 故它是一个 Moore 空间. 然而, $X$ 不可度量化.

下述问题从提出至今已近半个世纪, 但依然未解决.

**问题 (Moore)**　正规的可展空间能否可度量化?

**注**　Bing[38] 与 Nagami[121] 证明了: 仿紧的 Moore 空间必可度量化.

### 51.　存在某个仿紧的遗传可分的半度量空间, 它不是可展的.

设 $X$ 是具有实轴 $L$ 的欧氏平面, $d: X \times X \to R^+$ 是 $X$ 上的欧氏距离. 我们定义半距离 $\delta$ 如下: 若 $p, q \in X \setminus L$, 令

$$\delta(p, q) = d(p, q);$$

若 $p$ 或 $q \in L$, 令

$$\delta(p, q) = d(p, q) + \alpha(p, q),$$

这里 $\alpha(p, q)$ 是 $L$ 与含有点 $p, q$ 的直线之间的锐角的弧度. $X$ 上的拓扑这样确定: 由半径很小的半距离开球以及对 $p \in L$, 由 $p$ 的蝶邻域组成 (参看图 30). 这个空间称为**蝶空间**.

McAuley[112] 引入了这个空间, 并指出, 这是一个仿紧的遗传可分的半度量空间, 但它不是可展的.

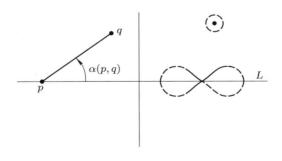

**图 30**

# 第七章　线性拓扑空间

## 引　言

设 $X$ 是数域 $K$ ($K$ 为实数域或复数域) 上的线性空间, $X$ 中的最大线性无关子集称为 $X$ 的 **Hamel 基**. 每个线性空间恒有 Hamel 基, 而且同一个线性空间中任意两个 Hamel 基具有相同的势. 线性空间中 Hamel 基的势称作该空间的**维**.

设 $A, B \subset X, \lambda \in K$. 我们规定:

$$A + B = \{a + b | a \in A, b \in B\},$$
$$A - B = \{a - b | a \in A, b \in B\},$$
$$A + x = \{a + x | a \in A\}, \text{ 其中 } x \in X,$$
$$\lambda A = \{\lambda a | a \in A\}.$$

设 $A, B, C$ 是线性空间 $X$ 的子集, 我们有下列概念: (i) $A$ 称作**平衡或均衡的**, 是指对每个 $\alpha \in K, |\alpha| \leqslant 1$, 都有 $\alpha A \subset A$; (ii) $B$ 称作**吸收**的, 是指对每个 $x \in X$, 存在 $\alpha > 0$, 使对一切 $\lambda \in K, |\lambda| \geqslant \alpha$, 都有 $x \in \lambda B$; (iii) $C$ 称作**凸**的, 是指 $x, y \in C$ 蕴涵 $\lambda x + (1 - \lambda) y \in C$, 这里 $0 \leqslant \lambda \leqslant 1$.

设 $A$ 是线性空间 $X$ 的子集. 包含 $A$ 的最小凸集称作 $A$ 的**凸包**, 记作 co($A$). 包含 $A$ 的最小平衡集称作 $A$ 的**平衡包**.

设 $X$ 为一线性空间, $R^+$ 为非负实数集, 映射 $p : X \to R^+$ 称作**半范数**, 是指:

(a) $p(x + y) \leqslant p(x) + p(y), x, y \in X$.

(b) $p(\lambda x) = |\lambda| p(x), x \in X, \lambda \in K$.

显然, $p(o) = 0$. 若 $p(x) = 0$ 蕴涵 $x = o$, 则称 $p$ 为 $X$ 上的**范数**, 并记 $p(\cdot) = \|\cdot\|$.

$p$ 称作 **$\kappa$ 半范数**, 如果将半范数定义中的 (b) 代以:

(b′) $p(\lambda x) = |\lambda|^\kappa p(x), 0 < \kappa \leqslant 1, x \in X, \lambda \in K$.

显然, $\kappa$ 半范数 $p$ 满足 $p(o)=0$. 如果 $p(x)=0$ 蕴涵 $x=o$, 则称 $p$ 为 $\kappa$ **范数**.

称 $p$ 为**拟半范数**, 如果在半范数定义中将 (a) 代以:

(a′) 存在实数 $b \geqslant 1$, 使

$$p(x + y) \leqslant b(p(x) + p(y)), \quad x, y \in X.$$

显然, 拟半范数满足 $p(o) = 0$, 且若 $p(x) = 0$ 蕴涵 $x = o$, 则称 $p$ 为**拟范数**.

设 $X$ 是数域 $K$ 上的线性空间. 若 $X$ 中引入拓扑 $\tau$, 满足:

(i) $(x, y) \to x + y$ 是 $(X \times X, \tau \times \tau)$ 到 $(X, \tau)$ 的连续映射;

(ii) $(\lambda, x) \to \lambda x$ 是 $(K \times X, e \times \tau)$ 到 $(X, \tau)$ 的连续映射, 其中 $e$ 是 $K$ 上的通常拓扑, 则称 $\tau$ 为 $X$ 上的**线性拓扑**, $(X, \tau)$ 称为**线性拓扑空间**或**拓扑线性空间**. 在不致引起混淆的情况下, 称 $X$ 为线性拓扑空间.

若在线性空间 $X$ 上定义了一个实值函数 $!\cdot! : X \to R$, 满足下列条件:

(1) $!x! \geqslant 0, !x! = 0$ 当且仅当 $x = o$;

(2) $!x + y! \leqslant !x! + !y!$;

(3) 若 $\alpha_n \in K, \alpha_n \to 0$, 则对任意的 $x \in X$, 有 $!\alpha_n x! \to 0$; 当 $x_n \in X, !x_n! \to 0$, 则对任意 $\alpha \in K$, 有 $!\alpha x_n! \to 0$;

(4) $!-x! = !x!$,

则称 $X$ 为**赋准范线性空间**.

容易证明, 赋准范线性空间 $(X, !\cdot!)$ 是线性拓扑空间.

线性空间上的拓扑称为与线性结构是**协调**的, 如果线性拓扑空间定义中的 (i) 与 (ii) 都满足.

设 $X$ 是线性拓扑空间, $X_1$ 是 $X$ 的线性子空间. 在 $X_1$ 上取相对拓扑, 则 $X_1$ 也构成线性拓扑空间. 这时, $X_1$ 称为 $X$ 的**线性拓扑子空间**, 简称 $X$ 的**子空间**. 若 $X_0$ 为 $X$ 的子空间, $Q : X \to X/X_0$ 为商映射, 则 $X/X_0$ 上使 $Q$ 连续的最强拓扑称为由 $X$ 导出的 $X/X_0$ 上的**商拓扑**, 记为 $\tau_Q$. 容易看到, 商拓扑是线性拓扑, 从而 $(X/X_0, \tau_Q)$ 是线性拓扑空间.

设 $X_\alpha$ 是线性拓扑空间, $\alpha \in A$ ($A$ 为任意指标集), 其乘积空间记为 $\prod_{\alpha \in A} X_\alpha$. 它既是作为线性空间的乘积, 又是作为拓扑空间的乘积, 则 $\prod_{\alpha \in A} X_\alpha$ 也是一个线性拓扑空间. 若对每个 $\alpha \in A, X_\alpha$ 均相同, 则把 $\prod_{\alpha \in A} X_\alpha$ 记为 $X^A$.

设 $\{X_\alpha|\alpha \in A\}$ 是一族线性拓扑空间, 记

$$X = \sum_{\alpha \in A} X_\alpha = \{x = \{x_\alpha\}|\ 除了\ A\ 的有限子集外\ x_\alpha = 0\},$$

称 $X$ 为 $\{x_\alpha\}$ 的**直接和**.

设 $X$ 是线性空间, $\{Y_\alpha|\alpha \in A\}$ 是一族线性拓扑空间, 令

$$F = \{f_\alpha|f_\alpha\ 是\ X\ 到\ Y_\alpha\ 的线性映射\}.$$

容易看到, 在 $X$ 上存在使每个 $f \in F$ 连续的最弱 (唯一的) 线性拓扑, 记这个拓扑为 $\sigma(X,F)$.

特别地, 当 $F$ 是 $X$ 到 $R$ 的全体线性泛函 $X^\#$ 时, $\sigma(X,X^\#)$ 是 $X$ 上使一切线性泛函连续的最弱的线性拓扑.

乘积拓扑就是使一切射影映射 $P_\alpha : \prod_{\alpha \in A} X_\alpha \to X_\alpha$ 连续的最弱的线性拓扑.

**定理 1**　每个线性拓扑空间都是 $T_3$ 空间. 又, 对于线性拓扑空间 $X$, 下列命题等价:

(a) $X$ 是正则空间.

(b) 单元素集 $\{o\}$ 是闭集.

(c) 对每个 $x \neq o$, 存在 $o$ 点的一个邻域 $U$, 使 $x \notin U$.

线性拓扑空间称作是**隔离**的, 如果定理 1 中三个等价命题之一成立. 因此, 隔离的线性拓扑空间必是 Hausdorff 空间.

线性拓扑空间 $(X,\tau)$ 称作是**可度量化**的, 如果存在 $X$ 上的一个距离, 使得在此距离下 $X$ 的开球全体构成一个拓扑基. 为使线性拓扑空间可度量化, 当且仅当存在 $o$ 点的可数邻域基.

设 $A,B$ 是线性拓扑空间 $X$ 的子集. (i) $A$ 称作**有界**的, 是指 $A$ 被 $X$ 中每个 $o$ 点邻域所吸收. (ii) $B$ 称作**全有界**的, 是指对 $X$ 的每个 $o$ 点邻域 $V$, 存在 $B$ 的有限子集 $B_0$, 使 $B \subset B_0 + V$.

设 $X$ 是线性拓扑空间, $A \subset X$. 我们有下列紧性概念:

$A$ 称作**紧 (相对紧)** 的, 如果 $A$ 中每个网有一个子网收敛于 $A$ 中 ($X$ 中) 一个点, 等价地, $A$ 的每个开覆盖有有限子覆盖;

$A$ 称作**可数紧 (相对可数紧)** 的, 如果 $A$ 中每个序列有一个子网收敛于 $A$ 中 ($X$ 中) 一个点, 即 $A$ 中每个序列在 $A$ 中 ($X$ 中) 有一个聚点;

$A$ 称作**序列紧 (相对序列紧)** 的, 如果 $A$ 中每个序列有一个子序列收敛于 $A$

中 ($X$ 中) 一个点.

设 $X,Y$ 是线性拓扑空间, 线性映射 $f:X\to Y$ 称作**有界**的, 是指 $f$ 把 $X$ 中的有界集映成 $Y$ 中的有界集. 显然, 若线性映射是连续的, 则它必定是有界的.

线性拓扑空间 $X$ 的子空间 $A$ 与 $B$ 称作**代数相补**的, 如果 $A+B=X$ 且 $A\cap B=\{o\}$. $A$ 与 $B$ 称作**拓扑相补**的, 简称**相补**, 是指射影 $P:X\to A$ 是连续的. $X$ 的子空间 $M$ 称作在 $X$ 中**可补**, 是指存在 $X$ 的子空间 $N$, 使得 $M$ 与 $N$ 是相补的, 并记作 $X=M\oplus N$.

设 $X$ 是线性拓扑空间, $A$ 是 $X$ 的闭子空间, $B$ 是 $X$ 的有限维子空间, 则 $A+B$ 在 $X$ 中是闭的. 若 $M$ 是 $X$ 的有限余维闭子空间, 即 $X\setminus M$ 是有限维的, 则对 $M$ 的每个代数相补子空间 $N$, 有 $X=M\setminus N$.

**定理 2**　线性拓扑空间 $X$ 上的非零连续线性泛函与 $X$ 的闭超平面之间存在一一对应.

线性拓扑空间 $X$ 称作**局部有界**的, 是指 $X$ 有一个有界的 $o$ 点邻域.

可以证明, $X$ 是局部有界的, 当且仅当 $X$ 的拓扑被 $\kappa$ 范数 $(0<\kappa\leqslant 1)$ 确定. 显然, 若线性拓扑空间 $X$ 是局部有界的, 则它亦必是半凸的. Hausdorff 局部有界空间必定可度量化.

线性拓扑空间 $X$ 称作**局部凸空间**, 是指它有一个由凸邻域组成的 $o$ 点的邻域基. 这些邻域可以选为闭的和平衡的.

设 $X,Y$ 是数域 $K$ 上的两个线性空间, 若存在一个从 $X\times Y$ 到 $K$ 的双线性泛函 $\langle\cdot,\cdot\rangle:X\times Y\to K$, 即满足如下条件的泛函:

(1) $\langle a_1x_1+a_2x_2,y\rangle=a_1\langle x_1,y\rangle+a_2\langle x_2,y\rangle,\forall x_1,x_2\in X,y\in Y,a_1,a_2\in K$;

(2) $\langle x,b_1y_1+b_2y_2\rangle=b_1\langle x,y_1\rangle+b_2\langle x,y_2\rangle,\forall x\in X,y_1,y_2\in Y,b_1,b_2\in K$,

则称 $X$、$Y$ 及 $\langle\cdot,\cdot\rangle$ 构成一个**对偶**, 记作 $\langle X,Y\rangle$.

若 $\langle\cdot,\cdot\rangle$ 还满足下列分离公理:

(1) 若对每个 $y\in Y$, 有 $\langle x,y\rangle=0$, 则 $x=o$;

(2) 若对每个 $x\in X$, 有 $\langle x,y\rangle=0$, 则 $y=o$,

则称 $\langle X,Y\rangle$ 是**分离**的, 此时称 $\langle X,Y\rangle$ 为对偶线性空间, 简称为**对偶空间**.

设 $X$ 是线性空间, $X^{\#}$ 是 $X$ 上的线性泛函全体, $X^{\#}$ 的子集 $Y$ 称为在 $X$ 上是**全**的, 如果 $x\in X,x\neq o$, 则必存在 $y\in Y$, 使 $\langle x,y\rangle\neq 0$.

设 $X$ 是 Hausdorff 局部凸空间, $X'$ 是 $X$ 上的连续的线性泛函全体, 则称 $\langle X,X'\rangle$ 为**自然对偶**.

设 $\langle X,Y\rangle$ 是对偶空间 (在涉及对偶空间的讨论中恒假定 $Y$ 是 $X^{\#}$ 的全子空间), 在 $X$ 上引入的使 $Y$ 中的每个元是连续的最弱拓扑称作 $X$ 上的**弱拓扑**, 记作 $\sigma(X,Y)$. 同样, 在 $Y$ 上引入的使 $X$ 中的每个元是连续的最弱拓扑称作 $Y$ 上的弱拓扑, 记作 $\sigma(Y,X)$. 称 $\langle(X,\sigma(X,Y)),(Y,\sigma(Y,X))\rangle$ 为**对偶拓扑空间**.

当 $Y=X'$ 时, 即在自然对偶中, $\sigma(X,X')$ 就是 $X$ 上定义的弱拓扑 ($w$ 拓扑), 而 $\sigma(X',X)$ 就是 $X'$ 上定义的弱 $*$ 拓扑 ($w^*$ 拓扑).

**定理 3**　设 $\langle X,Y\rangle$ 是对偶空间, 则
$$\langle X,\sigma(X,Y)\rangle'=Y,\quad \langle Y,\sigma(Y,X)\rangle'=X.$$
设 $\langle X,Y\rangle$ 是对偶空间, $\tau$ 是 $X$ 上的局部凸拓扑, 若 $(X,\tau)'=Y$, 则称 $\tau$ 为 $X$ 上的**相容拓扑**.

容易证明, $\sigma(X,Y)$ 是 $X$ 上最弱的相容拓扑.

设 $\langle X,Y\rangle$ 是对偶空间, 称 $X$ 上最强的相容拓扑为 **Mackey 拓扑**, 记为 $m(X,Y)$. 称 $(X,m(X,Y))$ 为 **Mackey 空间**.

设 $\langle X,Y\rangle$ 是对偶空间, $Y$ 的子集族 $\mathcal{A}$ 称为**极**, 如果 $\mathcal{A}$ 非空, 且 $\mathcal{A}$ 中每个元都是非空的有界子集, 此外, 对每一 $A\in\mathcal{A}$, 存在 $B\in\mathcal{A}$ 使得 $B\supset 2A$.

对每一对偶空间 $\langle X,Y\rangle$, 在 $Y$ 中显然存在最大的极族, 即由 $Y$ 的有界子集组成的集族 $\mathcal{A}$. 此极导出的 $X$ 上的**极拓扑**, 即由集族 $\mathcal{B}=\{A^\circ|A\in\mathcal{A}\}$ 生成的拓扑称为 $X$ 上的**强拓扑**, 记作 $\beta(X,Y)$. 若 $X$ 是局部凸空间, 则 $X$ 上的强拓扑 $\beta(X,X')$ 是这样的极拓扑 $T_\mathcal{A}$, 其中 $\mathcal{A}$ 是 $X'$ 的弱 $*$ 有界子集族. 同理可引入 $X'$ 上的强 $*$ 拓扑 $\beta(X',X)$.

显然, 强拓扑是最强的极拓扑.

关于线性拓扑空间的更多的材料可参看 [95] 或 [178].

**1.　线性度量空间中的一个度量有界集, 它不有界.**

设 $A$ 是线性度量空间 $(X,d)$ 的子集. 若 $A$ 的直径
$$\mathrm{diam}A=\sup\{d(x,y)|x,y\in A\}<+\infty,$$
则称 $A$ 是**度量有界**的.

容易证明, 对于赋范线性空间中的子集, 度量有界与有界是一致的. 但在线性度量空间中, 度量有界与有界并不一致. 例如, 令
$$s=\{(\xi_1,\xi_2,\cdots)|\xi_i \text{ 均为实数}, i=1,2,\cdots\}.$$
对于 $x=\{\xi_i\},y=\{\eta_i\}\in s$, 令
$$d(x,y)=\sum_{i=1}^\infty \frac{1}{2^i}\cdot\frac{|\xi_i-\eta_i|}{1+|\xi_i-\eta_i|},$$

则 $s$ 为一线性度量空间, 且 $s$ 是度量有界的. 另一方面, 线性拓扑空间中子集 $A$ 有界的充要条件是对任意 $\{x_n\} \subset A$ 及数列 $\{\lambda_n\}, \lambda_n \to 0$, 都有

$$\lambda_n x_n \to o \quad (n \to \infty).$$

今取 $x_n = na, a = (1, 1, \cdots)$, 则

$$\lim_{n \to \infty} d(x_n/n, o) = d(a, o) = 1/2 \neq 0,$$

故 $s$ 不是有界的.

### 2. 一个非局部凸的线性度量空间, 其中度量有界集与有界集是一致的.

对于非局部凸的线性度量空间, 其中度量有界集与有界集未必是一致的 (参看例 1). 但也存在非局部凸的线性度量空间, 其中度量有界集与有界集是一致的. 例如, 考虑空间 $l^p(0 < p < 1)$, 即由满足条件

$$\sum_{n=1}^{\infty} |\xi_n|^p < +\infty$$

的一切数列 $x = \{\xi_n\}$ 所成的线性空间. 对 $x = \{\xi_n\}, y = \{\eta_n\} \in l^p$, 定义距离 $d$ 为

$$d(\{\xi_n\}, \{\eta_n\}) = \sum_{n=1}^{\infty} |\xi_n - \eta_n|^p.$$

于是, $l^p$ 为一非局部凸的线性度量空间.

兹证, 在空间 $l^p(0 < p < 1)$ 中, 集 $A$ 是有界的, 当且仅当它是度量有界的. 事实上, 开球 $B(o, 1) = \{\{\xi_n\} | d(o, \{\xi_n\}) < 1\}$ 是 $l^p$ 中 $o$ 点的邻域. 若 $A$ 是有界的, 则存在自然数 $n_0$, 使

$$A \subset n_0 B(o, 1).$$

因此, $\mathrm{diam} A \leqslant 2n_0^p$, 即 $A$ 是度量有界的.

反之, 若 $A$ 是度量有界的, 则对某个 $r$, 有 $A \subset B(o, r)$. 任取 $o$ 点的一个邻域 $G$, 因 $\{B(o, 1/n) | n = 1, 2, \cdots\}$ 构成 $l^p$ 的一个局部基, 故存在某个自然数 $m$, 使 $B(o, 1/m) \subset G$. 于是,

$$A \subset B(o, r) \subset r^{1/p} B(o, 1) = (mr)^{1/p} B\left(o, \frac{1}{m}\right)$$

$$\subset (mr)^{1/p} G,$$

即 $A$ 是有界的.

**3. 存在某个有界集, 它的凸包不是有界的.**

容易证明, 若 $X$ 是局部凸的线性拓扑空间, 则 $X$ 的有界集 $A$ 的凸包 $\mathrm{co}(A)$ 也一定是有界的. 应当注意, 对于非局部凸空间而言, 这一命题并不成立. 例如, 考虑例 2 中的线性拓扑空间 $l^p$ $(0 < p < 1)$. 我们用 $D$ 代表 $l^p$ 中以 $o$ 为球心, 1 为半径的闭球, 则 $D$ 是度量有界的. 于是, 由例 2 可知, $D$ 也是有界的. 令

$$\mathrm{e}_n = (0, \cdots, 0, \underset{n \ \text{位}}{1}, 0, \cdots),$$

则 $\mathrm{e}_n \in D$. 取 $a_n = \frac{1}{n} \sum_{i=1}^{n} \mathrm{e}_i = \left(\frac{1}{n}, \cdots, \frac{1}{n}, 0, 0, \cdots\right)$, 则 $a_n \in \mathrm{co}(D)$. 但是, 因

$$d(o, a_n) = \sum_{i=1}^{n} \left| \frac{1}{n} \right|^p = n^{1-p} \to +\infty,$$

故 $\{a_n\}$ 是度量无界的, 从而 $\mathrm{co}(D)$ 不是有界的.

**4. 存在某个相对紧集, 它的平衡凸包不是相对紧的.**

下面的例子是由 Robertson[138] 作出的.

我们将构造线性拓扑空间 $l^{\frac{1}{2}}$ 的一个子集, 它是相对紧的, 但它的平衡凸包不是相对紧的. 为此, 令

$$x_{11} = (1, 0, 0, \cdots),$$
$$x_{21} = (0, 1/2, 0, 0, \cdots),$$
$$x_{22} = (0, 0, 1/2, 0, \cdots),$$
$$x_{31} = (0, 0, 0, 1/3, 0, \cdots),$$
$$x_{32} = (0, 0, 0, 0, 1/3, 0, \cdots),$$
$$x_{33} = (0, 0, 0, 0, 0, 1/3, 0, \cdots).$$

一般地, $x_{nm}$ $(1 \leqslant m \leqslant n)$ 是这样的元素, 除了第 $n(n-1)/2 + m$ 项的坐标是 $1/n$ 而外, 其余各项的坐标均为 0. 再令

$$B = \{x_{nm} | n, m = 1, 2, \cdots\} \subset l^{1/2},$$

则 $d(x_{nm}, o) = 1/\sqrt{n}$. 因此 $x_{nm} \to o$, 即 $B$ 是相对紧的. 现在定义序列 $\{y_n\}$ 为

$$y_n = \frac{1}{n} \sum_{m=1}^{n} x_{nm},$$

则 $y_n$ 的前 $n(n-1)/2$ 项的坐标均为 0, 而后几个项中每一项的坐标均为 $1/n^2$, 其后各项的坐标又全为 0. 因此, $y_n$ 属于 $B$ 的平衡凸包. 如果 $n \neq k$, 则

$$d(y_n, y_k) = 2.$$

因此, $\{y_n\}$ 不是相对紧的, 从而 $B$ 的平衡凸包不是相对紧的.

**5. 局部有界而不局部凸的线性拓扑空间.**

**第一例**　设 $X = L^p[a,b] (0 < p < 1)$ 是定义在闭区间 $[a,b]$ 上的满足条件

$$\int_a^b |x(t)|^p \mathrm{d}t < +\infty$$

的一切 $(L)$ 可测函数 $x(t)$ 所成的线性空间, 其中几乎处处相等的函数视为同一元素. 令

$$!x! = \int_a^b |x(t)|^p \mathrm{d}t,$$

在 $X$ 上取由准范数 $!x!$ 导出的拓扑, 则 $X$ 为一局部有界的线性拓扑空间, 但它不是局部凸的.

**第二例**　考虑例 2 中的空间 $l^p\ (0 < p < 1)$. 对 $x = \{\xi_n\} \in l^p$, 令

$$!x! = \sum_{n=1}^{\infty} |\xi_n|^p,$$

则 $l^p\ (0 < p < 1)$ 上由准范数 $!x!$ 导出的拓扑为一局部有界的线性拓扑, 但它不是局部凸的.

**第三例**　$H^p\ (0 < p < 1)$ 代表这样的复变数 $z$ 的函数 $f(z)$ 所成的线性空间, 它们在单位圆的内部解析且满足

$$\sup \left\{ \int_0^{2\pi} |f(re^{i\theta})|^p \mathrm{d}\theta \Big| 0 \leqslant r < 1 \right\} < +\infty.$$

令

$$!f! = \sup\{A_p(r; f) | 0 \leqslant r < 1\},$$

这里 $A_p(r; f) = \frac{1}{2\pi} \int_0^{2\pi} |f(re^{i\theta})|^p \mathrm{d}\theta$. 则 $(H^p, !f!)$ 为一局部有界而不局部凸的线性拓扑空间.

**6. 局部凸而非局部有界的线性拓扑空间.**

设 $\Gamma$ 为一无限的指标集, $X_r\ (r \in \Gamma)$ 是线性空间, 其积记作 $\prod_{r \in \Gamma} X_r$. 按通常的线性运算它仍是一个线性空间. 再设 $P_r$ 是 $\prod_{r \in \Gamma} X_r$ 到 $X_r$ 上的射影.

**引理**　若 $S$ 是乘积空间 $\prod_{r \in \Gamma} X_r$ 中的吸收集, 则除了有限多个 $r$ 外, 都有

$$P_r(S) = X_r.$$

**证明**　假如不然, 则在 $\Gamma$ 中存在无穷序列 $\{r(n)\}$, 使

$$P_{r(n)}(S) \neq X_{r(n)}, \quad n = 1, 2, \cdots.$$

于是 $nP_{r(n)}(S) \neq X_{r(n)}, n = 1, 2, \cdots.$ 取

$$x_n \in X_{r(n)} \setminus nP_{r(n)}(S),$$

并定义 $a = \{a_r\}$ 如下:

当 $r \notin \{r(n)\}$ 时, 令 $a_r = 0$;

当 $r \in \{r(n)\}$ 时, 令 $a_r = x_n$.

则 $P_{r(n)}(a) = a_{r(n)} = x_n \notin P_{r(n)}(nS)$. 因此 $a \notin nS, n = 1, 2, \cdots$, 即 $S$ 不吸收. 矛盾. 引理证毕.

设 $N$ 是自然数集, $R$ 是一维欧氏空间, 在线性空间 $R^N$ 上取乘积拓扑, 则 $R^N$ 为一线性拓扑空间. 兹证 $R^N$ 不是局部有界的. 假如相反, 即存在有界的 $o$ 的邻域 $G$. 不妨假设 $G$ 是吸收的, 由引理 1 知存在 $P_n$, 使 $P_n(G)$ 等于某个因子空间 $R$. 于是, $P_n(G)$ 是因子空间 $R$ 中的无界集. 另一方面, $P_n$ 是线性连续映射, 从而也是有界映射, 故 $P_n(G)$ 是有界集. 矛盾. 因此 $R^N$ 不是局部有界的.

因一维欧氏空间 $R$ 是局部凸的, 而局部凸空间之积是局部凸的, 故 $R^N$ 是局部凸的.

### 7. $x_n \to o$ 并不蕴涵 $\frac{1}{n} \sum_{k=1}^{n} x_k \to o$ 的线性拓扑空间.

容易证明, 如果 $X$ 是局部凸空间, $x_n \in X$ 且 $x_n \to o$, 则 $\frac{1}{n} \sum_{k=1}^{n} x_k \to o$. 应当注意, 对于非局部凸空间而言, 这一命题并不成立. 例如, 考虑非局部凸空间 $l^p$ $(0 < p < 1)$, 并取实数 $\alpha > 0$, 使 $0 < p + \alpha p < 1$. 令

$$x_n = (\underbrace{0, \cdots, 0, 1/n^\alpha}_{n \text{ 位}}, 0, \cdots),$$

则 $x_n \in l^p$ 且 $x_n \to o$, 即 $d(x_n, o) = 1/n^{\alpha p} \to 0$. 另一方面, 我们有

$$\frac{1}{n} \sum_{k=1}^{n} x_k = \left( \frac{1}{n}, \frac{1}{n \cdot 2^\alpha}, \cdots, \frac{1}{n \cdot n^\alpha}, 0, 0, \cdots \right).$$

因此,

$$d\left( \frac{1}{n} \sum_{k=1}^{n} x_k, o \right) = \frac{1}{n^p} + \frac{1}{n^p \cdot 2^{\alpha p}} + \cdots + \frac{1}{n^p \cdot n^{\alpha p}}$$

$$\geqslant n \cdot \frac{1}{n^p \cdot n^{\alpha p}} = n^{1 - (p + \alpha p)} \to +\infty.$$

**8. 存在某个线性空间上的两个不同拓扑, 它们具有相同的有界集.**

设 $(X, \| \cdot \|)$ 为一赋范线性空间, 在 $X$ 上赋予弱拓扑 $\sigma(X, X')$. 容易证明, $X$ 的子集 $A$ 在 $(X, \| \cdot \|)$ 中有界当且仅当它在 $(X, \sigma(X, X'))$ 中有界. 但对于无穷维赋范线性空间 $(X, \| \cdot \|)$ 而言, 范数拓扑严格强于弱拓扑 $\sigma(X, X')$.

**注**　其实还可进一步证明, 若 $X$ 为一局部凸空间, 则 $X$ 的子集 $A$ 为有界的充要条件是 $A$ 为 $\sigma(X, X')$ 有界.

这个例子说明不同的线性拓扑可以有相同的有界集.

**9. 存在某个线性空间上的两个不同拓扑, 它们具有相同的连续线性泛函.**

设 $(X, \tau)$ 是无穷维的局部凸空间, 则 $\sigma(X, X') < \tau$ 且 $\sigma(X, X') \neq \tau$.

兹证, $(X, \sigma(X, X'))$ 与 $(X, \tau)$ 上具有相同的连续线性泛函. 事实上, 因 $\tau > \sigma(X, X')$, 故 $(X, \sigma(X, X'))' \subset (X, \tau)'$. 反之, 因 $\sigma(X, X')$ 是 $X$ 上使得 $X^{\#}$ 中的元是连续的最弱的局部凸拓扑, 故 $(X, \tau)' \subset (X, \sigma(X, X'))'$. 于是, $(X, \tau)' = (X, \sigma(X, X'))'$.

**10. 存在某个线性空间上的两个不同拓扑, 它们具有相同的闭子空间.**

设 $(X, \|\cdot\|)$ 是一个无穷维赋范线性空间, 则范数拓扑严格强于弱拓扑 $\sigma(X, X')$.

兹证, 对 $X$ 的任一线性子空间 $M$, $M$ 为 $(X, \| \cdot \|)$ 的闭子空间当且仅当它是 $(X, \sigma(X, X'))$ 的闭子空间. 事实上, 若 $M$ 是 $(X, \sigma(X, X'))$ 的闭子空间, 则它显然是 $(X, \| \cdot \|)$ 的闭子空间. 反之, 设 $M$ 为 $(X, \| \cdot \|)$ 的闭子空间, $x_0 \notin M$, 则 $d(x_0, M) = \delta > 0$. 由 Hahn-Banach 定理, 存在 $f \in X'$, 使 $f(x_0) \neq 0, f(x) = 0$ 当 $x \in M$ 时. 取 $\varepsilon_0 = |f(x_0)|/2$, 并作 $x_0$ 的弱邻域

$$V = \{x \in X \| |f(x) - f(x_0)| < \varepsilon_0\}.$$

显然, $V \cap M = \varnothing$, 故 $x_0$ 不是 $M$ 的弱聚点. 由此可知, $M$ 包含了它的所有弱聚点. 因此, $M$ 是 $(X, \sigma(X, X'))$ 的闭子空间.

**注**　其实还可进一步证明, 若 $X$ 是局部凸空间, 则 $X$ 的凸子集 $M$ 为闭的充要条件是 $M$ 为 $\sigma(X, X')$ 闭.

应当注意, 对于局部凸空间 $X$, $X'$ 中的闭子空间未必是 $(X', \sigma(X', X))$ 闭的. 例如, 设 $X = L[0, 1]$, 则 $X' = L^{\infty}[0, 1]$. 显然, $C[0, 1]$ 是 $L^{\infty}[0, 1]$ 的闭的真子空间. 可是 $C[0, 1]$ 在 $(X', \sigma(X', X))$ 中稠密, 因为对任一 $f \in L^{\infty}[0, 1]$, 由 Лулин 定理, 存在一列 $f_n \in C[0, 1]$, 使 $\{f_n\}$ 测度收敛于 $f$. 于是对任一 $x \in L[0, 1]$ 有

$$f_n(x) = \int_0^1 f_n(t) x(t) \mathrm{d}t \to \int_0^1 f(t) x(t) \mathrm{d}t = f(x),$$

故 $\{f_n\}$ 是 $\sigma(X', X)$ 收敛于 $f$ 的. 然而, $C[0,1]$ 不是 $\sigma(X', X)$ 闭的. 如若不然, 就有 $C[0,1] \supset L^\infty[0,1]$, 此为不可能.

**11.　有界集必为全有界集的无穷维线性拓扑空间.**

如所周知, 任何无穷维赋范线性空间中, 必定存在有界而不全有界的集合. 应当注意, 对于线性拓扑空间而言, 这一陈述并不成立. 也就是说, 存在无穷维线性拓扑空间, 其中的有界集必定是全有界的. 我们称这种空间为 BTB 空间.

显然, 一维欧氏空间 $R$ 是 BTB 空间. 因 BTB 空间的积空间仍是 BTB 空间 (参看 [178], 定理 6–4–13), 故乘积空间 $R^N$ 是 BTB 空间.

又如, 设 $X$ 为一无穷维赋范线性空间, 在 $X$ 上赋予弱拓扑 $\sigma(X, X')$, 则局部凸空间 $(X, \sigma(X, X'))$ 也是一个 BTB 空间.

**12.　存在某个赋范线性空间 $X$ 的子集 $B$, 使 $B$ 是 $\sigma(X, X')$ 全有界而不范数拓扑全有界.**

设 $X$ 为一无穷维赋范线性空间, 令

$$B = \{x|\ \|x\| \leqslant 1\},$$

则 $B$ 是 $\sigma(X, X')$ 有界的. 因 $(X, \sigma(X, X'))$ 为一 BTB 空间, 故 $B$ 也是 $\sigma(X, X')$ 全有界的. 但是, $B$ 并不范数拓扑全有界.

**13.　存在某个无穷维线性拓扑空间, 其中的有界闭集都是紧的.**

如所周知, 有限维线性拓扑空间中有界闭集必是紧的. 对于赋范线性空间而言, 若有界闭集必是紧集, 则此空间必为有限维的. 应当注意, 对于线性拓扑空间而言, 这一命题并不成立. 例如, 设 $X$ 为一无穷维 Banach 空间, 则 $(X', \sigma(X', X))$ 中任何有界闭集都是紧的, 但 $(X', \sigma(X', X))$ 是无穷维的.

**14.　存在某个线性拓扑空间, 其中存在紧而不序列紧的子集.**

令 $X = l^\infty$, 即 $X$ 是有界数列的全体所成的线性空间. 在 $X$ 上取上确界范数, 则据 Banach-Alaoglu 定理, $(X', \|\cdot\|)$ 中的闭单位球

$$U = U(X') = \{f \in X'|\ \|f\| \leqslant 1\}$$

是 $\sigma(X', X)$ 紧的.

兹证 $U$ 不是 $\sigma(X', X)$ 序列紧的. 事实上, 对 $x = \{\xi_1, \xi_2, \cdots\} \in X$, 令 $f_n(x) = \xi_n$, 则 $f_n \in U$. 但是, $\{f_n\}$ 没有 $\sigma(X', X)$ 收敛子列. 因为对 $\{f_n\}$ 的任一子列 $\{f_{n_i}\}$, 取 $x \in l^\infty$ 如下:

$$x = (\xi_1, \xi_2, \cdots, \xi_n, \cdots),$$

其中 $\xi_{n_1} = 1, \xi_{n_2} = 2, \xi_{n_3} = 1, \xi_{n_4} = 2, \cdots$, 其余的 $\xi_n = 0$. 显然 $\{f_{n_i}(x)\}$ 并不收敛. 因此 $\{f_{n_i}\}$ 不是 $\sigma(X', X)$ 收敛的.

### 15. 一个线性空间上的两种不同的拓扑, 在这两种拓扑下收敛序列是相同的, 但紧集并不相同.

令 $X = l^\infty$, 并在 $X$ 上取上确界范数, 则 $(X', \sigma(X', X))$ 与 $(X', \sigma(X,', X''))$ 中序列的收敛性是相同的. 又, 局部凸空间 $(X', \sigma(X', X''))$ 中点集的序列紧与紧是一致的. 然而, $(X', \|\cdot\|)$ 中的单位闭球

$$U = \{f \in X' |\ \|f\| \leqslant 1\}$$

是 $\sigma(X', X)$ 紧的, 但它不是 $\sigma(X', X)$ 序列紧的 (参看例 15). 因此 $U$ 是 $\sigma(X', X)$ 紧的, 而不是 $\sigma(X', X'')$ 紧的.

### 16. Mackey 相对紧而非 Mackey 相对序列紧的子集.

设 $X$ 为一 Banach 空间, 据 Eberlein-Smulian 定理, 子集 $A$ 为 $\sigma(X, X')$ 紧, 当且仅当 $A$ 为 $\sigma(X, X')$ 序列紧的. 对于 $X'$ 中的子集 $A'$, 若 $A'$ 是 $\sigma(X', X)$ 相对序列紧的, 则 $A'$ 亦必是 $\sigma(X', X)$ 相对紧的. 但逆命题并不成立 (参看例 15). 于是便产生如下问题: 对于 $X'$ 上的 Mackey 拓扑 $m(X', X)$ 而言, 相对序列紧与相对紧之间有何关系? Howard[82] 指出, 若 $A' \subset X'$ 是 $m(X', X)$ 相对序列紧的, 则 $A'$ 亦必是 $m(X', X)$ 相对紧的. 但逆命题并不成立. 为构造所需的反例, 我们要引用 Grothendieck[68] 的一个定理.

**定理** 设 $X$ 为一 Banach 空间, $A'$ 是 $X'$ 的子集, 则下列断语彼此等价:

(a) $A'$ 是 $m(X', X)$ 相对紧的.

(b) 对 $X$ 中每个 $\sigma(X, X')$ 收敛于 $o$ 的序列 $\{x_n\}$, 都有

$$\lim_n \sup_{x' \in A'} |x'(x_n)| = 0.$$

其次, 还要证明 $l^\infty[0, 2\pi]$ 中的单位球 $S''$ 不是 $\sigma(X', X)$ 相对序列紧的. 事实上, 在 $S''$ 中定义序列如下:

对任意 $r \in [0, 2\pi]$, 令 $x_n''(r) = \sin nr, n = 1, 2, \cdots$. 假如 $\{x_n''\}$ 有 $\sigma(X', X)$ Cauchy 子列 $\{x_{n_k}''\}$, 那么对每一 $r \in [0, 2\pi], \lim_k \sin n_k r$ 将存在. 然而, 这是不可能的.

现在再来指出, 若 $A' \subset X'$ 是 $m(X', X)$ 相对紧的, 则 $A'$ 未必是 $m(X', X)$ 相对序列紧的. 为此, 我们考虑 $l^\infty[0, 2\pi]$ 中的单位球 $S''$. 据前面所述, $S''$ 不是 $\sigma(X', X)$ 相对序列紧的. 因 Mackey 拓扑 $m(X', X)$ 强于拓扑 $\sigma(X', X)$, 故 $S''$

也不是 $m(X', X)$ 相对序列紧的. 又因在空间 $l[0, 2\pi]$ 中, 序列的弱收敛与范数收敛是等价的, 故由 Grothendieck 定理可知, $S''$ 是 $m(X', X)$ 相对紧的.

**17.　有界而不连续的线性映射.**

容易证明, 设 $X, Y$ 是线性拓扑空间, 若 $f : X \to Y$ 是连续映射, 则 $f$ 必为有界映射. 应当注意, 这个命题之逆不真. 例如, 设 $(X, \|\cdot\|)$ 为一无穷维赋范线性空间, 则恒等映射 $I : (X, \sigma(X, X')) \to (X, \|\cdot\|)$ 是有界的 (参看例 9). 然而, 由于范数拓扑严格强于弱拓扑 $\sigma(X, X')$, 因而 $I$ 并不连续.

**18.　连续而不强有界的线性映射.**

设 $(X, d)$ 是线性度量空间, $f \in X^{\#}$. 若存在正数 $M$, 使对一切 $x \in X$, 都有

$$|f(x)| \leqslant M d(x, o),$$

则称 $f$ 是**强有界**的.

容易证明, 强有界的线性泛函必定是连续的. 但逆命题并不成立. 例如, 在线性空间 $R$ 上取距离

$$d(x, y) = \frac{|x - y|}{1 + |x - y|}, \quad x, y \in R,$$

则 $(R, d)$ 为一线性度量空间. 令 $f(x) = x$, 则 $f$ 是 $(R, d)$ 上的连续线性泛函, 且 $|f(x)| = |x|$. 对于这个线性泛函 $f$, 不存在正数 $M$, 使对一切 $x \in R$, 都有

$$|f(x)| \leqslant M d(x, o),$$

即

$$|x| \leqslant M |x| / (1 + |x|).$$

事实上, 对任意自然数 $n$, 取 $x_n = n$, 则恒有

$$|f(x_n)| = |x_n| > n \cdot \frac{|x_n|}{1 + |x_n|} = n d(x_n, o).$$

**注**　对于赋范线性空间而言, 强有界线性映射、连续线性映射和有界线性映射, 这三个概念是一致的.

**19.　无处连续的自反开映射.**

从拓扑空间 $X$ 到拓扑空间 $Y$ 的映射 $f$ 称作**自反开映射**, 是指对每一开集 $U \subset X$, $f^{-1}[f(U)]$ 也是开集.

Duda 和 Smith[54] 指出, 存在无处连续的自反开映射. 为构造所需的例子, 我们先证明下面的定理.

**定理 1**　设 $X$ 是度量空间, $Y$ 是拓扑空间, $f$ 是 $X$ 到 $Y$ 上的满射, 则下列断语彼此等价.

(a) $f$ 是自反开映射.

(b) 当 $x_n \to x$ 时, $f^{-1}[f(x)] \subset \liminf f^{-1}[f(x_n)]$.

(c) 当 $x_n \to x$ 时, $f^{-1}[f(x)] \subset \limsup f^{-1}[f(x_n)]$.

**证明**　a $\Rightarrow$ b. 若 $U$ 是 $X$ 中的开集, 它与 $f^{-1}[f(x)]$ 相交, 则 $f^{-1}[f(U)]$ 包含除有限个 $n$ 外的一切 $x_n$. 因此, 除有限个 $n$ 外, 有

$$U \cap f^{-1}[f(x_n)] \neq \varnothing.$$

b $\Rightarrow$ c. 这是显然的.

c $\Rightarrow$ a. 假如 $\{x_n\}$ 是 $X \setminus f^{-1}[f(x)]$ 中的序列, 它收敛于 $x_0 \in f^{-1}[f(U)]$. 因每个 $f^{-1}[f(x_n)]$ 既与 $f^{-1}[f(U)]$ 相交, 又与 $U$ 相交, 可见 $U$ 不是开的, 故 c $\Rightarrow$ a 成立. 证毕.

**定理 2**　设 $X$ 与 $Y$ 是赋范线性空间, $f: X \to Y$ 是可加映射, 即

$$f(x + y) = f(x) + f(y),$$

则 $f$ 必为自反开映射.

**证明**　设 $x_n \to x, z \in f^{-1}[f(x)]$. 若 $U$ 是 $z$ 的开邻域, 则 $U - z$ 是 $o$ 点的一个邻域. 因 $x_n - x \to o$, 故当 $n$ 充分大时, 就有

$$x_n - x \in U - z.$$

因此, $z + (x_n - x) \in U$ ($n$ 充分大). 于是, 当 $n$ 充分大时, $f^{-1}[f(z + (x_n - x))] = f^{-1}[f(x_n)]$ 与 $U$ 相交, 从而

$$f^{-1}[f(x)] \subset \liminf f^{-1}[f(x_n)].$$

据定理 1, $f$ 是自反开映射. 证毕.

现在构造所需的例子. 设 $X$ 为实直线并取通常拓扑, $H$ 是 $X$ 的一个 Hamel 基. 对 $x_0 \in H$, 定义映射 $f: X \to X$ 如下:

$$f(x_0) = 1/2,$$
$$f(x) = 1, \ \text{当} \ x \in H \ \text{且} \ x \neq x_0 \ \text{时},$$

若 $x \in X \setminus H$, 则存在有限个有理数 $r_1, \cdots, r_n$, 使

$$x = \sum_{i=1}^{n} r_i x_i \quad (x_i \in H),$$

此时令 $f(x) = \sum_{i=1}^{n} r_i f(x_i)$. 显然, $f$ 是可加映射. 据定理 2, $f$ 是自反开映射. 但 $f$ 在 $x_0$ 处不连续, 从而 $f$ 在 $X$ 上无处连续.

### 20.　非线性的等距映射.

Charzynski 证明了: 设 $X$ 为一有限维线性拓扑空间, 它的拓扑由距离 $d$ 确定; 又设 $T$ 是 $X$ 到 $X$ 上的等距满射, 使 $T(o) = 0$. 若 $d$ 是 $X$ 上平移不变的距离, 即对任意 $p, q \in X$, 有

$$d(p, q) = d(p - q, o),$$

则 $T$ 必为线性映射.

于是便有下述问题: 若不假定 $d$ 是平移不变的距离, 则能否保证 $T$ 是线性的?

Passell[127] 指出, 这个问题的答案是否定的, 他的例子如下: 设 $R$ 是实直线, 并在 $R$ 上取距离 $d$ 为:

若 $a, b \geqslant 0$, 令 $d(a, b) = |b - a|$,

若 $a < 0, b \geqslant 0$, 令 $d(a, b) = 2|a| + |b|$,

若 $a, b < 0$, 令 $d(a, b) = 2|b - a|$.

命 $T$ 为 $R$ 到 $R$ 的映射: 若 $a \in (-\infty, 0]$, 就取 $T(a) = 2|a|$; 若 $a \in (0, +\infty)$, 则取 $T(a) = -a/2$. 显然, $T$ 是一个非线性映射, 不难证明 $T$ 还是等距的.

### 21.　不存在非零连续线性泛函的线性拓扑空间.

我们先证明下面的定理.

**定理**　设 $X$ 是线性度量空间, 如果在 $X$ 上存在非零连续线性泛函 $f$, 那么在 $X$ 中必有 $o$ 点的一个凸邻域 $G$, 使 $G \neq X$, 且 $X \neq G + G + \cdots + G$ (任意有限项).

**证明**　令 $G = \{x \mid x \in X, |f(x)| < 1\}$. 易见, $G$ 是 $o$ 点的一个凸邻域. 兹证 $G \neq X$. 事实上, 假如 $G = X$, 则对任意 $x \in X$, 都有 $|f(x)| < 1$. 取 $x_0 \in X$, 使 $|f(x_0)| = \varepsilon > 0$, 并取自然数 $n$ 使 $n\varepsilon > 1$. 因 $nx_0 \in X$, 故 $|f(nx_0)| < 1$. 但另一方面, $|f(nx_0)| = n\varepsilon > 1$, 此为矛盾. 因此, 不存在 $x_0 \in X$, 使 $|f(x_0)| > 0$, 从而 $f = 0$, 这与 $f$ 是 $X$ 上的非零连续线性泛函发生矛盾, 故 $G \neq X$.

其次, 对任意自然数 $n$, 因 $G$ 是凸集, 故

$$G + G + \cdots + G = nG \quad (n \text{ 项}).$$

由于 $G \neq X = \frac{1}{n}X$, 因而 $nG \neq X$. 定理证毕.

现设 $X$ 是定义在 $[0,1]$ 上的实值函数 $x(t)$ 的全体, 其中每个 $x(t)$ 在 $[0,1]$ 上只有有限多个不连续点. 在 $X$ 上定义通常的线性运算, 并对 $x, y \in X$, 令

$$d(x,y) = \int_0^1 \frac{|x(t) - y(t)|}{1 + |x(t) - y(t)|}\mathrm{d}t,$$

这里的积分是 $(R)$ 积分, 则 $X$ 为一线性度量空间. 兹证 $X$ 上不存在非零连续线性泛函. 事实上, 假如 $X$ 上存在非零连续线性泛函, 则据前面的定理, 在 $X$ 中存在 $o$ 点的一个凸邻域 $G$, 使 $G \neq X$, 且 $X \neq G + G + \cdots + G$ (任意有限项).

于是, 存在 $r > 0$, 使得 $B(o,r) \subset G$, 这里 $B(o,r)$ 是以 $o$ 为中心, $r$ 为半径的开球. 取自然数 $n > 1/r$ 以及 $x \in X$, 并把 $[0,1]$ 分成 $n$ 个等长的小区间 $I_1, \cdots, I_n$, 在 $[0,1]$ 上如下定义 $n$ 个函数:

$$x_k(t) = \begin{cases} x(t), & t \in I_k, \\ 0, & t \in [0,1] \setminus I_k, k = 1, 2, \cdots, n. \end{cases}$$

易见, $x_k \in X$, 且

$$d(x,o) = \int_{I_k} \frac{|x(t)|}{1 + |x(t)|}\mathrm{d}t \leqslant \int_{I_k} \mathrm{d}t = \frac{1}{n} < r,$$

故 $x_k \in B(o,r) \subset G$. 由于 $x(t) = \sum_{k=1}^n x_k(t)$, 因而

$$x \in G + G + \cdots + G \quad (n \text{ 项}).$$

因 $x \in X$ 是任取的, 故 $X = G + G + \cdots + G$ ($n$ 项), 这与前面所证的定理发生矛盾. 因此, $X$ 上不存在非零连续线性泛函.

**注**　令 $L^p[0,1] = \{x | x \text{ 是 } [0,1] \text{ 上的 } (L) \text{ 可测函数, 且 } \int_0^1 |x(t)|^p\mathrm{d}t < +\infty\}, 0 < p < 1.$

$$!x! = \int_0^1 |x(t)|^p\mathrm{d}t.$$

则线性拓扑空间 $L^p[0,1]$ 上也不存在非零连续线性泛函 (参看 [20], p.30).

**22.　一个非局部凸空间, 在它上面存在非零连续线性泛函.**

可以证明, 若 $X$ 是局部凸空间, 则 $X$ 上必定存在非零连续线性泛函. 应当注意, 这个命题之逆并不成立. 例如, 令

$$l^p = \left\{ \{\xi_n\} | \xi_n \in R, \quad \sum_{n=1}^\infty |\xi_n|^p < +\infty \right\},$$

$$!\{\xi_n\}! = \sum_{n=1}^\infty |\xi_n|^p, \quad 0 < p < 1.$$

则线性拓扑空间 $l^p$ $(0 < p < 1)$ 不是局部凸的 (参看例 2). 然而, 坐标泛函 $f_1(\{\xi_n\}) = \xi_1$ 是非零连续线性泛函.

**23.　一个线性拓扑空间中的两个闭子空间, 其和不闭.**

设 $X = C[-1,1]$ 代表定义在 $[-1,1]$ 上的一切连续函数所组成的线性空间. 对 $x, y \in X$, 令

$$(x,y) = \int_{-1}^{1} x(t)y(t)\mathrm{d}t,$$

并令

$$M_1 = \{x \in X| \text{ 当 } t \leqslant 0 \text{ 时 } x(t) = 0\},$$
$$M_2 = \{x \in X| \text{ 当 } t \geqslant 0 \text{ 时 } x(t) = 0\},$$

则 $M_1, M_2$ 皆为 $X$ 的闭子空间, 而且

$$M_1 \cap M_2 = \{0\}, \quad M_1 \perp M_2.$$

兹证 $M_1 + M_2 = \{x + y | x \in M_1, y \in M_2\}$ 不闭. 为此, 令 $x(t) \equiv 1$, 再令

$$x_n(t) = \begin{cases} 0, & t \leqslant 0, \\ nt, & 0 \leqslant t \leqslant 1/n, \\ 1, & 1/n \leqslant t \leqslant 1, \end{cases}$$

$$y_n(t) = \begin{cases} 1, & -1 \leqslant t \leqslant -1/n, \\ -nt, & -1/n \leqslant t \leqslant 0, \\ 0, & t \geqslant 0, \end{cases}$$

则 $x_n + y_n \in M_1 + M_2$, 且

$$\int_{-1}^{1} |x(t) - x_n(t) - y_n(t)|^2 \mathrm{d}t = \int_{-\frac{1}{n}}^{0} |1 + nt|^2 \mathrm{d}t + \int_{0}^{\frac{1}{n}} |1 - nt|^2 \mathrm{d}t$$
$$= \frac{2}{3} \cdot \frac{1}{n} \to 0 \quad (n \to \infty).$$

因此, $x \in \overline{M_1 + M_2}$, 但 $x \in X$ 而 $x \notin M_1 + M_2$, 故 $M_1 + M_2$ 不闭.

**24.　代数相补而不拓扑相补的闭子空间.**

容易证明, 完备且可度量化的线性拓扑空间中代数相补的闭子空间必定是拓扑相补的 (参看 [178], p.62). 然而, 一般线性拓扑空间中代数相补的闭子空间未

必是拓扑相补的. 例如, 设 $X$ 是这样的实数序列 $x = \{\xi_i\}$ 所组成的线性空间, 使 $S_n = \sum_{i=1}^{n} \xi_i$ 收敛. 令

$$\|x\| = \|S_n\|_\infty = \sup_n |S_n|,$$

则 $X$ 为一 Banach 空间. 再设

$$A = \{x \in X|\ \text{当 } i \text{ 为奇数时 } \xi_i = 0\},$$
$$B = \{x \in X|\ \text{当 } i \text{ 为偶数时 } \xi_i = 0\},$$

并令 $Y = A + B$, 则 $Y$ 是 $X$ 的赋范线性子空间, 且 $A, B$ 均为 $Y$ 的闭子空间. 因 $A \cap B = \{o\}$, 故 $A$ 与 $B$ 是 $Y$ 的两个代数相补的子空间. 但是, 由于

$$x_n = \left(-1, \frac{1}{2}, -\frac{1}{3}, \frac{1}{4}, \cdots, \frac{(-1)^n}{n}, 0, 0, \cdots\right) \in Y,$$
$$x_n \to x = (-1, 1/2, -1/3, \cdots, (-1)^n/n, \cdots) \in Y,$$

且 $Px_n$ 并不收敛, 因而射影映射 $P$ 不连续, 即 $A$ 与 $B$ 并不拓扑相补.

**25.　一个线性拓扑空间, 其中每个有限维子空间都没有相补子空间.**

设 $X = L^p[0,1]\ (0 < p < 1)$ 是例 5 中定义的线性拓扑空间, $H$ 是 $X$ 的有限维子空间, $H_1$ 是 $H$ 的一维子空间, 则 $H_1$ 在 $H$ 中有相补子空间 $H_2$, 使得

$$H = H_1 \oplus H_2$$

(参看 [178], 定理 6–3–4). 假如 $G$ 是 $H$ 的相补子空间, 则 $H_2 \oplus G$ 将与 $H_1$ 相补, 从而它是 $X$ 的一个超平面. 因此, $H_2 \oplus G$ 将对应一个非零连续线性泛函 $f$, 使得

$$H_2 \oplus G = \{x|f(x) = 0\}.$$

但据例 22 之注, $X$ 上不存在非零连续线性泛函, 此为矛盾.

**26.　存在某个最强的线性拓扑, 它不是局部凸的.**

容易证明, 每个线性空间上都存在最强的线性拓扑, 也存在最强的局部凸拓扑. 但是, 最强的线性拓扑不必是局部凸的. 例如, 设 $X$ 为一不可数维的线性空间, 并设 $\{e_\alpha | \alpha \in A\}$ 为 $X$ 的一个 Hamel 基, 则

$$\left\{x|x = \sum \lambda_\alpha e_\alpha, \sum |\lambda_\alpha|^{1/2} \leqslant 1\right\}$$

是 $X$ 上最强的线性拓扑之下 $o$ 点的邻域, 但它并不包含有 $o$ 点的平衡凸集, 故这个最强的线性拓扑不是局部凸的.

**27. 存在两个线性拓扑, 其交不是线性拓扑.**

给定线性空间 $H$ 并具有 Hausdorff 拓扑 (不必为线性拓扑), $H$ 的子空间 $X$ 称作 **$FH$ 空间**, 是指 $X$ 是 Fréchet 空间且可连续嵌入到 $H$ 内, 即 $X$ 上的拓扑强于由 $H$ 上的拓扑继承下来的相对拓扑.

容易证明, 若 $(X, \tau_1)$ 与 $(X, \tau_2)$ 均为 Fréchet 空间, 且 $X$ 上存在 Hausdorff 拓扑 $\tau$, 使 $\tau \subset \tau_1, \tau \subset \tau_2$, 则必有 $\tau_1 = \tau_2$. 事实上, 因为 $\tau \subset \tau_1$, 所以, $(X, \tau_1)$ 是 $FH$ 空间. 同理, $(X, \tau_2)$ 也是 $FH$ 空间. 由于 $X$ 上的 $FH$ 拓扑是唯一的 (参看 [178], 推论 5–5–8), 因而 $\tau_1 = \tau_2$.

今取 $X$ 上两个不相等的 Fréchet 拓扑 $\tau_1$ 与 $\tau_2$, 并令 $\tau = \tau_1 \cap \tau_2$, 则 $\tau \subset \tau_1, \tau \subset \tau_2$. 若 $\tau$ 是线性拓扑, 则 $\tau$ 必为 Hausdorff 拓扑. 于是得到 $\tau_1 = \tau_2$, 此为矛盾. 因此, $\tau$ 不是线性拓扑.

# 第八章 局部凸空间

## 引　言

设 $X$ 是线性拓扑空间, $\mathcal{U}$ 是 $X$ 中 $o$ 点的邻域基, $\{x_\alpha\}$ 是一个网. 若对任意 $V \in \mathcal{U}$, 存在 $\alpha$, 使当 $\alpha_1, \alpha_2 > \alpha$ 时, 有

$$x_{\alpha_1} - x_{\alpha_2} \in V,$$

则称 $\{x_\alpha\}$ 为 **Cauchy 网**.

设 $X$ 是线性拓扑空间.

(i) 称 $X$ 为**完备**的, 如果 $X$ 中每个 Cauchy 网收敛于 $X$ 中的一个点.

(ii) 称 $X$ 为**有界完备**或**亚完备的**, 如果 $X$ 中每个有界 Cauchy 网收敛于 $X$ 中的一个点.

(iii) 称 $X$ 为**序列完备**的, 如果 $X$ 中每个 Cauchy 序列收敛于 $X$ 中的一个点.

局部凸空间 $X$ 称作**全完备**或 $B$ **完备**的, 是指每个从 $X$ 到任意局部凸空间 $Y$ 的线性连续几乎开映射必是开的 (由 $X$ 到 $Y$ 的线性映射称作**几乎开**的, 是指对 $X$ 中 $o$ 点的每个邻域 $V$, $\overline{f(V)}$ 包含于 $Y$ 中 $o$ 点的某个邻域内).

完备且可度量化的线性拓扑空间称作 Fréchet 空间.

设 $X$ 为线性空间, $C$ 是 $X$ 的凸子集. 点 $x_0$ 称作 $C$ 的端点, 如果 (i) $x_0 \in C$; (ii) 没有线段 $\{x | x = x_0 + ty, -1 \leqslant t \leqslant 1\}(o \neq y \in X)$ 能包含于 $C$ 中. $C$ 的端点集记为 $\mathrm{ext}(C)$.

设 $A$ 是局部凸空间 $X$ 的子集, 称

$$A^\circ = \{x' \in X' | \mathrm{Re}\,\langle x, x' \rangle \leqslant 1, \forall x \in X\}$$

为 $A$ 的**极**. $A$ 的**双极** $A^{\circ\circ}$ 定义为

$$A^{\circ\circ} = \{x \in X | \mathrm{Re}\,\langle x, x' \rangle \leqslant 1, \forall x' \in A^\circ\}.$$

设 $X, Y$ 是线性拓扑空间, $S$ 是从 $X$ 到 $Y$ 的某些线性映射所组成之集, 如果对 $Y$ 中 $o$ 点的每个邻域 $V$, 存在 $X$ 中 $o$ 点的一个邻域 $U$, 使对一切 $f \in S$, 都有 $f(U) \subset V$, 则称 $S$ 是**等度连续**的.

设 $X$ 为一线性拓扑空间, $B \subset X$ 称作**桶**, 如果 $B$ 是绝对凸 (即平衡凸) 的吸收闭集.

局部凸空间 $X$ 称作**桶空间**, 是指 $X$ 中每个桶都是 $o$ 点的邻域.

设 $(X, \tau)$ 是局部凸空间, 子集 $S \subset X'$ 称作**几乎弱 \* 闭**的, 记作 $aw^*$ 闭的, 如果对 $X$ 中 $o$ 点的每个邻域 $U, S \cap U^\circ$ 是弱 \* 紧的.

$w^*$ 闭集必是 $aw^*$ 闭的.

集 $S \subset X'$ 是 $aw^*$ 闭的, 当且仅当对每一等度连续集 $E \subset X', S \cap E$ 是 $w^*$ 闭的.

局部凸空间 $X$ 称作**超完备**的, 如果 $X'$ 中每个 $aw^*$ 闭凸集都是 $w^*$ 闭的.

可以证明, 为使局部凸空间 $X$ 是**全完备**的, 当且仅当 $X'$ 中每个 $aw^*$ 闭的线性子空间都是 $w^*$ 闭的.

局部凸空间 $X$ 称作是 $Br$ **完备**的, 如果 $X'$ 的每个 $aw^*$ 闭 $w^*$ 稠密线性子空间是 $w^*$ 闭的.

显然, 超完备 $\Rightarrow$ 全完备 $\Rightarrow$ $Br$ 完备.

设 $\{X_\alpha\}_{\alpha \in I}$ 是一族局部凸空间, $X$ 是线性空间, 对每一 $\alpha \in I, f_\alpha$ 是 $X_\alpha$ 到 $X$ 的线性映射, 使 $X = \bigcup_{\alpha \in I} f_\alpha(X_\alpha)$. $X$ 上使每个 $f_\alpha$ 连续的最强的局部凸拓扑 $\tau$ 称作 $\{X_\alpha\}_{\alpha \in I}$ 关于映射 $f_\alpha$ 的**归纳极限**.

如果 $I = N$, 每个 $f_n$ 是恒等映射, 且 $X$ 上的归纳极限拓扑诱导出 $X_n$ 上与原拓扑相同的拓扑, 则称 $(X, \tau)$ 为 $\{X_n\}$ 的**严格归纳极限**.

递增的 Banach 空间 (局部凸 Fréchet 空间) 序列的 (严格) 归纳极限称为 (严格)(LB) 空间 ((LF) 空间).

有关局部凸空间的进一步材料, 可参看 [178].

**1.　一个局部凸的 Fréchet 空间, 它不是 Banach 空间.**

设 $R_n$ 为带有通常拓扑的实直线的副本, 令

$$X = \prod_{n=1}^{\infty} R_n,$$

并在 $X$ 上取乘积拓扑, 则 $X$ 为一局部凸的 Fréchet 空间. 但 $X$ 不是 Banach 空间, 因为 Banach 空间的乘积仍为 Banach 空间当且仅当乘积中的因子是有限多个.

**2.　不可度量化的完备的局部凸空间.**

**第一例**　设 $I$ 是不可数的指标集, $R$ 是实直线并取通常拓扑. 因 $R$ 是完备的局部凸空间, 故乘积空间 $R^I$ 也是完备的局部凸空间. 但它不可度量化, 因为可度量化的局部凸空间的拓扑积仍可度量化的充要条件是乘积中只有有限个或可数个因子.

**第二例**　考虑一切只有有限个非零坐标的数列所组成的线性空间 $\varphi = R^{(N)}$, 并在 $\varphi$ 上取最强的局部凸拓扑, 则 $\varphi$ 是一个完备的局部凸空间 (参看 [178], p. 216).

兹证 $\varphi$ 上不存在完备的平移不变的距离. 反设在 $\varphi$ 上存在完备的平移不变的距离 $d$, 则 $(\varphi, d)$ 为一 Fréchet 空间, 从而它是一个第二纲的集.

另一方面, $\{e_n\}$ 是 $\varphi$ 的一个 Hamel 基, 其中

$$e_n = (0, \cdots, 0, \underset{n\ \text{位}}{1}, 0, \cdots).$$

令 $\{e_1, \cdots, e_n\}$ 张成的子空间为 $E_n$, 即

$$E_n = \text{span}\{e_1, \cdots, e_n\},$$

则 $E_n$ 是 $(\varphi, d)$ 的一个闭的真子空间, 且

$$\varphi = \bigcup_{n=1}^{\infty} E_n.$$

现证每个 $E_n$ 在 $(\varphi, d)$ 内都是无处稠密的, 即 $(\overline{E})^{\circ} = \overset{\circ}{E} = \varnothing$. 假如存在某个 $n_0$ 使 $\overset{\circ}{E}_{n_0} \neq \varnothing$, 于是存在 $x_0 \in \overset{\circ}{E}_{n_0}$ 及 $x_0$ 的某个球形邻域 $B(x_0, r)$, 使 $B(x_0, r) \subset \overset{\circ}{E}_{n_0} \subset E_{n_0}$. 任取 $x \in \varphi$, 显然存在 $\alpha > 0$, 使

$$\alpha x + x_0 \in B(x_0, r) \subset E_{n_0},$$

而 $E_{n_0}$ 是线性空间, 故 $x \in E_{n_0}$, 从而 $\varphi = E_{n_0}$. 这与 $E_{n_0}$ 是 $\varphi$ 的真子空间发生矛盾. 这样便证明了各个 $E_n$ 在 $(\varphi, d)$ 内都是无处稠密的, 从而 $(\varphi, d)$ 为一第一纲的集. 此为矛盾. 因此, $\varphi$ 上不存在完备的平移不变的距离.

**3. 序列完备而不有界完备的局部凸空间.**

**第一例** 设 $K$ 为数域并取通常拓扑, $d > \aleph_0, \omega_d$ 代表 $d$ 个 $K$ 的副本所成的乘积空间. 再设 $H$ 是 $\omega_d$ 的这样的线性子空间, 其中的元素是 $x = \{\xi_\alpha\}$ 的全体, 这里至多有可数个坐标总不为 0. 显然, $H$ 在 $\omega_d$ 中是稠密的, 其实, $\omega_d$ 中的每一点是 $H$ 的某个有界子集的聚点. 因此, $H$ 不是有界完备的. 但是, $H$ 是序列完备的.

**第二例** 设 $X = l^1 = \{x = \{\xi_n\} | \sum_{n=1}^{\infty} |\xi_n| < +\infty\}$, 并在 $X$ 上取范数 $\|x\| = \sum_{n=1}^{\infty} |\xi_n|$. 再在 $X$ 上取弱拓扑 $\sigma(X, X')$, 则 $(X, \sigma(X, X'))$ 是序列完备的. 但 $(X, \sigma(X, X'))$ 并不有界完备 (参看 [178], p. 139).

**4. 有界完备而不完备的局部凸空间.**

设 $X$ 为一无穷维 Banach 空间, 则 $(X', \sigma(X', X))$ 是有界完备的. 事实上, 任取 $(X', \sigma(X', X))$ 的有界闭集 $B$, 则

$$B^\circ \in \mathcal{U}[\beta(X, X')],$$

其中 $\mathcal{U}[\beta(X, X')]$ 是 $(X, \beta(X, X'))$ 中 $o$ 点的邻域基. 因此, 据 Alaoglu-Bourbaki 定理 (参看 [20],p.39), $B^{\circ\circ}$ 是 $\sigma(X', X)$ 紧的. 因 $B$ 是 $B^{\circ\circ}$ 的闭子集, 故 $B$ 也是 $\sigma(X', X)$ 紧的, 即 $(X', \sigma(X', X))$ 是有界完备的. 另一方面, 因 $X$ 是无穷维的, 故 $(X', \sigma(X', X))$ 并不完备.

**5. 完备而不 $Br$ 完备的局部凸空间.**

我们首先指出, 对任一线性空间 $X$, 若在 $X$ 上赋予最强的局部凸拓扑 $\tau$, 则 $(X, \tau)$ 必定是完备的. 事实上, 设 $H$ 是局部凸空间 $(X, \tau)$ 的一个 Hamel 基, 则对每一 $x \in (X, \tau), x$ 可唯一地表成有限和的形式:

$$x = \sum_\nu t_\nu h_\nu, \quad t_\nu \in K, \quad h_\nu \in H.$$

因此, $(X, \tau)$ 线性同胚于直接和空间 $K^{(H)}$, 由于 $K$ 是完备的, 而完备空间的直接和仍是完备的, 因而 $K^{(H)}$ 是完备的. 又, 容易证明两个线性同胚的线性拓扑空间或者都是完备的, 或者都是不完备的. 因此, $(X, \tau)$ 也是完备的.

今取 $(X, d)$ 是一个局部凸的无穷维 Fréchet 空间, 再在 $X$ 上取最强的局部凸拓扑 $\tau$, 则 $(X, \tau)$ 是完备的局部凸空间. 由于 $(X, d)$ 是桶空间, 且拓扑 $\tau$ 强于 $X$ 上的 Fréchet 拓扑 $d$. 因此, 如果 $(X, \tau)$ 是 $Br$ 完备的, 那么必有 $\tau = d$ (参看 [178], 推论 12-5-10). 于是, $(X, \tau)$ 可度量化. 然而, 我们知道对任一无穷维线性空间, 在其上取最强的局部凸拓扑后必定不可度量化. 因此, $(X, \tau)$ 不是 $Br$ 完备的.

**注**　是否存在一个局部凸空间是 $Br$ 完备的, 但不是 $B$ 完备的, 这是尚未解决的一个问题.

### 6.　全完备而不超完备的线性拓扑空间.

设 $X$ 为一线性空间, $X^{\#}$ 为 $X$ 的代数对偶, 并在 $X^{\#}$ 上取拓扑 $\sigma(X^{\#}, X)$.

兹证线性拓扑空间 $(X^{\#}, \sigma(X^{\#}, X))$ 是全完备的, 即要证明 $(X^{\#}, \sigma(X^{\#}, X))'$ 中每个 $aw^*$ 闭的线性子空间都是 $w^*$ 闭的. 事实上, 因 $m(X, X^{\#})$ 是 $X$ 上最强的局部凸拓扑, 故 $(X, m(X, X^{\#}))$ 的每个子空间是闭的. 又因 $m(X, X^{\#})$ 与 $\sigma(X, X^{\#})$ 是 $X$ 上的两个相容的拓扑, 故 $(X, m(X, X^{\#}))$ 的每个子空间也是 $\sigma(X, X^{\#})$ 闭的. 由于 $(X^{\#}, \sigma(X^{\#}, X))' = X$, 因而

$$(X, \sigma(X, X^{\#})) = ((X^{\#})', \quad \sigma[(X^{\#})', X^{\#}]).$$

于是, $(X^{\#}, \sigma(X^{\#}, X))'$ 中每个子空间是 $w^*$ 闭的, 即 $(X^{\#}, \sigma(X^{\#}, X))$ 是全完备的.

今取 $X = [0, 1]$, 并设 $m$ 是 $X$ 上的 Lebesgue 测度, $S(X, m)$ 是 $X$ 上一切 $(L)$ 可测的实值函数所组成的线性空间. 对每一自然数 $n$, 令

$$U_n = \left\{ x \,\middle|\, m\left\{ t \,\middle|\, |x(t)| > \frac{1}{n} \right\} < \frac{1}{n} \right\},$$

则 $\{U_n\}_{n=1}^{\infty}$ 是 $S(X, m)$ 上某个线性拓扑 $\tau$ 的一个局部基. 因此, $(S(X, m), \tau)$ 为一线性拓扑空间. 易证, $(S(X, m), \tau)$ 上不存在非零连续线性泛函. 其实, $(S(X, m), \tau)$ 上也不存在非零且非负的线性泛函 (参看 [89], p. 55).

现取 $F = S(X, m)$, 如上所述, $(F^{\#}, \sigma(F^{\#}, F))$ 是全完备的. 令 $A = \{x \,|\, x \geqslant 0\}$, 则 $A$ 是 $(F^{\#}, \sigma(F^{\#}, F))'$ 中的 $aw^*$ 闭凸集. 由于 $(F, \tau)$ 上不存在非零且非负的线性泛函, 因而 $A$ 不是 $w^*$ 闭的. 于是, $(F^{\#}, \sigma(F^{\#}, F))$ 不是超完备的.

### 7.　不可度量化的超完备的局部凸空间.

设 $(F, \tau)$ 是无穷维的局部凸的 Fréchet 空间, 令 $X = F'$, 并在 $X$ 上取 Mackey 拓扑 $m(X, X')$, 则可证局部凸空间 $(X, m(X, X'))$ 是超完备的. 事实上, 任取 $X'$ 中的凸集 $S$, 它是 $aw^*$ 闭的. 我们将要证明, $S$ 是 $\tau$ 闭的. 于是, 因 $S$ 是凸集, 故 $S$ 的 $w^*$ 闭 $= \sigma(X', X)$ 闭 $= \sigma(F, F')$ 闭, 从而证明了 $(X, m(X, X'))$ 是超完备的. 为证 $S$ 是 $\tau$ 闭的, 我们任取 $\{x_n\} \subset S$ 且 $x_n \to x$. 令 $E = \{x_n\} \cup \{x\}$, 则 $E$ 是 $(F, \tau)$ 中的一个紧子集. 因此, $E$ 是 $\tau$ 等度连续的. 于是, $S \cap E$ 是 $E$ 中的 $w^*$ 闭集, 因而 $\sigma(F, F')$ 闭集, 所以 $S \cap E$ 在 $E$ 中是 $\tau$ 闭的, 故 $x \in S$.

但是, 局部凸空间 $(X, m(X, X'))$ 不可度量化.

### 8. 不完备的 $G$ 空间.

设 $X$ 是局部凸空间, $X'$ 的子集 $A$ 称为 $gw^*$ 闭的, 如果对 $X$ 中的每个桶 $B, B° \cap A$ 是 $X'$ 中的 $w^*$ 紧集. 若将 "桶 $B$" 改成 $X$ 中 $o$ 点的邻域 $B$, 则 $A$ 就是 $aw^*$ 闭的. 显然, $gw^*$ 闭集必是 $aw^*$ 闭的. 当 $X$ 是桶空间时, 二者一致.

局部凸空间 $(X, \tau)$ 称为 $G(Gr)$ 空间, 如果 $X'$ 中每个 $gw^*$ 闭的 ($w^*$ 稠密的 $gw^*$ 闭的) 线性子空间是 $w^*$ 闭的.

若将 "$gw^*$" 换成 "$aw^*$", 上述空间就成了熟知的 $B$ 完备与 $Br$ 完备空间. 显然, $B(Br)$ 完备空间是 $G(Gr)$ 空间; 桶型的 $G(Gr)$ 空间是 $B(Br)$ 完备的.

$G$ 空间的概念是由关波[5] 引进的. 一般说来, $G$ 空间未必完备. 事实上, 若 $(X, \tau)$ 是 $G(Gr)$ 空间, 则 $X$ 在任何与 $\tau$ 相容的拓扑下也是 $G(Gr)$ 空间. 今设 $X$ 是一个无穷维自反的 Banach 空间, 则 $X$ 在弱拓扑下是 $G$ 空间, 但它并不完备.

### 9. 两个相容的拓扑, 其中一个完备而另一个不完备.

例 8 的线性拓扑空间具有所需的性质. 又如, 我们用 $c_0$ 代表一切收敛于 $0$ 的数列所组成的线性空间, 则 $c_0$ 上的范数拓扑 $\|x\|_\infty = \sup_n |\xi_n|$ 与弱拓扑 $\sigma(c_0, l)$ 是相容拓扑. 然而 $(c_0, \|\cdot\|_\infty)$ 是完备的, $(c_0, \sigma(c_0, l))$ 甚至不是序列完备的.

### 10. 存在某个不可分的局部凸空间, 它的每个有界子集都是可分的.

在线性空间 $l^\infty$ 上取最强的局部凸拓扑 $\tau$, 则 $(l^\infty, \tau)$ 为一不可分的局部凸空间. 又, $(l^\infty, \tau)$ 中每个有界子集都是有限维的, 从而它是可分的.

**注** 在连续统的假设下, 可以构造具有上述性质的 Fréchet 空间. 这种例子首先由 Amemiya[29] 作出, Dieudonné[49] 和 Kōmura[93] 也构造了这方面的例子.

### 11. 存在某个完备空间的稠密的真子空间, 它是序列完备的.

可以证明, 若 $X$ 为一线性空间, 则 $(X^\#, w^*)$ 一定是完备的 (参看 [178], p. 105).

若 $X$ 为一桶空间, 则 $(X', w^*)$ 一定是序列完备的. 事实上, 因 $X^\#$ 是 $w^*$ 完备的, 故只要证明 $X'$ 在 $(X^\#, w^*)$ 中是序列闭的即可. 由于 $X'$ 中序列的逐点收敛与 $w^*$ 收敛是一致的, 因而如果 $\{f_n\} \subset X'$ 是 $w^*$ 收敛于 $f$, 那么 $\{f_n\}$ 亦必逐点收敛于 $f$. 于是, 对每一 $x \in X, \{f_n(x)\}$ 必定有界. 因 $X$ 是桶空间, 故 $\{f_n\}$ 必定等度连续. 因此, 若对任意 $V \in \mathcal{U}(X)$, 且 $V$ 是闭的, 令

$$U = \cap\{f_n^{-1}(V) | n = 1, 2, \cdots\},$$

则 $U \in \mathcal{U}(X)$, 其中 $\mathcal{U}(X)$ 表示拓扑空间 $X$ 中 $o$ 点的基本邻域系. 易证, $f^{-1}(V) \supset U$, 故 $f$ 连续, 即 $f \in X'$. 因此, $(X', w^*)$ 是序列完备的.

今取 $X$ 为一不完备的第二纲赋范线性空间, 则 $X$ 为一桶空间, 且 $X$ 上存在不连续的线性泛函, 故 $X' \neq X''$. 由上述所论可知, $(X^{\#}, w^*)$ 是完备的, $(X', w^*)$ 在 $(X^{\#}, w^*)$ 中是序列闭的, 从而 $(X', w^*)$ 是序列完备的. 此外, $X'$ 在 $(X^{\#}, w^*)$ 中是稠密的 (参看 [178], p. 104).

**12.　一个局部凸空间的对偶空间中的弱 * 紧集, 它并不强 * 有界.**

设 $A$ 是线性空间 $X$ 的子集, 若 $A$ 既是凸集又是平衡集, 则称 $A$ 是绝对凸集.

由 Mackey-Arens 定理可知, 若 $X$ 是局部凸空间, 则 $X'$ 中每个绝对凸的弱 * 紧集 $A$ 必定是强 * 有界的 (参看 [178], p. 133). 应当注意, 在这个命题中 $A$ 为绝对凸的条件不可去掉. 例如, 我们考虑一切只有有限个非零坐标的数列所组成的线性空间 $\varphi = R^{(N)}$. 对 $x = \{\xi_n\} \in \varphi$, 令

$$\|x\|_\infty = \sup_n |\xi_n|,$$

则 $X = (\varphi, \|\cdot\|_\infty)$ 为一局部凸空间. 对 $x = \{\xi_n\} \in X$, 令

$$P_n(x) = \xi_n,$$

则 $A = \{nP_n\} \cup \{0\} \subset X'$. 因为对每一 $x \in X, nP_n(x) = n\xi_n$ 最终成立, 故 $\{nP_n\}$ 弱 * 收敛于 $o$. 因此, $A$ 是弱 * 紧的. 然而, 因 $X' = l^1$ 且强 * 拓扑 $\beta(X', X)$ 就是范数拓扑 $\|\cdot\|_1$, 又 $\|nP_n\|_1 = n$, 故 $A$ 不是强 * 有界的.

**13.　一个局部凸空间中的凸紧集, 它不是其端点集的凸包.**

可以证明, 在有限维线性拓扑空间内, 每个凸紧集必是其端点集的凸包, 而且这个凸包还是闭的. 对于无穷维局部凸空间甚至对于 Banach 空间而言, 这一命题并不成立. 例如, 在 Banach 空间 $l^1$ 内, 取

$$e_n = (0, 0, \cdots, 0, \underset{n\text{ 位}}{1}, 0, \cdots),$$

并令 $A$ 为 $\{e_n/n | n = 1, 2, \cdots\}$ 与 $\{0\}$ 的并集的闭凸包, 则 $A$ 为一凸紧集. 但是, $A$ 并不等于它的端点集的凸包.

**14.　一个局部凸空间中的平衡闭凸集, 它没有端点.**

设 $X = L[a, b]$ 是定义在闭区间 $[a, b]$ 上的满足条件

$$\int_a^b |x(t)| \mathrm{d}t < +\infty$$

的一切 $(L)$ 可测函数 $x(t)$ 所组成的线性空间, 其中几乎处处相等的函数视为同一元素. 令

$$\|x\| = \int_a^b |x(t)|\mathrm{d}t,$$

则 $(X, \|\cdot\|)$ 为一 Banach 空间.

兹证 $(X, \|\cdot\|)$ 中的单位闭球 (它是一个平衡闭凸集) 没有端点. 事实上, 对 $U = \{x \in L[a,b]| \; \|x\| \leqslant 1\}$ 中的元 $x, \|x\| = 1$, 我们取 $c \in [a,b]$, 使

$$\int_a^c |x(t)|\mathrm{d}t = \frac{1}{2}.$$

令

$$x_1(t) = \begin{cases} 2x(t), & t \in [a,c), \\ 0, & t \in [c,b], \end{cases}$$

$$x_2(t) = \begin{cases} 0, & t \in [a,c), \\ 2x(t), & t \in [c,b]. \end{cases}$$

显然, $\|x_1\| = \|x_2\| = 1, x = \frac{1}{2}(x_1 + x_2)$. 因此, $x \notin \mathrm{ext}(U)$. 因 $x \in U$ 是任取的, 故 $\mathrm{ext}(U) = \varnothing$.

## 15.　具有稠密端点的凸集.

Krein-Milman 定理[96] 是说, 若 $C$ 是局部凸的 Hausdorff 空间中的紧凸集, 则 $C$ 是它的端点集 $\mathrm{ext}C$ 的闭凸包, 即 $C$ 是包含 $\mathrm{ext}C$ 的最小闭凸集 (参看 [89], p. 131).

Bade 提出如下问题: 是否存在这样的局部凸空间中的凸集 (非单点集), 它是其端点集的闭包?

Poulsen[129] 构造了一个具有所需性质的空间与凸集的例子, 现介绍如下.

设 $l^2$ 是实 Hilbert 空间:

$$l^2 = \left\{ x = \{x_i\} \,\middle|\, \sum_{i=1}^{\infty} x_i^2 < +\infty \right\}, \quad (x,y) = \sum_{i=1}^{\infty} x_i y_i.$$

$C$ 为 $l^2$ 的子集:

$$C = \left\{ x = \{x_i\} \,\middle|\, \sum_{i=1}^{\infty} (2^i x_i)^2 \leqslant 1 \right\},$$

则 $C$ 是凸集, 且 $C$ 是其端点集的闭包. 事实上, 令

$$E^n = \{x = \{x_i\}| x_{n+1} = x_{n+2} = \cdots = 0\},$$

则 $E^n$ 是 $l^2$ 的子空间. 设 $P_n$ 是 $l^2$ 到 $E^n$ 上的射影, 即若 $x = \{x_i\} \in l^2$, 则

$$P_n(x) = (x_1, x_2, \cdots, x_n, 0, 0, \cdots).$$

于是, 我们得到

$$
\begin{aligned}
C \cap E^n &= P_n(C) \\
&= \left\{ \{x_i\} \,\middle|\, \frac{x_1^2}{(2^{-1})^2} + \frac{x_2^2}{(2^{-2})^2} + \cdots + \frac{x_n^2}{(2^{-n})^2} \leqslant 1 \right\}.
\end{aligned}
$$

令 $C_n = C \cap E^n$, 则 $C_n$ 作为 $E^n$ 的子空间时, $C_n$ 的端点是 $C_n$ 的边界 $B_n$ 上的点. 此外, $B_n$ 上的每一点都是 $C_n$ 的端点. 因为如果 $x_0 \in B_n$, 且 $0 \neq y \in l^2$, 则存在 $m \geqslant n$ 使 $P_m(y) \neq 0$. 因 $x_0 \in B_n \subset B_m$, 故 $x_0$ 是 $C_m$ 的端点, 且对所有 $-1 \leqslant t \leqslant 1, x_0 + tP_m(y) = P_m(x_0 + ty)$ 不属于 $C_m = P_m(C)$. 因此, 对所有 $-1 \leqslant t \leqslant 1, x_0 + ty$ 不属于 $C$. 由于 $y$ 是任取的, 因而 $x_0$ 是 $C$ 的端点.

令 $B = \bigcup_{n=1}^{\infty} B_n$, 则 $B$ 包含于 $C$ 的端点集之中. 又, $C$ 显然是闭集, 故只要证明 $B$ 在 $C$ 中稠密即可. 为此, 任取 $x \in C$, 则 $P_n(x) \in C_n$, 且

$$\|x - P_n(x)\| \leqslant 2^{-n-1} + 2^{-n-2} + \cdots = 2^{-n}.$$

因椭球 $C_n: \frac{x_1^2}{(2^{-1})^2} + \frac{x_2^2}{(2^{-2})^2} + \cdots + \frac{x_n^2}{(2^{-n})^2} \leqslant 1$ 的最短半轴之长为 $2^{-n}$, 故 $C_n$ 的每一点与 $B_n$ 的距离至多为 $2^{-n}$, 从而 $C$ 的每一点与 $B_n$ 的距离至多为 $2^{-n} + 2^{-n} = 2^{-n+1}$, 即 $B$ 在 $C$ 中是稠密的.

**16. 一个线性拓扑空间中的紧凸集, 它没有端点.**

参见 Roberts[137].

**17. 一个局部凸 Hausdorff 空间中的两个凸紧集 $A$ 与 $B$, 使 $\mathrm{ext}(A+B) \neq \mathrm{ext}(A) + \mathrm{ext}(B)$.**

设 $A, B$ 是局部凸 Hausdorff 空间 $X$ 中非空凸紧子集, 则 $A \times B$ 是 $X \times X$ 中的紧子集, 且

$$\mathrm{ext}(A \times B) = \mathrm{ext}(A) \times \mathrm{ext}(B).$$

又容易证明, $A + B = \{x + y \mid x \in A, y \in B\}$ 是 $X$ 中的非空凸紧子集, 且

$$\mathrm{ext}(A + B) \subset \mathrm{ext}(A) + \mathrm{ext}(B).$$

应当注意, 这个包含关系一般是严格的 (参看 [95]). 于是, 便产生下述问题:

给定 $x \in \mathrm{ext}(A)$, 是否一定存在 $y \in \mathrm{ext}(B)$, 使得 $x + y \in \mathrm{ext}(A + B)$?

Husain 和 Tweddle[85] 指出, 这个问题的答案也是否定的. 读者如有兴趣, 可参看作者的原文.

**18.　存在某个紧集, 其绝对凸闭包不是紧的.**

设 $\varphi = R^{(N)}$ 表示只有有限个非零坐标的数列所组成的线性空间, 并在 $\varphi$ 上取上确界范数, 即对 $x = |\xi_n| \in \varphi$, $\|x\|_\infty = \sup_n\{\xi_n\}$, 并令 $X = (\varphi, \|x\|_\infty)$. 对 $x = \{\xi_n\} \in X$, 令 $P_n(x) = \xi_n$, 则 $A = \{nP_n\} \cup \{0\} \subset X' = l^1$. 由于对每一 $x \in X$, 当 $n$ 充分大时, 就有

$$nP_n(x) = n\xi_n = 0,$$

因而 $nP_n \xrightarrow{w^*} 0$, 即在局部凸空间 $(X', \sigma(X', X))$ 中, $nP_n \to 0$. 于是, $A$ 是弱 * 紧的, 即 $A$ 是 $(X', \sigma(X', X))$ 中的紧集.

设 $H$ 是 $A$ 在 $(X', \sigma(X', X))$ 中的绝对凸闭包. 假如 $H$ 也是 $(X', \sigma(X', X))$ 中的紧集, 即 $H$ 是 $X'$ 中的绝对凸的弱 * 紧集, 则 $H$ 必是强 * 有界的, 即 $H$ 是 $\beta(X', X)$ 有界的. 于是, $H$ 的子集 $A$ 也将是强 * 有界的. 然而, 我们在例 12 中已经指出, $A$ 并不强 * 有界. 因此, $H$ 在 $(X', \sigma(X', X))$ 中不是紧的.

**注**　局部凸空间 $X$ 称作有**凸紧性质**, 如果对于每个紧集 $K \subset X$, $K$ 的绝对凸的闭包也是紧的. 例 18 说明了局部凸空间 $(l^1, \sigma(l^1, \varphi))$ 没有凸紧性质.

容易证明, 有界完备的局部凸空间必有凸紧性质.

此外, 如所周知, 有界完备的局部凸空间必是序列完备的. Ostling 和 Wilansky[124] 指出, 序列完备的局部凸空间未必有凸紧性质. 又, 具有凸紧性质的局部凸空间也未必是序列完备的 (参看 [178], p.233).

**19.　一个对偶空间 $\langle X, Y \rangle$, 使 $X$ 上的一个相容拓扑并不位于 $\sigma(X, Y)$ 与 $m(X, Y)$ 之间.**

由 Mackey-Arens 定理可知, 若 $\langle X, Y \rangle$ 是对偶空间, 则为使 $X$ 上的局部凸拓扑是相容的, 当且仅当它位于 $\sigma(X, Y)$ 与 $m(X, Y)$ 之间.

应当注意, 在这个命题中拓扑的局部凸性不可去掉. 例如, 设 $T_0$ 是 $X$ 上隔离的线性拓扑, 使得 $(X, T_0)' = \{o\}$. 令

$$T = m(X, Y) \cup T_0,$$

则 $(X, T)' = Y$, 故 $T$ 是 $X$ 上的相容拓扑. 但 $T$ 并不位于 $\sigma(X, Y)$ 与 $m(X, Y)$ 之间.

**20.　一个线性空间, 在它上面的所有相容局部凸拓扑都是相同的.**

设 $\omega$ 是一切数列所组成的线性空间. 在 $\omega$ 上最强的局部凸的相容拓扑是 $m(\omega, \omega')$, 最弱的局部凸的相容拓扑是 $\sigma(\omega, \omega')$. 据 Mackey-Arens 定理, 为

证 $\omega$ 上的所有相容的局部凸拓扑都是相同的, 只要证明 $m(\omega, \omega') = \sigma(\omega, \omega')$ 即可. 因 $\omega = K^N$, 故 $\omega$ 上的拓扑就是乘积拓扑, 它就是 $\sigma(\omega, \omega')$. 由于 $K$ 是可度量化的局部凸空间, 而有限个或可数个可度量化空间之积仍可度量化, 故 $\omega$ 是线性度量空间, 且是完备的. 因此, $(\omega, \sigma(\omega, \omega'))$ 是 Fréchet 空间, 从而是桶空间, 故它也是 Mackey 空间. 于是, $\sigma(\omega, \omega') = m(\omega, \omega')$.

**21.** **一族局部凸空间 $X_\alpha$ 的归纳极限 $X$, 使 $X$ 的某个有界集不包含于任何一个 $X_\alpha$ 内.**

对于局部凸空间族 $X_\alpha$ 的归纳极限 $X$, 下述问题是基本的: $X$ 的每个有界集是否必定包含于某个 $X_\alpha$ 内? 这个问题的答案是否定的. 例如, 设 $A$ 为一不可数集, 令

$$\omega_0(A) = \{\{x_\lambda\}, \lambda \in A \mid \text{除了可数个 } \lambda \text{ 而外, 其余的 } \lambda \text{ 都使 } x_\lambda = 0\}.$$

再设 $A_\alpha$ 是 $A$ 的可数子集, 并令

$$\omega(A_\alpha) = \{\{x_\lambda\} \mid x_\lambda = 0 \text{ 对 } \lambda \notin A_\alpha\}.$$

在 $\omega_0(A)$ 与 $\omega(A_\alpha)$ 上都取乘积拓扑, 则 $\omega_0(A)$ 是局部凸空间族 $\{\omega(A_\alpha)\}$ 的归纳极限. 可以证明, 并非 $\omega_0(A)$ 的每个有界子集都包含于某个 $\omega(A_\alpha)$ 内.

**注**　如果 $Y$ 是闭子空间序列 $\{X_n\}$ 的严格归纳极限, 那么 $Y$ 的每个有界子集必定包含于某个 $X_n$ 内 (参看 [178], 定理 13-3-8). 上述反例说明了不能把这个命题推广到不可数个空间的情形.

**22.** **一个局部凸空间族 $X_\alpha$ 的归纳极限 $X$, 使在某个 $X_\alpha$ 上由 $X$ 诱导出来的拓扑不等于 $X_\alpha$ 的原拓扑.**

Köthe[95] 提出如下问题: 关于局部凸空间族 $X_\alpha$ 的归纳极限 $X$, 每个 $X_\alpha$ 由 $X$ 诱导出来的拓扑是否一定等于 $X_\alpha$ 上的原拓扑?

Kōmura[93] 构造了一个反例, 说明这个问题的答案是否定的. 读者如有兴趣, 可参看作者的原文.

**注**　设 $(Y, \tau)$ 是局部凸空间序列 $\{(X_n, \tau_n)\}$ 的严格归纳极限, 则对每一 $n$, 有 $\tau|X_n = \tau_n$ (参看 [178], 定理 13-3-4). Kōmura 的例子说明了不能把这个定理推广到不可数个空间的情形.

**23.** **存在某个局部凸空间中的两个赋范子空间的代数直接和, 它不可度量化.**

下列问题是很重要的: 局部凸空间中两个赋范子空间的直接和是否仍是赋范空间?

Lohman[105] 指出, 这个问题的答案是否定的. 他构造了一个不可度量化的非桶而又局部凸的线性拓扑空间, 它是两个子空间的代数直接和, 其中每一个在相对拓扑下是 Banach 空间.

为构造所需的例子, 我们先证明下面的

**引理**　设 $F, G$ 是 Banach 空间 $H$ 的闭线性子空间, 使 $F \cap G = \{o\}$, 且 $F + G$ 在 $H$ 中不闭, 则在 $F + G$ 上存在不连续的线性泛函 $f$, 使 $f|F$ 连续, 且 $f|G = o$.

**证明**　对 $x \in F, y \in G$, 考虑 $F + G$ 到 $F$ 上的射影 $P : P(x + y) = x$. 因 $F + G$ 在 $H$ 中不闭, 故 $P$ 不连续. 因此, $P$ 也不弱连续. 于是, 在 $F$ 上存在连续线性泛函 $g$, 使 $g \circ P$ 不连续. 令 $f = g \circ P$, 则 $f|F = g$ 连续, 且 $f|G = o$. 引理证毕.

现在构造所需的例子. 设 $\Gamma$ 为一个不可数集, $\{\Gamma_\lambda | \lambda \in \Lambda\}$ 是 $\Gamma$ 的一个分割, 使 $\Gamma_\lambda$ 都是可数集, 且当 $\lambda \neq \lambda'$ 时, $\Gamma_\lambda \cap \Gamma_{\lambda'} = \varnothing$, 而 $\Lambda$ 是不可数的指标集. 令 $F = c_0, G$ 是 Banach 空间 $l^\infty$ 的一个闭线性子空间, 使 $F \cap G = \{o\}$, 且 $F + G$ 在 $l^\infty$ 中不闭. 例如, $G$ 可取 $l^\infty$ 中与 $c_0$ 拟相补的闭线性子空间 (参看 [140]). 令

$$Y = \{y \in l^\infty(\Gamma) | \text{对任意 } \lambda \in \Lambda, y|\Gamma_\lambda \in F\},$$
$$Z = \{z \in l^\infty(\Gamma) | \text{对任意 } \lambda \in \Lambda, z|\Gamma_\lambda \in G\},$$

则 $Y$ 与 $Z$ 在 $l^\infty(\Gamma)$ 中都是闭的. 又 $Y \cap Z = \{o\}$, 且 $Y + Z$ 在 $l^\infty(\Gamma)$ 中不闭. 据引理, 在 $F + G$ 上存在不连续的线性泛函 $f$, 使 $f|F$ 连续, 且 $f|G = o$. 对每一 $\lambda \in \Lambda$, 令

$$G_\lambda = \{x \in Y + Z | x(r) = 0 \text{ 当 } r \notin \Gamma_\lambda \text{ 时}\},$$
$$H_\lambda = \{x \in Y + Z | x(r) = 0 \text{ 当 } r \in \Gamma_\lambda \text{ 时}\},$$

并在 $Y + Z$ 上定义线性泛函 $f_\lambda$, 使

$$f_\lambda | G_\lambda = f, \quad f_\lambda | H_\lambda = o,$$

则对每一 $\lambda \in \Lambda, f_\lambda | Y$ 连续, $f_\lambda | Z = o$, 且 $f_\lambda | G_\lambda$ 不连续. 我们用 $\|\cdot\|$ 代表 Banach 空间 $l^1(\Gamma)$ 的范数, 则形如

$$V_{\varepsilon, \sigma} = \{x \in Y + Z | \|x\| \leqslant 1, |f_\lambda(x)| \leqslant \varepsilon \text{ 对所有 } \lambda \in \sigma\}$$

的集所组成的集族构成了 $X = Y + Z$ 上的某个局部凸拓扑 $\tau$ 的 $o$ 点的基本邻域系, 这里 $\varepsilon > 0, \sigma$ 是 $\Lambda$ 的任意子集. 由于 $\tau$ 在 $Y$ 和 $Z$ 上的限制是范数拓扑, 因

而 $f_\lambda|Y$ 和 $f_\lambda|Z$ 都是范数连续的. 于是, 在 $\tau$ 的相对拓扑下, $Y$ 和 $Z$ 都是 Banach 空间.

兹证局部凸空间 $(X,\tau)$ 不可度量化.

假如相反, 则存在正数 $\varepsilon_n > 0$ 及有限子集 $\sigma_n \in \Lambda$, 使 $\{V_{\varepsilon_n,\sigma_n}\}_{n=1}^\infty$ 组成 $o$ 点的 $\tau$ 邻域基本系. 因 $\Lambda$ 不可数, 故存在 $\beta \in \Lambda \backslash \bigcup_{n=1}^\infty \sigma_n$. 又因每个 $f_\lambda$ 都是 $\tau$ 连续的, 故存在自然数 $m$, 使 $f_\beta(V_{\varepsilon_m,\sigma_m})$ 是有界集. 可见 $f_\beta$ 在 $\bigcap_{\lambda\in\sigma_m} \mathrm{Ker}f_\lambda = \bigcap_{\lambda\in\sigma_m}\{x|f_\lambda(x)=0\}$ 上是范数连续的. 因 $G_\beta \subset \bigcap_{\lambda\in\sigma_m} \mathrm{Ker}f_\lambda$, 故 $f_\beta$ 在 $G_\beta$ 上亦必是范数连续的. 这与对每一 $\lambda\in\Lambda, f_\lambda|G_\lambda$ 不连续发生矛盾. 因此, $(X,\tau)$ 不可度量化.

其次, 由一般的闭图像定理 (参看 [81], p. 301), 可知 $X$ 关于拓扑 $\tau$ 不是桶空间.

**24. 非局部凸的几乎弱 * 拓扑.**

设 $X$ 是局部凸空间, $X'$ 上 $aw^*$ 拓扑称作局部凸的, 是指 $X'$ 上存在局部凸拓扑 $\tau$, 使 $X'$ 中的 $\tau$ 闭集与 $aw^*$ 闭集是相同的.

应当注意, $X'$ 上的 $aw^*$ 拓扑未必是局部凸的. 事实上, 可以证明, 如果 $X'$ 上的 $aw^*$ 拓扑是局部凸的, 且 $X$ 是完备的局部凸空间, 那么 $X$ 必定是超完备的 (参看 [178], p. 192). 今取 $X$ 为一完备而非超完备的局部凸空间 (参看例 6), 则 $X'$ 上的 $aw^*$ 拓扑必然不是局部凸的.

**25. 几乎弱 * 闭而不弱 * 闭的集合.**

设 $(X,\tau)$ 是局部凸空间, 我们知道, 集 $S\subset X'$ 称作几乎弱 * 闭的, 是指对每一 $U\in\mathcal{U}(X), S\cap U^\circ$ 是 $X'$ 中的弱 * 紧集. 据 Alaoglu-Bourbaki 定理 (参看 [178], p. 130), 凡弱 * 闭集必定是几乎弱 * 闭的. 应当注意, 这个命题之逆并不成立. 例如, 令 $X = (\varphi, \|\cdot\|_\infty)$, 则 $X' = l^1$. 再令 $S = \{nP_n\}$, 则 $S\subset X'$, 且对每一 $x = \{\xi_n\}\in X$, 有 $nP_n(x) = n\xi_n \to 0$. 因 $0\notin S$, 故 $S$ 不是弱 * 闭的. 然而, 任取 $U\in\mathcal{U}(X), E = U^\circ$ 是 $X'$ 中的等度连续集, 故它是 $\|\cdot\|_1$ 有界的. 于是, 据 $S$ 的定义, $E\cap S$ 必为有限集, 从而必为弱 * 紧集. 因此, $S$ 是几乎弱 * 闭的.

**注** 这个反例说明了对于赋范线性空间而言, 其拓扑对偶空间中的几乎弱 * 闭集未必是弱 * 闭的. 其实, 还可进一步构造一个 Banach 空间, 其拓扑对偶空间中的几乎弱 * 闭集未必是弱 * 闭的 (参看 [178], p. 185).

**26. 存在某个全完备空间到另一个全完备空间上的连续线性映射, 它不是开的.**

参见 Ptáx 的文章 [133].

### 27. 伪完备而不完备的线性拓扑空间.

拓扑空间 $X$ 称作拟正则的, 是指 $X$ 的每个非空开集都包含某个非空开集的闭包.

非空开集族 $\mathcal{B}$ 称作伪基, 是指每个非空开集一定包含 $\mathcal{B}$ 的某个元.

拟正则拓扑空间称作伪完备的, 是指存在一个伪基序列 $\{\mathcal{B}_n\}$, 使得如果序列 $\{U_n\}$ 的项分别是序列 $\{\mathcal{B}_n\}$ 的项中的元, 且每个 $U_n$ 包含 $U_{n+1}$ 的闭包, 则 $\bigcap_{n=1}^{\infty} U_n \neq \varnothing$.

伪完备拓扑空间是由 Oxtoby[125] 引入的. Oxtoby 证明了每个完备的可度量化空间是伪完备的.

Todd[167] 证明了线性度量空间是伪完备的, 当且仅当它是完备的. 然而, 完备的线性拓扑空间未必是伪完备的.

Todd 还证明了下面的

**定理** 设 $X$ 是一族伪完备的线性拓扑空间之积, $X_0$ 是 $X$ 的线性子空间, 它包含 $X$ 中全体这样的元素, 这种元素的坐标除了至多可数个不为 0 而外, 其余的全为 0, 则 $X_0$ 也是伪完备的.

根据这一定理, Todd 进一步指出, 伪完备线性拓扑空间也未必是完备的. 例如, 设 $X$ 是不可数个非平凡的完备的线性度量空间之积, $X_0$ 是 $X$ 的线性子空间, 它由 $X$ 中这样的元组成, 其坐标除了至多可数个不为 0 而外, 其余的全为 0. 据上面的定理, 线性拓扑空间 $X_0$ 是伪完备的. 然而, 因 $X_0$ 是 $X$ 的稠密的真子空间, 故 $X_0$ 并不完备.

### 28. 一个线性拓扑空间上的平移不变的距离, 它不能连续扩张成为完备化空间上的距离.

拓扑空间 $X$ 称作有连续距离, 是指集 $X$ 上存在一个距离, 它在 $X$ 上诱导出来的拓扑弱于 $X$ 上的原拓扑.

设 $X$ 是一个在范数 $p$ 下的无穷维 Banach 空间, $\|\cdot\|$ 是 $X$ 上的另一个范数, 它在 $X$ 上诱导出来的线性拓扑严格强于由 $p$ 诱导出来的线性拓扑, 则 $p$ 是 $(X, \|\cdot\|)$ 上的连续范数.

因 $(X, p)$ 是完备的, 故由 Banach 逆算子定理可知, $(X, \|\cdot\|)$ 必定不完备. 于是, 存在 $(X, \|\cdot\|)$ 中的 Cauchy 序列 $\{x_n\}$, 它在 $(X, \|\cdot\|)$ 中不收敛. 假定 $\{x_n\}$ 在 $(X, \|\cdot\|)$ 的完备化空间 $(\widehat{X, \|\cdot\|})$ 内收敛于某个元 $y$, 则它也收敛于某个 $x \in (X, p)$. 若 $\widehat{p}$ 是 $p$ 在 $(\widehat{X, \|\cdot\|})$ 上的连续扩张, 则显然有

$$\widehat{p}(y - x) = \lim_{n \to \infty} \widehat{p}(x_n - x) = \lim_{n \to \infty} p(x_n - x) = 0.$$

因 $y - x \neq o$, 故 $\widehat{p}$ 不是 $\widehat{(X, \|\cdot\|)}$ 上的范数, 这就说明了 $p(u-v)$ 是 $(X, \|\cdot\|)$ 上的一个平移不变的连续距离, 它在完备化空间上的扩张 $\widehat{p}(u-v)$ 不是一个距离.

这个例子是由 Todd[167] 作出的.

### 29. 一个局部凸空间的凸紧子集, 它关于度量空间有绝对扩张, 而关于紧 Hausdorff 空间没有绝对扩张.

拓扑空间 $Y$ 称作关于度量空间 (紧 Hausdorff 空间) 有绝对扩张, 是指对任一度量空间 (紧 Hausdorff 空间) $X$ 及 $X$ 的任一闭子集 $A$, 由 $A$ 到 $Y$ 内的任一连续映射都可扩张为 $X$ 到 $Y$ 的连续映射.

Arens[34] 间接地证明, 存在局部凸空间的一个凸紧子集, 它关于度量空间有绝对扩张, 而关于紧 Hausdorff 空间没有绝对扩张. 这里, 我们介绍 Michael[113] 直接给出的一个例子.

**定理**　设 $X$ 是 $\aleph$ 个单位闭区间的乘积, 并取乘积拓扑, 则存在 $X$ 的闭凸子集, 它不是 $X$ 的某个开集的连续像.

**证明**　因 $\aleph$ 个可分空间之积仍可分 (参看 [110], p. 139), 故 $X$ 为一可分空间. 因此, $X$ 的任一开集的连续像也可分. 为证明定理成立, 我们只要证明存在 $X$ 的一个闭凸子集, 它并不可分即可.

设 $H$ 为一 Hilbert 空间, 它的直交维数是 $\aleph$, 则 $H$ 不可分.

兹证, $H$ 在弱拓扑 $\sigma(H, H')$ 下也不可分. 反设 $H$ 是 $\sigma(H, H')$ 可分的, 那么存在 $H$ 的可数维子空间 $K$, 它在 $H$ 中是 $\sigma(H, H')$ 稠密的. 因 $K$ 的维是可数的, 故 $K$ 关于范数拓扑也是可分的. 而 $K$ 的范数闭包是 $\sigma(H, H')$ 闭的, 故 $K$ 的范数闭包重合于 $H$. 由此得到 $H$ 在范数拓扑下也可分, 此为矛盾.

设 $S$ 是 $H$ 在弱拓扑 $\sigma(H, H')$ 下的单位球, 因 $H$ 是自反空间, 故 $S$ 是紧的. 又, $H$ 不 $\sigma(H, H')$ 可分, 故 $S$ 也不 $\sigma(H, H')$ 可分. 为了完成定理的证明, 我们只要证明 $S$ 拓扑同构于 $X$ 的某个凸子集即可.

据定义, $X = \prod_{f \in F} I_f$, 这里 $F$ 是指标集, $\overline{F} = \aleph$, 对每一 $f \in F, I_f$ 是单位闭区间的副本. 又, $H'$ 等距同构于 $H$. 因此, 可取 $S$ 是 $H'$ 的单位球. 现定义 $\varphi : S \to X$ 为

$$(\varphi(x))_f = f(x),$$

则据弱拓扑的定义, $\varphi$ 是 $S$ 到 $\varphi(S)$ 上的一个拓扑同构映射, 且 $\varphi(S)$ 在 $X$ 中显然是凸的. 定理证毕.

据 [55], 定理 4.1, 我们得到下面的

**推论**　存在局部凸空间的一个凸紧子集, 它关于度量空间有绝对扩张, 而关于紧 Hausdorff 空间没有绝对扩张.

### 30.　准上半连续而不上半连续的映射.

设 $X, Y$ 是拓扑空间, 多值映射 $T: X \to 2^Y$ 称为上半连续的, 如果对任何 $x_0 \in X$ 和任何开集 $G \supset T(x_0)$, 存在 $x_0$ 在 $X$ 中的邻域 $U(x_0)$, 使得 $x \in U(x_0)$ 蕴涵 $T(x) \subset G$.

Browder[41] 证明了下述著名的不动点原理.

**定理 1**　设 $K$ 是局部凸隔离实线性拓扑空间 $E$ 的非空紧凸集, $T: K \to 2^E$ 上半连续, 使得对每个 $x \in K, T(x) \subset E$ 是非空闭凸集, 命

$$\delta(K) = \{x \in K | \text{ 存在 } y \in E, \text{ 使对任意 } \lambda > 0, x + \lambda y \notin K\}$$

表示 $K$ 的代数边界. 假设对每个 $x \in \delta(K)$, 存在 $y \in K, z \in T(x)$ 和 $\lambda > 0$ 使得 $z - x = \lambda(y - x)$, 那么存在 $x_0 \in K$ 使 $x_0 \in T(x_0)$.

樊畿[61] 引进准上半连续性的概念, 推广了上述不动点定理. 隔离的实线性拓扑空间 $E$ 中的开半空间是指形如 $\{x \in E | \varphi(x) > r\}$ 的集合, 其中 $\varphi$ 是 $E$ 上的非零连续线性泛函, $r$ 是实数. 命 $K \subset E$, 我们说, $T: K \to 2^E$ 准上半连续, 如果对任何 $x_0 \in K$ 和 $E$ 中任何开半空间 $G \supset T(x_0)$, 存在 $x_0$ 在 $K$ 中的邻域 $U(x_0)$, 使得 $x \in U(x_0)$ 蕴涵 $T(x) \subset G$. 于是樊畿证明了下述定理.

**定理 2**　设 $K$ 是局部凸隔离实线性拓扑空间 $E$ 的非空紧凸集, $T: K \to 2^E$ 准上半连续, 使得对每一点 $x \in K, T(x) \subset E$ 是非空闭凸集. 假设对每个 $x \in \delta(K)$ 存在 $y \in K, z \in T(x)$ 和 $\lambda > 0$, 使得 $z - x = \lambda(y - x)$, 那么存在 $x_0 \in K$ 使 $x_0 \in T(x_0)$.

显然, 上半连续性蕴涵准上半连续性, 所以定理 2 是定理 1 的推广. 但是, 准上半连续性不必蕴涵上半连续性. 这个事实却不是显而易见的. 江嘉禾和李炳仁[7] 给出一个具体的例子, 构造了一个准上半连续映射, 满足樊畿定理的一切条件, 但却不是上半连续的, 从而说明樊畿定理是 Browder 定理的真正推广.

我们这里介绍的一个准上半连续而不上半连续的例子是由俞建[18] 作出的.

取 $X = \left\{(t, 0)^T \in R^2 | \frac{1}{2} \geq t \geq 0\right\}, \forall (t, 0)^T \in X$, 定义多值映射 $F(t,$

$0)^T = \{(x_1, x_2)^T \in R^2 | x_2 \geqslant (1-t)x_1^2\}$.

设 $H = \{(x_1, x_2)^T \in R^2 | x_2 > ax_1 - \delta\}$ 是一包含 $F(0,0)^T = \{(x_1, x_2)^T \in R^2 | x_2 \geqslant x_1^2\}$ 的开半平面, 则 $\delta > 0$, 且由直线 $x_2 = ax_1 - \delta$ 与曲线 $x_2 = x_1^2$ 不相交, 必有 $4\delta - a^2 > 0$. $\forall (t, 0)^T \in X$, 当 $t < (4\delta - a^2)/4\delta$ 时, 直线 $x_2 = ax_1 - \delta$ 与曲线 $x_2 = (1-t)x_1^2$ 不相交, 故 $H \supset F(t, 0)^T$, 即 $F$ 在 $(0, 0)^T$ 是准上半连续的.

$G = \{(x_1, x_2)^T \in R^2 | x_2 > x_1^2 - 1\}$ 是一包含 $F(0, 0)^T$ 的开集. $\forall (t, 0)^T \in X (t \neq 0)$, 当 $x_1 > \sqrt{1/t}$ 时, $x_1^2 - 1 > (1-t)x_1^2$, 故 $G \not\supset F(t, 0)^T$, 即 $F$ 在 $(0, 0)^T$ 不是上半连续的.

### 31. 弱上半连续而不准上半连续的映射.

设 $X$ 是 Hausdorff 空间, $Y$ 是 Hausdorff 线性拓扑空间. 多值映射 $F: X \to 2^Y$ 称为在 $x_0 \in X$ 是 **弱上半连续** 的, 是指 $F(x_0) \neq \varnothing$, 且对任意 $p \in Y'$, 函数 $\sigma(F(x_0), p) = \sup_{y \in F(x_0)}(p, y)$ 在 $x_0$ 是上半连续的. 若对任意 $x_0 \in X$, $F$ 在 $x_0$ 均是弱上半连续的, 则称 $F$ 在 $X$ 上是弱上半连续的.

可以证明, 准上半连续的映射必是弱上半连续的, 其逆不真. 下面的例子是由俞建[18] 作出的.

设 $X = \{(t, 0)^T \in R^2 | \pi/4 \geqslant t \geqslant 0\}$, $\forall (t, 0)^T \in X$, 定义多值映射

$$F(t, 0)^T = \{(x_1, x_2)^T \in R^2 | \pi/2 + t > x_1 \geqslant 0, x_2 \geqslant \tan(x_1 - t)\},$$

对 $\forall p = (p_1, p_2) \neq (0, 0)$,

$$\sup_{(x_1, x_2)^T \in F(t, 0)^T} (p_1 x_1 + p_2 x_2)$$

$$= \begin{cases} +\infty, & p_2 > 0, \\ p_1(\pi/2 + t), & p_2 = 0, p_1 > 0, \\ 0, & p_2 = 0, p_1 < 0, \\ 0, & p_2 < 0, p_1 \leqslant 0, \\ p_1 t, & p_2 < 0, p_1 > 0, p_1 \leqslant |p_2|, (*) \\ p_1 t + p_1 \arccos \sqrt{-p_2/p_1} + p_2 \sqrt{-p_1/p_2 - 1}, & p_2 < 0, p_1 > |p_2|. (**) \end{cases}$$

$(*)$ 与 $(**)$ 的具体计算如下:

$$\sup_{(x_1, x_2)^T \in F(t, 0)^T} (p_1 x_1 + p_2 x_2)$$

$$= \max\left(\sup_{(x_1, x_2)^T \in A_1} (p_1 x_1 + p_2 x_2), \sup_{(x_1, x_2)^T \in A_2} (p_1 x_1 + p_2 x_2)\right),$$

其中 $A_1 = \{(x_1, x_2)^T \in R^2 | t \geqslant x_1 \geqslant 0, x_2 \geqslant 0\}$, $A_2 = \{(x_1, x_2)^T \in R^2 | \pi/2 + t > x_1 \geqslant t, x_2 \geqslant \tan(x_1 - t)\}$.

如果 $p_2 < 0, p_1 > 0, \sup_{(x_1, x_2)^T \in A_1}(p_1 x_1 + p_2 x_2) = p_1 t$. 如果 $(x_1, x_2)^T \in R^2$, 则 $p_1 x_1 + p_2 x_2 \leqslant p_1 x_1 + p_2 \tan(x_1 - t) = p_1(y + t) + p_2 \tan y = p_1 t + p_1 y + p_2 \tan y \leqslant p_1 t + p_1 y + p_2 y$, 其中 $x_1 - t = y, \pi/2 > y \geqslant 0$.

(1) 如果 $p_1 \leqslant |p_2|$, 则 $p_1 t + p_1 y + p_2 \tan y \leqslant p_1 t + p_1 y + p_2 y \leqslant p_1 t$. 因 $(t, 0)^T \in A_2, \sup_{(x_1, x_2)^T \in A_2}(p_1 x_1 + p_2 x_2) = p_1 t$, 故

$$\sup_{(x_1, x_2)^T \in F(t, 0)^T}(p_1 x_1 + p_2 x_2) = p_1 t.$$

(2) 如果 $p_1 > |p_2|$, 因

$$\max_{0 \leqslant y < \pi/2}(p_1 y + p_2 \tan y) = p_1 \arccos\sqrt{-p_2/p_1} + p_2\sqrt{-p_1/p_2 - 1},$$

得

$$\sup_{(x_1, x_2)^T \in A_2}(p_1 x_1 + p_2 x_2) = p_1 t + p_1 \arccos\sqrt{-p_2/p_1} + p_2\sqrt{-p_1/p_2 - 1}.$$

由 $(t, 0)^T \in A_1 \cap A_2$, 得 $p_1 t + p_1 \arccos\sqrt{-p_2/p_1} + p_2\sqrt{-p_1/p_2 - 1} \geqslant p_1 t$, 故

$$\sup_{(x_1, x_2)^T \in F(t, 0)^T}(p_1 x_1 + p_2 x_2) = p_1 t + p_1 \arccos\sqrt{-p_2/p_1} + p_2\sqrt{-p_1/p_2 - 1}.$$

这样 $\sup_{(x_1, x_2)^T \in F(t, 0)^T}(p_1 x_1 + p_2 x_2)$ 在 $(0, 0)^T$ 是连续的, 即 $F$ 在 $(0, 0)^T$ 是弱上半连续的.

$H = \{(x_1, x_2)^T \in R^2 | x_1 < \pi/2\}$ 是一包含 $F(0, 0)^T$ 的开半平面. 对 $\forall (t, 0)^T \in X(t \neq 0)$, 因为 $H \not\supset F(t, 0)^T$, 故 $F$ 在 $(0, 0)^T$ 不是准上半连续的.

**32. 一个可分的线性拓扑空间, 它有不可分的闭线性子空间.**

如所周知, 可分度量空间的子空间必是可分的. 又, 存在可分的拓扑空间, 它有不可分的子空间 (参看第三章例 16). 于是, 便自然提出问题: 可分线性拓扑空间的闭线性子空间是否必定可分? 这个问题的答案是否定的. Lohman 和 Stiles[106] 有例如下:

设 $X$ 是 Banach 空间 $l^\infty$ 的对偶空间, 并在 $X$ 上取弱 * 拓扑, 则 $X$ 是弱 * 可分的. 据 [140] 的命题 3.4, $X$ 包含 (在线性同胚意义下) 一个不可分 Hilbert 空间 $H$ 的副本 $Y$. 因 $Y$ 是自反的, 故由 [140] 的命题 1.2 可知, $Y$ 是 $X$ 的弱 * 闭的子空间. 由于 $Y$ 是自反的, 且 $Y$ 不可分, 故 $Y$ 也不弱 * 可分.

**33. 可分而不序列可分的线性拓扑空间.**

拓扑空间 $X$ 称为可分的, 是指存在点列 $\{x_n\} \subset X$, 它在 $X$ 中稠密; $X$ 称为序列可分的, 是指存在点列 $\{x_n\} \subset X$, 使对每一 $x \in X$, 有 $\{x_n\}$ 的子列 $\{x_{n_k}\}$ 收敛于 $x$. 显然, 序列可分必可分.

可以证明, 若 $(X, \|\cdot\|)$ 是一个 Banach 空间, 则 $(X, \|\cdot\|)$ 可分 $\Leftrightarrow$ $(X, \|\cdot\|)$ 序列可分 $\Leftrightarrow$ $(X, \sigma(X, X'))$ 可分 $\Leftrightarrow$ $(X, \sigma(X, X'))$ 序列可分. 但 $(X', \sigma(X', X))$ 可分不能保证 $(X', \sigma(X', X))$ 序列可分. 例如, 设 $X = l^\infty$, 则 $(X', \sigma(X', X))$ 是可分的. 事实上, 对 $x = \{\xi_n\} \in X$, 令 $f_n(x) = \xi_n$ $(n = 1, 2, \cdots)$, 则 $f_n \in X'$, 从而 $A = \{f_n\} \subset X'$. 任取 $x = \{\xi_n\} \in X$ $(x \neq 0)$, 则存在自然数 $n$, 使 $\xi_n \neq o$, 于是有 $f_n \in A$ 使 $f_n(x) \neq 0$. 换言之, 若对每一 $n$ 有 $f_n(x) = 0$, 则 $x = o$. 由此可知, $A$ 张成的 $\sigma(X', X)$ 闭线性子空间就是 $X'$, 即 $(X', \sigma(X', X))$ 是可分的.

兹证 $(X', \sigma(X', X))$ 不是序列可分的. 事实上, 如果 $(X', \sigma(X', X))$ 是序列可分的, 即存在点列 $\{f_n\} \subset X'$, 使对每一 $f \in X'$, $f$ 必是 $\{f_n\}$ 的某个子列 $\{f_{n_k}\}$ 的极限. 据 Grothendieck 定理, $X'$ 中点列的 $\sigma(X', X)$ 收敛与 $\sigma(X', X'')$ 收敛是等价的, 故 $(X', \sigma(X', X''))$ 是序列可分的, 从而它也是可分的. 由此得到 $(X', \|\cdot\|)$ 是可分的, 但这与 $(X, \|\cdot\|)$ 不可分发生矛盾.

**34. 一个可度量化空间序列的严格归纳极限, 它不可度量化.**

局部凸 Fréchet 空间序列的严格归纳极限称为 (LF) 空间, 它不可度量化.

**35. 一个完备的局部凸空间, 它的一个商空间并不完备.**

设 $\omega$ 代表一切数列所组成的线性空间, $\varphi$ 是一切有限数列所组成的线性空间, 并在 $\omega$ 和 $\varphi$ 上都取最强的局部凸拓扑, 则 $\omega$ 和 $\varphi$ 都是完备的 Montel 空间. 我们用 $\varphi\omega$ 代表 $\omega$ 的副本的拓扑可数直接和, 而用 $\omega\varphi$ 代表 $\varphi$ 的副本的拓扑可数积, 并令

$$X = \varphi\omega \oplus \omega\varphi,$$

则 $X$ 为一完备的局部凸空间. 令

$$M = \{(x, x) | x \in \varphi\omega \cap \omega\varphi = \varphi\},$$

则可证明, 商空间 $X/M$ 甚至不是序列完备的.

**36. 存在两个全完备空间, 其积并不全完备.**

Summers[163] 和 Iyahen[86] 分别指出, 两个全完备空间之积未必是全完备的. Mukherjee[119] 进一步指出, 两个全完备空间之积甚至不是 $Br$ 完备的, 从而回答了 Dulst[56],[57] 提出的一个问题.

为构造所需的例子, Mukherjee 先证明了下面的

**定理**　设 $(X, u)$ 是有界完备的局部凸空间, 使得 $(X, u)$ 中每个绝对凸紧子集是可度量化的, 则 $(X', \tau)$ 是全完备 ($Br$ 完备) 的, 当且仅当 $(X, u)$ 中每个序列闭 (稠) 子空间是闭的, 其中 $\tau$ 是位于 $(X, u)$ 的绝对凸紧子集上的一致收敛拓扑 $c$ 与 Mackey 拓扑 $m(X', X)$ 之间的任一局部凸拓扑.

**推论**　设 $(X, u)$ 是有界完备的局部凸空间, 使得 $(X', c)$ 可分, 则 $(X', \tau)(c \leqslant \tau \leqslant m(X', X))$ 是全完备 ($Br$ 完备) 的, 当且仅当 $(X, u)$ 中的每个序列闭 (稠) 子空间是闭的.

设 $\varphi\omega$ 与 $\omega\varphi$ 是例 35 中引进的局部凸空间, 令

$$X = \varphi\omega \times \omega\varphi,$$

则有

(a) $\varphi\omega$ 与 $\omega\varphi$ 都是可分的全完备局部凸空间, 从而 $X$ 是可分的完备局部凸空间.

(b) $X$ 不是 $Br$ 完备的.

证明 (a) $\varphi\omega$ 和 $\omega\varphi$ 显然都是可分的完备局部凸空间. 又, $\varphi\omega$ 的 Mackey 对偶是 $\omega\varphi$, 而 $\omega\varphi$ 的 Mackey 对偶是 $\varphi\omega$. Köthe[94] 曾证明, 在空间 $\varphi\omega$ 和 $\omega\varphi$ 中, 每个序列闭子空间都是闭的. 因此, 由推论可知 $\varphi\omega$ 和 $\omega\varphi$ 都是全完备的.

(b) Köthe[94] 构造了空间 $X$ 中一个稠密的序列闭子空间, 它不是闭的. 因 $(X', m(X', X))$ 线性同胚于 $X$, 且由于 $X$ 可分, 故由推论可知, $(X', m(X', X))$ 不是 $Br$ 完备的, 从而 $X$ 也不是 $Br$ 完备的.

**注**　Valdivia[181] 也构造了两个全完备局部凸空间, 其积不是 $Br$ 完备的.

### 37.　存在一族全完备空间, 其直接和并不全完备.

设 $X$ 是无穷维局部凸的 Fréchet 空间, 在 $X$ 上取最强的局部凸拓扑 $\tau$, 则 $(X, \tau)$ 不是全完备的 (参看第八章例 5). 设 $H$ 是 $X$ 的一个 Hamel 基, 则对每一 $x \in X, x$ 可唯一地表成有限和:

$$x = \sum t_\alpha h_\alpha, \quad t_\alpha \in K, \quad h_\alpha \in H.$$

换言之, $(X, \tau)$ 拓扑同构于直接和空间 $K^{(H)}$. 由此可见, 全完备空间 $K$ 的直接和 $K^{(H)}$ 不是全完备的.

**注**　Grothendieck[69] 指出, 可数个全完备空间的直接和也未必是全完备的.

**38. 存在一族超完备空间, 其直接和并不超完备.**

直接和空间 $K^{(H)}$ 不是全完备的, 从而也不是超完备的, 但局部凸空间 $K$ 是超完备的.

Grothendieck[69] 还给出了一个反例: 存在可数个局部凸的 Fréchet 空间, 它们的直接和不是全完备的, 从而也不是超完备的.

**39. 一个全完备空间序列的严格归纳极限, 它不是全完备空间.**

可以证明, 全完备空间的闭子空间是全完备的; 全完备空间关于闭子空间的商空间也是全完备的 (参看 [178], 定理 12-4-5). 但是, 两个全完备空间之积未必全完备 (参看例 36); 全完备空间族的直接和未必全完备 (参看例 37). 又, 全完备空间序列的严格归纳极限未必全完备. 例如, Grothendieck[69] 构造了一个完备空间, 它是局部凸 Fréchet 空间序列的严格归纳极限, 这个完备空间具有不完备的商空间.

由于局部凸的 Fréchet 空间是全完备的, 而全完备空间的商空间也是全完备的, 可见 Grothendieck 构造的完备空间, 它是一个全完备空间序列的严格归纳极限, 因它有不完备的商空间, 故这个空间决不是全完备的.

**40. 一个完备局部凸空间族的归纳极限, 它并不完备.**

可以证明, 完备空间的闭子空间是完备的; 完备空间族之积是完备的 (参看 [178], 定理 6-1-7); 完备空间族的直接和是完备的 (参看 [178], 定理 13-2-12); 完备空间族的严格归纳极限是完备的 (参看 [178], 定理 13-3-13). 但是, 完备空间的商空间未必完备 (参看例 35). 又, 完备局部凸空间族的归纳极限未必完备. 例如, 设 $\omega(A\alpha)$ 与 $\omega_0(A)$ 都是例 21 中的局部凸空间, 则 $\omega(A\alpha)$ 完备, 而 $\{\omega(A\alpha)\}$ 的归纳极限 $\omega_0(A)$ 并不完备.

**注** 我们还可进一步构造一个 (LB) 空间, 它不是有界完备的 (参看 [90], pp. 52–53).

# 第九章  桶空间、囷空间和 Baire 空间

## 引　　言

本章涉及有关桶空间与囷空间方面的例子. 桶空间的概念已在第八章中做了介绍. 现在再介绍与本章反例有关的其他概念和性质.

局部凸空间 $X$ 的子集 $B$ 称作**囷**的, 是指它吸收 $X$ 的每个有界子集.

局部凸空间 $X$ 称作**拟桶空间**, 是指 $X$ 中每个囷、桶是 $o$ 点的一个邻域. 显然, 局部凸的 Fréchet 空间是桶空间; 桶空间是拟桶空间.

**定理 1**　序列完备的拟桶空间是桶空间.

**定理 2**　设 $X$ 是局部凸空间, 则下述命题彼此等价:

(a) $X$ 是桶 (拟桶) 空间.

(b) $X'$ 中每个 $\sigma(X', X)$ 有界 ($\beta(X', X)$ 有界) 子集必是等度连续的.

(c) $X$ 上的每个上半连续 (有界上半连续) 半范数是连续的.

局部凸空间 $X$ 称作**囷空间**, 是指 $X$ 中每个凸的平衡囷集都是 $o$ 点的一个邻域. 囷空间是拟桶空间. 可度量化的局部凸空间是囷空间.

**定理 3**　(a) 局部凸空间 $X$ 是囷空间, 当且仅当 $X$ 上的每个有界半范数是连续的.

(b) 局部凸空间 $X$ 是囷空间, 当且仅当从 $X$ 到另一局部凸空间 $Y$ 的有界线性映射是连续的.

**定理 4**　囿空间的强对偶是完备的.

**推论 1**　设 $X$ 是可度量化的局部凸空间, 则下述命题彼此等价:

(a) $(X', \beta(X', X))$ 是囿空间.

(b) $(X', \beta(X', X))$ 是拟桶空间.

(c) $(X', \beta(X', X))$ 是桶空间.

局部凸空间 $X$ 称作**半囿空间**, 是指 $X$ 上的每个有界线性泛函都是连续的. 局部凸空间 $X$ 称作**序列囿空间**, 简称 $s$ **囿空间**, 是指 $X$ 中的每个凸的囿集 $B$ 是 $o$ 点的一个序列邻域, 即每个收敛于 $o$ 的序列终于在 $B$ 中.

**定理 5**　设 $X$ 是局部凸空间, 则下列命题彼此等价:

(a) $X$ 是 $s$ 囿空间.

(b) $X$ 中的每个平衡且凸的囿集是 $o$ 点的一个序列邻域.

(c) $X$ 上的每个有界半范数都是序列连续的.

局部凸空间 $X$ 称作**凸序列空间**, 简称 $c$ **序列空间**, 是指 $X$ 中的每个凸的序列开集都是开的.

**定理 6**　设 $X$ 是局部凸空间, 则下列命题彼此等价:

(a) $X$ 是 $c$ 序列空间.

(b) $X$ 中每个凸的平衡序列开集都是开的.

(c) $X$ 上每个序列连续的半范数都是连续的.

(d) $X$ 中每个 $o$ 点的凸平衡序列邻域都是 $o$ 点的一个邻域.

(e) $X$ 中每个 $o$ 点的凸的序列邻域都是 $o$ 点的一个邻域.

**定理 7**　局部凸空间 $X$ 是囿空间, 当且仅当 $X$ 既是 $c$ 序列空间, 又是 $s$ 囿空间.

局部凸空间 $X$ 称作**拟 $M$ 桶空间**, 是指 $X'$ 中每个平衡凸且 $\beta(X', X)$ 有界集都是 $\sigma(X', X)$ 相对紧的.

显然, 拟桶空间是拟 $M$ 桶空间.

局部凸空间 $X$ 称作**有性质 ($s$)**, 是指 $(X', \sigma(X', X))$ 是序列完备的; 局部凸空间 $X$ 称作**有性质 ($c$)**, 是指 $X'$ 中的每个 $\sigma(X', X)$ 有界子集是 $\sigma(X', X)$ 相对可数紧的.

局部凸空间 $X$ 称作**半自反**的, 是指 $(X'_\beta)' = X$, 这里 $\beta$ 是 $X'$ 上的强拓扑 $\beta(X', X)$. $X$ 称作**自反**的, 是指 $(X'_\beta)'_\beta = X$.

显然, 自反空间必是半自反的.

**定理 8**　(a) 局部凸空间 $X$ 是半自反的, 当且仅当每个 $\sigma(X, X')$ 有界闭集是 $\sigma(X, X')$ 紧的.

(b) 局部凸空间 $X$ 是自反的, 当且仅当 $X$ 是桶空间, 且 $X$ 中每个 $\sigma(X, X')$ 有界集是 $\sigma(X, X')$ 相对紧的.

局部凸空间 $X$ 称为 **(DF) 空间**, 如果 $X$ 满足: (1) 具有有界的可数基,(2) 如果 $o$ 点的可数个绝对凸且闭的邻域之交 $V$ 吸收一切有界集, 则 $V$ 也是 $o$ 点的邻域.

局部凸空间 $X$ 称作**特异空间**, 是指 $X$ 的强二次对偶空间 $X''$ 中的每个 $\sigma(X'', X')$ 有界子集包含于 $X$ 的某个有界子集的 $\sigma(X'', X')$ 闭包之中.

容易证明, 赋范空间和半自反空间都是特异空间.

**定理 9**　局部凸空间 $X$ 是特异空间, 当且仅当 $(X', \beta(X', X))$ 是桶空间.

**推论 2**　可度量化的局部凸空间 $X$ 是特异空间, 当且仅当 $\beta(X', \beta(X', X))$ 是围空间.

局部凸空间 $X$ 称作**可数桶空间**, 是指 $X'$ 中的每个 $\sigma(X', X)$ 有界子集 $B$, 假如它是 $X'$ 中的至多可数个等度连续之并, 那么 $B$ 本身也是等度连续的; $X$ 称作**可数拟桶空间**, 是指 $X'$ 中的每个 $\beta(X', X)$ 有界子集 $B$, 假如它是 $X'$ 中的至多可数个等度连续集之并, 那么 $B$ 本身也是等度连续的.

显然, 桶空间 (拟桶空间) 是可数桶空间 (可数拟桶空间). 可数桶空间是可数拟桶空间.

局部凸空间 $X$ 称作 $\sigma$ **桶空间**, 是指 $X'$ 中每个 $\sigma(X', X)$ 有界序列是等度连续的. $X$ 称作 $\sigma$ 拟桶空间, 是指 $X'$ 中的每个 $\beta(X', X)$ 有界序列是等度连续的.

显然, 可数桶空间 (可数拟桶空间) 是 $\sigma$ 桶空间 ($\sigma$ 拟桶空间). $\sigma$ 桶空间是 $\sigma$ 拟桶空间.

局部凸空间 $X$ 称作**序列桶空间**, 是指 $X'$ 中的每个 $\sigma(X', X)$ 收敛序列是等度连续的.

显然, $\sigma$ 桶空间是序列桶空间.

局部凸空间 $X$ 称作**$K$ 桶空间**, 是指若 $X$ 中 $o$ 点的平衡、凸、闭邻域序列 $\{V_n\}$ 的交是一个桶, 则 $\bigcap_{n=1}^{\infty} K^n V_n$ 必是 $o$ 点的一个邻域; $X$ 称作 $K$ **拟桶空间**, 是指若 $X$ 中 $o$ 点的平衡、凸、闭邻域序列 $\{V_n\}$ 的交是一个桶, 则 $\bigcap_{n=1}^{\infty} K^n V_n$ 必是 $o$ 点的一个邻域, 其中 $K$ 为实数.

显然, $K$ 桶空间是 $K$ 拟桶空间.

关于上述各种空间之间的相互关系可列表如下:

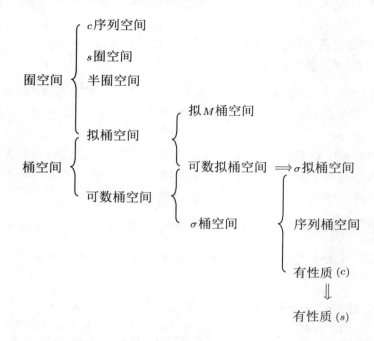

线性拓扑空间 $X$ 称作 **Baire 空间**, 如果它不能表成无处稠密的递增集序列的并集. 局部凸空间 $X$ 称作 **Baire-like 空间**, 如果它不能表成无处稠密的平衡凸递增集序列的并集.

Fréchet 空间是 Baire 空间, Baire 局部凸空间是 Baire-like 空间.

局部凸空间 $X$ 称作**无序 Baire-like 空间**, 如果 $X$ 不能表成无处稠密的平衡凸集序列的并.

无序 Baire-like 空间是 Baire-like 空间.

局部凸空间 $X$ 称作 **Montel 空间**, 如果 $X$ 是桶空间, 且 $X$ 中每个有界集是相对紧的.

Montel 空间必定是自反空间.

局部凸空间 $X$ 称作 **Schwartz 空间**, 如果对于 $X$ 中 $o$ 点的每个闭平衡凸邻域 $U$, 存在 $o$ 点的邻域 $V$, 使对每一 $\alpha > 0$, 集 $V$ 可被有限多个 $\alpha U$ 的平移所覆盖.

**定理 10**　局部凸空间 $X$ 是 Schwartz 空间, 当且仅当下述条件成立:

$X$ 的每个有界集是全有界的, 且对 $o$ 点的每个闭、平衡、凸邻域 $U$, 存在 $o$

点的邻域 $V$, 使对每一 $\alpha > 0$, 存在 $U$ 的有界子集 $A$ 使得

$$V \subset \alpha U + A.$$

### 1. 存在某个赋范空间, 它不是桶空间.

容易证明, 第二纲的赋范空间特别是 Banach 空间必是桶空间. 然而, 非第二纲的赋范空间不必是桶空间. 例如, 设 $\varphi = R^{(N)}$ 代表一切只有有限个非零坐标的数列所组成的线性空间. 对 $x = \{\xi_n\} \in \varphi$, 令

$$\|x\| = \sup_n |\xi_n|,$$

则 $(\varphi, \|\cdot\|)$ 为一赋范空间, 且

$$A = \left\{ x \Big| |\xi_n| \leqslant \frac{1}{n}, n = 1, 2, \cdots \right\}$$

是 $(\varphi, \|\cdot\|)$ 中的一个平衡、吸收的闭凸集, 即 $A$ 是一个桶. 但对任意 $\varepsilon > 0, A$ 不能包含 $\{x | \|x\| < \varepsilon\}$. 因此, $A$ 不是 $o$ 点的一个邻域, 即 $(\varphi, \|\cdot\|)$ 不是桶空间.

### 2. 第一纲的桶空间.

容易证明, 第二纲的局部凸空间必定是桶空间. 但是, 桶空间不必是第二纲的. 例如, 设 $X$ 是无穷维线性空间, $\mathcal{B}$ 是 $X$ 中的一切凸的平衡吸收集所组成的集族. 于是, 在 $X$ 上存在唯一的局部凸拓扑 $\tau$, 使 $\mathcal{B}$ 是 $(X, \tau)$ 中 $o$ 点的一个邻域局部基 (参看 [178], p. 92). 因此, $(X, \tau)$ 是一个桶空间.

容易验证, $\tau$ 是 $X$ 上的最强的局部凸拓扑, 从而 $X^\# = X'$, 即 $X$ 上的每个线性泛函都是连续的.

兹证, 线性空间 $X$ 的每个真子空间 $S$ 一定是包含 $S$ 的一切最大子空间之交. 事实上, 因 $X \backslash S \neq \varnothing$, 故存在 $x_0 \in X, x_0 \notin S$. 设 $\{h_\alpha\}$ 是 $S$ 的一个 Hamel 基, 并把 $\{h_\alpha\}$ 扩张成为 $X$ 的且含有点 $x_0$ 的 Hamel 基 $H = \{h'_\alpha\}$. 然后定义 $X$ 上的线性泛函 $f$, 使 $f(x_0) = 1$, 而在 $S$ 上, $f = 0$. 于是,

$$f^\perp = \{x | f(x) = 0\} \supset S,$$

且 $x_0 \notin f^\perp$. 因此, $S = \bigcap_{f \in X'} f^\perp$.

再证, $(X, \tau)$ 的每个子空间都是闭的. 事实上, 不妨假定 $S$ 是 $X$ 的真子空间. 因对 $f \in X^\#$, 有 $f \in X'$, 故

$$f^\perp = \{x | f(x) = 0\}$$

是 $(X, \tau)$ 的闭的最大子空间, 前面已证, $S$ 是包含 $S$ 的一切最大子空间之交, 故 $S$ 也是闭的.

令 $X = \bigcup_{n=1}^{\infty} S_n$, 其中 $S_n$ 是 $X$ 的真子空间, 则 $S_n$ 是 $X$ 的闭的真子空间, 从而 $S_n$ 是无处稠密的, 即 $X$ 是一个第一纲的桶空间.

### 3. 不可度量化的桶空间.

设 $X = R^{(N)}$, 并在 $X$ 上取最强的局部凸拓扑 $\tau$, 则 $(X,\tau)$ 是一个桶空间, 它也是完备的 (参看 [84], p. 67).

兹证 $(X,\tau)$ 不可度量化. 事实上, $X$ 显然是有限维欧氏空间 $R^n$(它们都是 Fréchet 空间) 的严格递增序列的严格归纳极限. 假如 $X$ 可度量化, 那么 $X$ 将是一个 Fréchet 空间, 从而它是第二纲的. 然而, 由于对每一 $n$, 恒等映射 $R^n \to R^{n+1}$ 是一个内射, 因而 $X$ 是可数个无处稠密集的并集, 即 $X$ 是第一纲的. 此为矛盾, 故 $(X,\tau)$ 不可度量化.

### 4. 不可度量化的囿空间.

设 $X = \prod_{t \in [0,1]} R_t$, 这里, $R_t$ 是实直线 $R$ 的副本并取通常拓扑. 因 $X$ 是不可数个可度量化空间之积, 故 $X$ 不可度量化 (可度量化局部凸空间之积仍可度量化, 当且仅当它是至多可数个因子空间之积). 另一方面, 据 Mackey-Vlam 定理 (参看 [95], p. 392), $X$ 是囿空间.

### 5. 桶空间与囿空间互不蕴涵.

**第一例**　一个囿空间, 它不是桶空间.

设 $X = R^{(N)}$, 对 $x = \{\xi_n\} \in X$, 令

$$\|x\| = \sup |\xi_n|,$$

则 $(X, \|\cdot\|)$ 是一个赋范空间, 从而是一个囿空间. 但 $(X, \|\cdot\|)$ 不是桶空间 (参看例 1).

**第二例**　一个桶空间, 它不是囿空间.

这个例子分别属于 Nachbin[120] 和 Shirota[150]. 读者如有兴趣, 可参看他们的原文.

### 6. 存在某个拟桶空间, 它既不是囿空间, 也不是桶空间.

设 $X$ 是一个桶空间, 它不是囿空间; $Y$ 是一个囿空间, 它不是桶空间 (参看例 5). 显然, 积空间 $X \times Y$ 是一个拟桶空间. 然而, $X \times Y$ 既不是囿空间, 也不是桶空间. 因为设 $A$ 是 $X$ 中的一个凸的囿集, 它不是 $X$ 中 $o$ 点的一个邻域, 则 $A \times Y$ 是 $X \times Y$ 中的囿集, 它不是 $X \times Y$ 中 $o$ 点的一个邻域. 因此, $X \times Y$ 不是囿空间. 其次, 设 $B$ 是 $Y$ 中的一个桶, 它不是 $Y$ 中 $o$ 点的一个邻域, 则 $X \times B$

是 $X \times Y$ 中的一个桶. 它不是 $X \times Y$ 中 $o$ 点的一个邻域. 因此, $X \times Y$ 不是桶空间.

**7. 一个拟 $M$ 桶空间, 它不是拟桶空间.**

容易证明, 拟桶空间必是拟 $M$ 桶空间. 但是, 这个命题之逆并不成立. 例如, 设 $(X, \|\cdot\|)$ 是一个无穷维 Banach 空间, 则 $(X, \|\cdot\|)$ 是拟 $M$ 桶空间. 因拟 $M$ 桶空间仅依赖于对偶空间, 即当 $(X, \tau)' = (X, \|\cdot\|)'$ 时, $(X, \tau)$ 亦为拟 $M$ 桶空间. 故由 $(X, \|\cdot\|)' = (X, \sigma(X, X'))'$ 可知, $(X, \sigma(X, X'))$ 是拟 $M$ 桶空间. 然而, 它显然不是拟桶空间.

**8. 一个半围空间, 它不是 $s$ 围空间.**

考虑 Banach 空间

$$l^2 = \left\{ x = \{\xi_n\} \mid \sum_{n=1}^{\infty} |\xi_n|^2 < +\infty \right\},$$

$$\|x\| = \left\{ \sum_{n=1}^{\infty} |\xi_n|^2 \right\}^{1/2}.$$

因 $(l^2, \sigma(l^2, l^2))$ 上每个有界线性泛函都是连续的, 故 $(l^2, \sigma(l^2, l^2))$ 是一个半围空间.

兹证 $(l^2, \sigma(l^2, l^2))$ 不是 $s$ 围空间. 为此, 我们只要找出 $l^2$ 中的一个凸、平衡、$\sigma(l^2, l^2)$ 围集, 它不是 $o$ 点的一个 $\sigma(l^2, l^2)$ 序列邻域. 令

$$B = \{ x \in l^2 \mid \|x\| \leqslant 1 \},$$

并设 $u$ 是 $l^2$ 上的范数拓扑, 则 $B$ 是 $l^2$ 中 $o$ 点的一个凸、平衡的 $u$ 邻域. 因此, $B$ 是一个凸、平衡的 $u$ 围集. 因 $l^2$ 中 $\sigma(l^2, l^2)$ 有界集与 $u$ 有界集是一致的, 故 $B$ 也是 $l^2$ 中的凸的平衡的 $\sigma(l^2, l^2)$ 围集. 但 $B$ 不是 $l^2$ 中 $o$ 点的 $\sigma(l^2, l^2)$ 序列邻域. 事实上, $l^2$ 中的单位向量序列 $\{e_n\}$ 弱收敛于 $o$, 即 $\{e_n\}$ 是 $\sigma(l^2, l^2)$ 收敛于 $o$ 的, 其中

$$e_n = (0, 0, \cdots, 0, \underset{n \text{ 位}}{1}, 0, \cdots),$$

而 $\|e_n\| = 1$, 故 $\{e_n\}$ 不能终于在 $B$ 中, 即 $B$ 不是 $l^2$ 中 $o$ 点的一个 $\sigma(l^2, l^2)$ 序列邻域. 因此, $(l^2, \sigma(l^2, l^2))$ 不是 $s$ 围空间.

**9. $c$ 序列空间与 $s$ 围空间互不蕴涵.**

**第一例**　一个 $s$ 围空间, 它不是 $c$ 序列空间.

局部凸空间 $X$ 称作 **braked** 空间, 是指任给 $X$ 中收敛于 $o$ 的序列 $\{x_n\}$, 存在正实数序列 $\{\lambda_n\}$, 使 $\lambda_n \to +\infty$ 且序列 $\{\lambda_n x_n\}$ 在 $X$ 中收敛于 $o$.

Snipes[158] 指出, braked 空间必是 $s$ 圈空间.

我们将要证明, 局部凸空间 $(l^1, \sigma(l^1, l^\infty))$ 是 $s$ 圈空间. 为此, 只要证明它是一个 braked 空间即可. 设 $u$ 是 $l^1$ 上的范数拓扑, $\{x_n\}$ 是 $l^1$ 中依弱拓扑 $\sigma(l^1, l^\infty)$ 意义下收敛于 $o$ 的序列. 因 $l^1$ 中序列的范数收敛与弱收敛是一致的, 故 $\{x_n\}$ 也是 $u$ 收敛于 $o$ 的序列. 因 $(l^1, u)$ 是赋范线性空间, 故它显然是一个 braked 空间. 因此, 存在正实数序列 $\{\lambda_n\}$, 使 $\lambda_n \to +\infty$, 且序列 $\{\lambda_n x_n\}$ 按拓扑 $u$ 收敛于 $o$, 从而它也是 $\sigma(l^1, l^\infty)$ 收敛于 $o$ 的一个序列, 即 $(l^1, \sigma(l^1, l^\infty))$ 是一个 braked 空间.

兹证 $(l^1, \sigma(l^1, l^\infty))$ 不是 $c$ 序列空间. 事实上, $l^1$ 中的单位球

$$B = \{x \in l^1 | \ \|x\| < 1\}$$

是凸的平衡的且是 $\sigma(l^1, l^\infty)$ 序列开的, 但它不是 $\sigma(l^1, l^\infty)$ 开的. 因此, $(l^1, \sigma(l^1, l^\infty))$ 不是 $c$ 序列空间.

**第二例**　一个 $c$ 序列局部凸空间, 它不是 $s$ 圈空间.

考虑由局部凸空间 $(l^2, \sigma(l^2, l^2))$ 生成的 $c$ 序列局部凸空间 $(l^2, \sigma(l^2, l^2)_{cs})$. 为证 $(l^2, \sigma(l^2, l^2)_{cs})$ 不是 $s$ 圈空间, 我们只要在 $l^2$ 中找出一个凸的平衡的 $\sigma(l^2, l^2)_{cs}$ 圈集, 它不是 $l^2$ 中 $o$ 点的一个 $\sigma(l^2, l^2)_{cs}$ 序列邻域即可. 易见, 单位球

$$B = \{x \in l^2 | \ \|x\| < 1\}$$

是 $l^2$ 中凸的平衡的 $\sigma(l^2, l^2)$ 圈集. 因局部凸空间 $(l^2, \sigma(l^2, l^2))$ 与 $(l^2, \sigma(l^2, l^2)_{cs})$ 中有相同的收敛序列, 故它们有相同的有界集. 理由如下: 线性拓扑空间中集 $A$ 有界, 当且仅当任给 $A$ 中的序列 $\{x^{(n)}\}$ 与任意实数序列 $\{\lambda_n\}, \lim_{n\to\infty}\lambda_n = 0$, 都有 $\lim_{n\to\infty}\lambda_n x_n = 0$. 因此, $B$ 也是 $l^2$ 中凸的平衡的 $\sigma(l^2, l^2)_{cs}$ 圈集. 然而, 可以证明 $B$ 不是 $l^2$ 中 $o$ 点的 $\sigma(l^2, l^2)_{cs}$ 序列邻域. 事实上, 因 $l^2$ 中单位向量序列 $\{e_n\}$ 是 $\sigma(l^2, l^2)$ 收敛于 $o$ 的, 从而它也是 $\sigma(l^2, l^2)_{cs}$ 收敛于 $o$ 的, 但 $\|e_n\| = 1 \ (n = 1, 2, \cdots)$, 故 $e_n \notin B \ (n = 1, 2, \cdots)$, 即 $B$ 不是 $l^2$ 中 $o$ 点的 $\sigma(l^2, l^2)_{cs}$ 序列邻域.

这个例子属于 Snipes[158].

## 10. 存在某个完备的局部凸空间, 它不是拟桶空间.

设 $X$ 是一个非自反的局部凸的 Fréchet 空间, 例如, $X = c_0$, 则 Mackey 空间 $(X', m(X', X))$ 是完备的半自反空间. 因 $(X', m(X', X))$ 的强对偶 $X$ 不是自反的, 故 $(X', m(X', X))$ 也不是自反的 (自反空间的强对偶必是自反空间). 又因一个局部凸空间是自反的, 当且仅当它既是半自反的, 又是拟桶空间, 故知 $(X', m(X', X))$ 不是拟桶空间.

**11. 存在某个特异空间, 它不是半自反的.**

可以证明, 半自反空间必是特异空间. 然而, 特异空间不必是半自反的. 例如, 设 $X$ 是一个非自反的 Banach 空间, 则 $X$ 是特异空间, 且是拟桶空间, 但 $X$ 并不半自反, 因为局部凸空间为自反的, 当且仅当它既是半自反空间, 又是拟桶空间.

**12. 存在某个局部凸的 Fréchet 空间, 它的强对偶既非圉空间, 也非桶空间.**

设 $X$ 是一切这样的二重数列 $x = \{x_{ij}\}$ 所组成的空间, 使对每一自然数 $n$, 都有

$$p_n(x) = \sum_{i,j} |a_{ij}^{(n)} x_{ij}| < +\infty,$$

这里

$$a_{ij}^{(n)} = \begin{cases} j, & i \leqslant n, \\ 1, & i > n. \end{cases}$$

显然, 半范数族 $\{p_n\}$ 生成 $X$ 上的一个局部凸拓扑, 使 $X$ 成为一个局部凸的 Fréchet 空间.

Grothendieck[69] 指出, 这个空间的强对偶既非圉空间, 也非桶空间, 我们简要地介绍这一论断如下:

(a) $X$ 的对偶空间 $X'$ 是一切这样的二重数列 $u = \{u_{ij}\}$ 所组成, 使对一切 $i, j$ 和某个常数 $c > 0$ 及 $n \in N$, 都有

$$|u_{ij}| \leqslant c a_{ij}^{(n)}.$$

令 $B_n$ 是 $U_n = \{x | p_n(x) \leqslant 1\}$ 的极, 即 $B_n = U_n^\circ$, 则 $\{nB_n | n \in N\}$ 是 $X'$ 中的有界子集的 $o$ 点邻域基本系.

(b) 设 $W$ 代表 $\bigcup_n 2^{-n} B_n$ 的凸、平衡包, 则 $W$ 吸收 $X'$ 中的每个有界子集, 且 $W$ 不含有元素 $u = \{u_{ij}\} \in X'$, 使对每一 $i$, 存在 $j$ 而有

$$|u_{ij}| \geqslant 2.$$

(c) 给定正数序列 $\rho = \{\rho_n\}$, 定义 $u^{(n)} = \{u_{ij}^{(n)}\} \in X'$ 如下: $u_{ij}^{(n)} = 0$, 当 $(i, j) \neq (n, k_n)$ 时; 而 $u_{n,k_n}^{(n)} = 1$, 这里 $k_n$ 如此选取, 使得 $2^{n+1} u^{(n)} \in \rho_n B_n$. 因对每一给定的 $\rho$, 具有一般项为 $S_m = 2 \sum_{n=1}^m u^{(n)}$ 的序列 $\{S_m\}$ 是 $X'$ 中的弱 Cauchy 序列, 故它收敛于某个元 $s \in X'$.

(d) 对 $X'$ 中每个 $o$ 点的强邻域 $B^\circ$ ($B$ 是 $X$ 中的有界子集), 存在正数序列 $\rho = \{\rho_n\}$, 使

$$\Gamma_n \rho_n B_n \subset B^\circ,$$

这里, $\Gamma_n\rho_n B_n$ 代表 $\bigcup_{n=1}^{\infty}\rho_n B_n$ 的凸、平衡包. 若 $\{S_m\}$ 是 $c$ 中构造的序列, 则对每一自然数 $m, S_m \in B^\circ$. 因此, $s \in B^\circ$. 但 $s \notin W$, 可见 $W$ 不包含 $B^\circ$, 即 $W$ 不包含 $X'$ 的任何一个 $o$ 点的强邻域. 因此, $(X', \beta(X', X))$ 不是圃空间. 又因为对于可度量化的局部凸空间 $X, (X', \beta(X', X))$ 是圃空间的充要条件为它是一个桶空间 (参看 [145], p. 153). 因此, $(X', \beta(X', X))$ 也不是桶空间.

**注** 这个例子也说明了圃空间的强对偶未必是圃空间; 桶空间的强对偶未必是桶空间.

**13. 存在某个特异空间, 它的强对偶不可分.**

Banach 空间 $l^1$ 是特异空间, 而它的强对偶 $l^\infty$ 并不可分.

**14. 存在某个特异空间, 它的强对偶不可度量化.**

设 $\lambda$ 为一序列空间, 我们定义 $\lambda^X$ 为一切这样的序列 $u = \{u_i\}$ 所组成的序列空间, 使对任何 $x = \{x_i\} \in \lambda$, 数积

$$ux = \sum_{i=1}^{\infty} u_i x_i$$

绝对收敛. 例如, 若 $w$ 代表一切数列所组成的序列空间, $\varphi$ 代表一切有限数列 (即只有有限多项不为 0 的数列) 所组成的序列空间, 则 $\omega^X = \varphi, \varphi^X = \omega$. 如今 $\lambda \supset \varphi$, 则 $\lambda$ 与 $\lambda^X$ 成为对偶空间. 在 $\lambda$ 上定义半范数

$$p_u(x) = \sum_{i=1}^{\infty} |u_i| \cdot |x_i|, \quad u = \{u_i\} \in \lambda^X,$$

则半范数族 $\{p_u\}$ 在 $\lambda$ 上确定了一个局部凸拓扑, 我们称此局部凸拓扑为正规拓扑.

今在序列空间 $\omega$ 上取正规拓扑, 则 $\omega$ 为一局部凸的 Fréchet 空间, 而它的强对偶 $(\omega^X, \beta(\omega^X, \omega)) = (\varphi, \beta(\varphi, \omega))$ 是一个不可度量化的桶空间.

**15. 存在某个特异空间, 它不是拟桶空间.**

设 $Y$ 是一个非自反的 Banach 空间, $X$ 是 Mackey 空间 $(Y', m(Y', Y))$, 则 $X' = Y$, 且 $X'$ 上的强拓扑就是范数拓扑, 这是因为 $\sigma(Y', Y)$ 有界集都是范数有界的. 于是, $X$ 是一个半自反而不自反的局部凸空间. 因一个局部凸空间为自反的, 当且仅当它既是半自反空间, 又是拟桶空间, 故 $X$ 不是拟桶空间. 然而, 由于 $X$ 是半自反空间, 因而它是一个特异空间.

**16. 存在某个有界完备的局部凸空间, 它不是序列桶空间.**

设 $\omega$ 是一切数列所组成的线性空间, 再设 $\alpha$ 是一切这样的数列 $\{a_i\}$ 所组成的集合, 使得 $a_i = 0$ 或 $a_i = 1$, 且

$$\frac{1}{n} \sum_{i=1}^{n} a_i \to 0 \quad (n \to \infty).$$

令 $\omega_0 = \{ax = \{a_i x_i\} | a = \{a_i\} \in \alpha, x = \{x_i\} \in \omega\}$, 并用 $|\sigma|(\omega^{\#}, \omega)$ 代表 $\omega^{\#}$ 上的正规拓扑, 则有

(a) $\beta(\omega^{\#}, \omega_0) = \beta(\omega^{\#}, \omega)$.

(b) $\sigma(\omega^{\#}, \omega_0) \leqslant |\sigma|(\omega^{\#}, \omega_0) \leqslant \tau(\omega^{\#}, \omega_0)$.

因此, 为使 $\omega^{\#}$ 的子集是 $\sigma(\omega^{\#}, \omega_0)$ 有界的当且仅当它是 $|\sigma|(\omega^{\#}, \omega_0)$ 有界的.

(c) $\omega^{\#}$ 的每个 $|\sigma|(\omega^{\#}, \omega_0)$ 有界子集是 $|\sigma|(\omega^{\#}, \omega)$ 有界的.

上述断语的证明, 可参看 [173].

今设 $\varphi$ 是一切有限数列所组成的线性空间, 则 $\varphi$ 中的每个 $\sigma(\varphi, \omega)$ 有界子集都是有限维的. 因此, 据 (B) 和 (C), $\varphi$ 中的每个 $\sigma(\varphi, \omega_0)$ 有界子集也是有限维的. 于是, 局部凸空间 $(\varphi, m(\varphi, \omega_0))$ 是有界完备的. 另一方面, 据 (A), $(\omega_0, \sigma(\omega_0, \varphi))$ 是具有完备化空间 $\omega$ 及双对偶空间 $\omega$ 的可度量化的桶空间, 因此, $(\varphi, m(\varphi, \omega_0))$ 不是序列桶空间 (因为, 若 $E$ 是可度量化的局部凸空间, 使 $(E', m(E', E))$ 是序列桶空间, 则 $E$ 必定是完备的 (参看 [173])).

**17. 存在某个圃空间, 它的强双对偶不是圃空间.**

设 $\Lambda$ 为一无限集, $\{f_i\}$ 是定义在 $\Lambda$ 上的正值函数序列, 使当 $i < j$ 时, 对一切 $\lambda \in \Lambda$, 都有

$$f_i(\lambda) \leqslant f_j(\lambda).$$

于是, 我们得到一个圃空间 $E$. 它是 Banach 空间序列 $\{E_i\}$ 的归纳极限, $E_i$ 的单位球是

$$\{f | |f(\lambda)| \leqslant f_i(\lambda), \lambda \in \Lambda\}.$$

兹证, 可以适当选择 $\{f_i\}$, 使得 $E''$ 不是圃空间, 事实上, 设 $F$ 是 $\Lambda$ 上这样的函数 $g$ 的全体, 使得

$$\sum_{\lambda \in \Lambda} f_i(\lambda) |g(\lambda)| < +\infty, \quad i = 1, 2, \cdots$$

于是, $F$ 可以视为 $E'$ 的子空间 ($g$ 可视为 $E$ 上的连续线性泛函 $f \to \sum_{\lambda \in \Lambda} f(\lambda) g(\lambda)$), $F$ 也可视为 $E$ 的子空间 $E_0$ 的对偶空间, 这里, $E_0$ 是一切这样的函数 $f \in E$ 组

成: 除了有限个 $\lambda \in \Lambda$, 有 $f(\lambda) \neq 0$ 而外, 在其余的 $\lambda \in \Lambda$ 上, $f$ 的值全为 0. 容易证明, $F'$ 是 $E''$ 的一个同胚像. 因此, 为了证明 $E''$ 不是囿空间. 只要证明可以适当选择 $\{f_i\}$, 使得 $F'$ 不是囿空间即可. 这是可以做到的, 只要取 $\Lambda$ 为自然数序对 $(n, m)$ 所组成之集, 并令

$$f_i(n, m) = \begin{cases} m, & n \leqslant i, \\ 1, & n > i \end{cases}$$

即可 (参看例 12).

**18.　存在某个可数桶空间, 它不是桶空间.**

如所周知, 可度量化的局部凸空间的强对偶是完备的 (DF) 空间; 而 (DF) 空间必是可数拟桶空间; 又, 完备的可数拟桶空间必是可数桶空间 (参看 [95]). 由此可知, 可度量化的局部凸空间的强对偶必是可数桶空间. 然而, 例 12 已经指明, 它未必是桶空间.

其实, 还可进一步构造一个半自反的可数桶空间, 它不是桶空间 (参看 [90], pp. 54–55).

**19.　存在某个可数拟桶空间 (因而是 $\sigma$ 拟桶空间), 它不是 $\sigma$ 桶空间.**

设 $\varphi = R^{(N)}$ 是有限序列空间, 并在 $\varphi$ 上取上确界范数拓扑, 则 $\varphi$ 为一囿空间 (可度量化的局部凸空间必是囿空间), 从而是拟桶空间, 当然也是可数拟桶空间. 另一方面, 如果一个局部凸空间既是拟桶空间, 又是 $\sigma$ 桶空间, 那么它必然是一个桶空间, 而例 5 中的第一例已经指出, $\varphi$ 不是桶空间, 故它也不是 $\sigma$ 桶空间.

**20.　存在某个序列桶空间, 它不是 $\sigma$ 拟桶空间.**

如所周知, $l^\infty$ 是完全序列空间, $l^1$ 是它的 Köthe 对偶空间 (参看 [95]). 兹证 $(l^\infty, m(l^\infty, l^1))$ 是序列桶空间. 事实上, 因为 Köthe 函数空间 $\Lambda$ 在 Mackey 拓扑 $m(\Lambda, \Lambda')$ 下是序列桶空间 —— 在 Köthe 函数空间 $\Lambda$ 中, 关于弱拓扑下的每个 Cauchy 序列必定是弱收敛的, 所以 $(L^\infty, m(l^\infty, l^1))$ 是序列桶空间. 但 $(l^\infty, m(l^\infty, l^1))$ 不是 $\sigma$ 拟桶空间.

**21.　存在某个具有性质 $(c)$ 的局部凸空间, 它不是 $\sigma$ 桶空间.**

设 $X$ 是一个无穷维线性空间, $X^\#$ 是 $X$ 的代数对偶. 因 $X^\#$ 的每个 $\sigma(X^\#, X)$ 有界子集都是 $\sigma(X^\#, X)$ 相对紧的, 故 $(X, \sigma(X, X^\#))$ 具有性质 $(c)$.

兹证 $(X, \sigma(X, X^\#))$ 不是 $\sigma$ 桶空间. 为此, 设 $B$ 为 $X$ 的任意一个 Hamel 基, $B_0$ 为 $B$ 的可数子集. 对 $x \in B_0$, 设 $f_x$ 是 $X$ 上的线性泛函, 使当 $y \in B \backslash \{x\}$ 时, $f_x(y) = 0$, 而 $f_x(x) = 1$. 于是, 集

$$A = \{f_x | x \in B_0\}$$

是 $X^{\#}$ 的可数 $\sigma(X', X)$ 有界子集, 并且 $A^0$ 不包含 $X$ 的有限余维子空间. 因此, $A$ 不是等度连续的, 从而 $(X, \sigma(X, X^{\#}))$ 不是 $\sigma$ 桶空间.

**22. 存在某个序列桶空间, 它没有性质 $(s)$.**

因具有 Mackey 拓扑的完全序列空间是序列桶空间 (参看 [173]), 故 $(l^1, m(l^1, c_0))$ 是序列桶空间. 然而, 它显然没有性质 $(s)$.

**23. 存在某个 (DF) 空间, 它不是可数桶空间.**

设 $\varphi = R^{(N)}$ 是有限序列空间, 并在 $\varphi$ 上取上确界范数拓扑, 则 $\varphi$ 为一 (DF) 空间. 另一方面, 例 19 已经指出, $\varphi$ 不是 $\sigma$ 桶空间, 从而也不是可数桶空间 (可数桶空间必是 $\sigma$ 桶空间).

**24. 存在某个 (DF) 空间, 它不是拟桶空间.**

例 12 中的局部凸的 Fréchet 空间, 其强对偶是一个 (DF) 空间. 但它不是拟桶空间.

**25. 存在某个 $K$ 拟桶空间, 它不是 $K$ 桶空间.**

设 $X$ 是一切这样的复数序列 $x = \{x_i\}$ 所组成的线性空间, 其中只有有限个 $x_i$ 不等于 0. 在 $X$ 上取逐点收敛拓扑, 则 $X$ 为一可度量化的局部凸空间. 因此, $X$ 是拟桶空间, 从而也是 $K$ 拟桶空间.

兹证对任何 $K \geqslant 1, X$ 不是 $K$ 桶空间. 为此, 我们考虑

$$U_n = \{x = \{x_i\} \in X \mid |x_j| \leqslant 1, 1 \leqslant j \leqslant n\},$$

则每个 $U_n$ 是 $X$ 中 $o$ 点的凸的平衡闭邻域, 它们的交是 $X$ 中的一个桶. 令

$$U(K) = \bigcap_{n=1}^{\infty} \{K^n U_n\}, \quad K \geqslant 1,$$
$$a_n = e^{e^n}, \quad a^{(n)} = (a_1, a_2, \cdots, a_n, 0, 0, \cdots),$$

则 $B = \{a^{(n)} \mid n = 1, 2, \cdots\}$ 是 $X$ 中的有界子集. 因对任何 $K \geqslant 1, B$ 不被 $U(K)$ 所吸收, 故 $X$ 不是 $K$ 桶空间.

**26. 存在某个线性空间上两个可以比较而不相等的范数, 使强范数是桶空间而弱范数是 Banach 空间.**

设 $(X, \|\cdot\|)$ 是无穷维 Banach 空间, $f$ 是 $X$ 上的不连续线性泛函, $X_0$ 是 $f$ 的核, 即

$$X_0 = \{x \in X \mid f(x) = 0\}.$$

设 $x \in X$ 使 $f(x) = 1$ 且 $\|x\| = 1$, 并考虑赋范线性空间 $(X_0 \oplus [x], p)$, 这里 $[x]$ 代表由 $x$ 生成的一维子空间, $p$ 是由下列等式确定的 $X_0 \oplus [x]$ 上的范数:

$$p(y + \lambda x) = \|y\| + |\lambda| \quad (y \in X_0).$$

显然, 范数 $p$ 严格强于范数 $\|\cdot\|$. 据 Dieudonné[50] 知, $X_0$ 是桶空间, 从而 $X_0 \oplus [x]$ 也是桶空间. 因 $X_0$ 在 $X$ 中的余维数为 1, 故我们可把 $X$ 视为 $X_0 \oplus [x]$. 于是, 我们得到 $(X_0 \oplus [x], \|\cdot\|)$ 是 Banach 空间而 $(X_0 \oplus [x], p)$ 是桶空间 (非 Banach 空间).

这个问题是由 Wilansky[177] 提出并由 Cochran 和 Mackherjee[45] 解答的.

设 $\xi, \eta$ 是线性空间 $X$ 上的两个拓扑, $r = \sup\{\xi, \eta\}$ 代表 $X$ 上强于 $\xi$ 及 $\eta$ 的最弱的局部凸拓扑. Saxon 和 Wilansky[144] 还提出下述问题: 如果 $\xi, \eta$ 是线性空间 $X$ 上的两个不可比较的范数拓扑, 那么 $(X, r)$ 是否必为桶空间? Wilde 和 Tsirulnikov[48] 指出, $(X, r)$ 不必是桶空间. 读者如有兴趣, 可参看作者的原文.

**27. 一个桶空间的闭子空间, 它不是桶空间.**

可以证明, 桶空间之积是桶空间; 桶空间的商空间是桶空间; 桶空间的直接和是桶空间; 桶空间的严格归纳极限及归纳极限仍是桶空间. 但是, 桶空间的子空间不必是桶空间. 事实上, 由于任何一个 Hausdorff 局部凸空间必是某个桶空间的闭子空间 (参看 [93]), 因而我们只要构造一个 Hausdorff 局部凸空间, 它不是桶空间即可.

设 $c_0$ 是一切收敛于 0 的数列所组成的线性空间, $u$ 是 $c_0$ 上的上确界范数拓扑, $v$ 是 $c_0$ 上的弱拓扑. 对每一自然数 $n$, 定义 $(c_0, v)$ 到 $(c_0, u)$ 上的映射 $g_n$ 如下: 对每一 $x = \{\xi_n\} \in (c_0, v)$, 令

$$g_n(x) = (\xi_1, \xi_2, \cdots, \xi_n, 0, \cdots),$$

则 $\{g_n\}$ 是 $(c_0, v)$ 到 $(c_0, u)$ 上的线性连续映射序列, 使对每一 $x \in c_0, \{g_n(x)\}$ 在 $(c_0, u)$ 中收敛于 $x$. 此外, $\{g_n\}$ 在有界集上是一致有界的, 理由如下: 如果 $B$ 是 $(c_0, u)$ 中的单位球, 那么对每一 $n, g_n(B) \subset B$, 因而

$$\bigcup_{n=1}^{\infty} g_n(B) \subset B.$$

因为 $v$ 严格弱于 $u$, 所以 $\{g_n\}$ 不是等度连续的, 从而 $(c_0, v)$ 不是可数拟桶空间, 当然也就不是桶空间了.

**注** 这个例子也说明了拟桶空间 (可数桶空间、可数拟桶空间) 的闭子空间不必是拟桶空间 (可数桶空间、可数拟桶空间).

**28. 一个圉空间的闭子空间, 它不是圉空间.**

可以证明, 圉空间的商空间是圉空间; 圉空间的直接和是圉空间; 圉空间的严格归纳极限及归纳极限均是圉空间. 但是, 圉空间的子空间不必是圉空间. 例如, 设 $\omega$ 代表一切数列所组成的线性空间, $\varphi$ 是一切有限数列所组成的线性空间, 并在 $\omega$ 和 $\varphi$ 上都取最强的局部凸拓扑. 再设 $\varphi\omega$ 代表 $\omega$ 的副本的拓扑可数直接和, $\omega\varphi$ 代表 $\varphi$ 的副本的拓扑可数积. 令

$$X = \varphi\omega \oplus \omega\varphi,$$

则 $X$ 的对偶空间是

$$X' = \omega\varphi \oplus \varphi\omega.$$

因圉空间的局部凸直接和仍是圉空间, 故 $X'$ 是圉空间. 令

$$M = \{(x,x)|x \in \varphi\omega \cap \omega\varphi = \varphi\},$$

则 $H = M^{\perp}$ 是 $X'$ 中由一切形如 $(x,-x)(x \in \varphi)$ 的点组成. $H$ 是 $X'$ 的闭子空间, 它在相对拓扑下不是自反的.

兹证 $H$ 不是圉空间. 事实上, 如果 $H$ 是圉空间, 那么它将是完备的, 从而是一个桶空间. 因 $H$ 是半自反的, 故导致 $H$ 是自反的, 矛盾.

**注** 有限个或可数个圉空间之积仍是圉空间. 任意个圉空间之积是否必为圉空间? 这是尚未解决的一个问题.

**29. 一个桶空间, 它的一个稠密的不可数余维子空间不是桶空间.**

Dieudonné[50], Amemiya 和 Kōmura[30] 分别证明了: 桶空间的每个具有有限余维的子空间必是桶空间.

可度量化桶空间的每个具有可数余维的子空间也是桶空间.

Saxon 和 Levin[143] 进一步指出, 桶空间的每个具有可数余维的子空间也是桶空间. 可数维的可度量化局部凸空间必定不是桶空间.

应当注意, 桶空间的不可数余维子空间未必是桶空间, Saxon 和 Levin[143] 构造了一个桶空间, 它的一个稠密的不可数余维子空间不是桶空间.

有关上述命题的证明以及反例的构造, 均可参看相应的文献.

**30. 一个桶空间, 它的一个稠密的不可数维的子空间不是桶空间.**

设 $\omega$ 是一切实数序列所组成的线性空间, 并在 $\omega$ 上取乘积拓扑, 则 $\omega$ 是一个桶空间. 再设 $l^{\infty}$ 是一切有界数列所组成的线性空间, 则 $l^{\infty}$ 是 $\omega$ 的一个稠密子空间, 并且 $l^{\infty}$ 在相对拓扑下不是桶空间, 因为 $l^{\infty}$ 中的桶

$$\{x = \{\xi_n\} \in l^{\infty}||\xi_n| \leqslant 1, n \in N\}$$

不是 $o$ 点的一个邻域.

由于桶空间的可数余维的子空间仍是桶空间, 因而 $l^\infty$ 是一个具有不可数维的非桶空间.

这个例子是由 Saxon 和 Levin[143] 作出的.

### 31.　一个 Baire-like 空间, 它不是无序 Baire-like 空间.

我们用 $\omega$ 代表一切实数序列所组成的线性空间, 并在 $\omega$ 上取乘积拓扑. 令
$X = \{\{a_p\} \in \omega | a_p = 0$ 当 $p$ 不属于某个 $\{n_k\}$ 时, 这里 $\{n_k\}$ 满足条件 $\lim_{k\to\infty} n_k/k = 0\}$, 则 $X$ 是 $\omega$ 的稠密的线性子空间, 且 $X'$ 的每个可数 $\sigma(X', X)$ 有界子集都是等度连续的. 因此, $X$ 是一个 $\sigma$ 桶空间. 又因 $X$ 上的拓扑是弱拓扑, 故 $X$ 是一个 Baire-like 空间 (参看 [168]).

显然, $X_n = \{\{a_p\} \in X | a_n = 0\}$ 是 $X$ 的闭的真子空间, 故 $X_n$ 在 $X$ 中无处稠密, 且
$$X = \bigcup_{n=1}^{\infty} X_n,$$
因而 $X$ 不是无序 Baire-like 空间.

### 32.　一个赋范桶空间 (从而是 Baire-like 空间), 它不是 Baire 空间.

**第一例**　设 $\{e_n\}$ 是 Banach 空间 $l^1$ 中的单位向量序列, 又设 $\{b_n\} \in l^1$ 有无穷多项非零元素. 显然, $\{e_n\} \cup \{\sum_{i=1}^{\infty} b_i e_{n_i}\}$ 在 $l^1$ 中所张成的线性子空间 $X$ 在 $l^1$ 中是稠密的, 其中 $\{n_i\}$ 遍历自然数序列 $N$ 的一切子序列. 因此, $X$ 的对偶空间是 $m = l^\infty$. 假如存在 $X' = m$ 的某个逐点有界的子集 $B$, 而它不是范数有界的, 那么我们可以利用滑峰法 (sliding hump), 而得到序列 $\{h_k\} \subset B$ 和 $N$ 的子列 $\{n_i\}$, 使得
$$\left| h_k \left( \sum_{i=1}^{\infty} b_i e_{n_i} \right) \right| \to +\infty \quad (k \to \infty).$$
这与 $B$ 是 $\sigma(X', X)$ 有界的事实相矛盾. 因此, $X$ 是一个桶空间. 由于 $X$ 又是一个赋范空间, 从而它是 Baire-like 空间.

设 $f_k \in X'$, 使得
$$f_k(e_j) = \delta_{kj} = \begin{cases} 1, & k = j, \\ 0, & k \neq j, \end{cases}$$
则有 $X = \bigcup_{k=1}^{\infty} f_k^{-1}(\{0\})$. 显然, 每个 $f_k^{-1}(\{0\})$ 是 $X$ 中闭的余维为 1 的真子空间, 因而它在 $X$ 中无处稠密, 可见 $X$ 不是 Baire 空间.

**第二例**　下面的定理与例子均属于 Saxon[142].

**定理**　设 $X$ 是 Hausdorff 线性拓扑空间, 它是由子集 $A$ 张成的. 又设 $\{P_n\}$ 是射影序列, 使 $P_n(A)$ 可数, 且 $P_n(X)$ 的维 $\geqslant n$ $(n=1,2,\cdots)$, 则 $X$ 可被可数个无处稠密的子空间所覆盖.

利用这一定理, 可构造所需的例子如下:

设 $Y$ 为一无穷维 Banach 空间, 取双直交序列 $\{x_i\}$ 与 $\{f_i\}$, 即 $\{x_i\} \subset Y, \{f_i\} \subset Y'$, 且 $f_i(x_j) = \delta_{ij}, \|x_i\| = 1$. 令

$$A = \{x \in Y |\ \text{对每一}\ i, f_i(x)\ \text{的实部与虚部均为有理数}\}.$$

于是, 对每一 $i, x_i \in A$. 设 $X$ 为 $A$ 张成的 $Y$ 的线性子空间, 并定义射影 $P_n$ 如下:

$$P_n(x) = \sum_{i=1}^{n} f_i(x)x_i \quad (x \in X), \quad n = 1, 2, \cdots.$$

据上述定理, $X$ 可表成可数个无处稠密的子空间的并集, 故 $X$ 不是 Baire 空间.

兹证赋范空间 $X$ 是桶空间. 假如不然, 则存在 $B \subset X'$, 它在 $X$ 上逐点有界而不等度连续. 显然, $A$ 在 $Y$ 中是稠密的, 从而 $X$ 在 $Y$ 中也是稠密的. 于是, $X'$ 与 $Y'$ 可视为同一. 又因 $Y$ 是桶空间, 故对某个 $x \in Y \backslash X$, 集 $\{g(x)|g \in B\}$ 是无界的. 取 $K_i \geqslant 1$ 及 $|\varepsilon_i| \leqslant (2^i K_i)^{-1}$, 使

$$\sup\{|g(x_i)||g \in B\} \leqslant K_i,$$

且 $f_i(x + \varepsilon_i x_i)(i = 1, 2, \cdots)$ 的实部与虚部均为有理数, 则级数 $\sum_{i=1}^{\infty} \varepsilon_i x_i$ 绝对收敛于某个元 $y \in Y$, 且 $x + y \in A$. 此外

$$\sup\{|g(y)||g \in B\} \leqslant \sum_{i=1}^{\infty} |\varepsilon_i| K_i \leqslant \sum_{i=1}^{\infty} 2^{-i} = 1.$$

前面已证, $\{g(x)|g \in B\}$ 是无界的. 于是得到 $\{g(x + y)|g \in B\}$ 必是无界的. 这与 $B$ 在 $X$ 上因而也在 $A$ 上逐点有界的条件发生矛盾. 可见 $X$ 必为桶空间.

### 33.　一个 Mackey 空间, 它不是拟桶空间.

设 $X$ 是非自反的 Banach 空间, 则 Mackey 空间 $(X', m(X', X))$ 是半自反的. 因 $(X', m(X', X))$ 的强对偶 $X$ 不是自反的, 故 $(X', m(X', X))$ 也不是自反的 (自反空间的强对偶必定自反), 从而 $(X', m(X', X))$ 不是拟桶空间.

### 34.　不具有性质 $(s)$ 的 Mackey 空间.

局部凸空间 $(l^1, m(l^1, c_0))$ 是 Mackey 空间, 这里 $m(l^1, c_0)$ 是 $l^1$ 上的 Mackey 拓扑. 因 $(c_0, \sigma(c_0, l^1))$ 不是序列完备的, 故 $(l^1, m(l^1, c_0))$ 不具有性质 $(s)$.

**35.　一个具有性质 $(s)$ 的 Mackey 空间, 它不具有性质 $(c)$.**

容易证明, 若 $X$ 是可度量化的局部凸空间, 且 $X$ 具有性质 $(s)$, 则 $X$ 必是桶空间, 但是, 如果局部凸空间 $X$ 不可度量化, 那么甚至 $X$ 是 Mackey 空间时, 也不能从 $X$ 有性质 $(s)$ 推出 $X$ 有性质 $(c)$. 例如, $(l^\infty, m(l^\infty, l^1))$ 是 Mackey 空间. 因 $(l^1, \sigma(l^1, l^\infty))$ 是序列完备的, 故 $(l^\infty, m(l^\infty, l^1))$ 具有性质 $(s)$.

兹证 $(l^\infty, m(l^\infty, l^1))$ 不具有性质 $(c)$. 为此, 我们令

$$B = \{e_n | n = 1, 2, \cdots\},$$
$$e_n = \{0, 0, \cdots, 0, 1, 0, \cdots\},$$

则 $B$ 是 $l^1$ 中的一个 Schauder 基 (参看第十章的引言), 且 $B$ 是 $\sigma(l^1, l^\infty)$ 有界的. 然而, 可以证明 $B$ 在 $l^1$ 中没有 $\sigma(l^1, l^\infty)$ 聚点. 事实上, 任取 $y \in l^1$, 则存在形如

$$f = (0, 0, \cdots, 0, 2, 2, \cdots)$$

的序列 $f \in l^\infty$, 使

$$|(f, y)| < 1.$$

注意, 当 $n$ 充分大时就有 $(f, e_n) = 2$, 故

$$(f, e_n - y) = (f, e_n) - (f, y) > 1.$$

因此, 只有有限多个 $n$, 有 $e_n - y \in \{f\}^\circ$, 这里,

$$\{f\}^\circ = \{z \in l^1 | |(f, z)| \leqslant 1\},$$

即 $y$ 不是 $B$ 的 $\sigma(l^1, l^\infty)$ 聚点. 因此, $B$ 不是 $\sigma(l^1, l^\infty)$ 相对紧的, 即 $(l^\infty, m(l^\infty, l^1))$ 不具有性质 $(c)$.

**36.　一个半自反的 Mackey 空间, 它不是自反的.**

设 $X$ 是一个非自反的 Banach 空间, 则 Mackey 空间 $(X', m(X', X))$ 是半自反的. 因自反空间的强对偶必自反, 而 $(X', m(X', X))$ 的强对偶 $X$ 并不自反, 故 $(X', m(X', X))$ 也不是自反的.

**37.　一个 Mackey 空间, 它不是 $\sigma$ 拟桶空间.**

例 35 已经指出, Mackey 空间 $X = (l^\infty, m(l^\infty, l^1))$ 具有性质 $(s)$, 但它没有性质 $(c)$. 因 $\sigma$ 桶空间必有性质 $(c)$, 故 $X$ 不是 $\sigma$ 桶空间. 其实, $X$ 也不是 $\sigma$ 拟桶空间, 这是因为 $(X', \sigma(X', X))$ 是序列完备的, 如果 $X$ 是 $\sigma$ 拟桶空间, 则将导致 $X$ 是 $\sigma$ 桶空间的谬论.

**38. 一个 Mackey 空间且是 $\sigma$ 桶空间, 它不是桶空间.**

设 $X$ 为一具有不可数 Hamel 基 $H$ 的线性空间. 令

$$Y = \{f \in X^{\#} | \text{至多有可数个 } x \in H, \text{使 } f(x) \neq 0\},$$

则 $\langle X, Y \rangle$ 是对偶空间. 设 $J_0$ 是 $X$ 上关于 $Y$ 的 $\sigma(Y, X)$ 有界子集上的一致收敛拓扑, 可证 $J_0$ 是与对偶空间 $\langle X, Y \rangle$ 相容的拓扑. 首先, 显然有

$$J_0 \supset \sigma(X, Y).$$

其次, 对于 $X^{\#}$ 上的 $J_0$ 连续线性泛函 $f_0$, 存在可数的 $\sigma(Y, X)$ 有界子集 $B \subset Y$, 使对每一 $e \subset B^{\circ}$, 都有 $|f_0(e)| \leqslant 1$. 令

$$H_1 = \{x \in H | \text{ 对某个 } f \in B \text{ 有 } f(x) \neq 0\},$$

则 $H_1$ 必是 $X$ 的可数子集. 如果 $x \in H \backslash H_1$ 且对所有 $\lambda \in K$, 有 $\lambda x \in B^{\circ}$, 则有

$$|f_0(\lambda x)| \leqslant 1.$$

因此, $f_0(x) = 0$, 从而 $f_0 \in Y$. 这就证明了

$$J_0 \subset m(X, Y).$$

据 Mackey-Arens 定理 (参看 [178], p. 133), $J_0$ 是与对偶空间 $\langle X, Y \rangle$ 相容的拓扑.

由于 $Y$ 的可数 $\sigma(Y, X)$ 有界子集的极都是 $o$ 点的 $J_0$ 邻域, 因而它们也是 $o$ 点的 $m(X, Y)$ 邻域. 由此可见, $(X, m(X, Y))$ 既是 $\sigma$ 桶空间, 又是 Mackey 空间.

兹证 $(X, m(X, Y))$ 不是桶空间. 为此, 令 $\mathcal{F}$ 是 $H$ 的一切有限子集所组成的集族, 对每一 $C \in \mathcal{F}$, 令 $f_C$ 是 $Y$ 中这样的元素, 使得

$$f_C(x) = \begin{cases} 1, & x \in C, \\ 0, & x \in H \backslash C. \end{cases}$$

于是, $A = \{f_C | C \in \mathcal{F}\}$ 是 $Y$ 中的一个 $\sigma(Y, X)$ 有界子集. 对于 $g \in X^{\#}$, 使对任意 $x \in H$, 都有 $g(x) = 1$, 则 $g$ 是 $A$ 中某个网的 $\sigma(X^{\#}, X)$ 极限. 由此可以推出 $A$ 不是等度连续的, 从而 $(X, m(X, Y))$ 不是桶空间. 因为, 如果 $A$ 是等度连续的, 那么 $g$ 将是 $m(X, Y)$ 连续的. 然而, $g$ 并不 $m(X, Y)$ 连续.

**39. 一个 $\sigma$ 桶空间, 它不是 Mackey 空间.**

取例 38 中的局部凸空间 $(X, J_0)$, 则 $(X, J_0)$ 是 $\sigma$ 桶空间.

兹证, $(X, J_0)$ 不是 Mackey 空间. 为此, 设 $V$ 是 $X$ 中这样的元 $y$ 所组成之集, 使得如果 $y$ 可表为

$$y = \sum_{x \in H} \lambda_x x,$$

则对一切 $x \in H$, 都有 $|\lambda_x| \leqslant 1$. 显然, $V$ 是 $X$ 中的一个桶. 设 $U$ 是 $o$ 点的一个 $J_0$ 邻域, 则存在可数子集 $H_0 \subset H$, 使对任意 $\lambda \in K$ 及任意 $x \in H \backslash H_0$, 有 $\lambda x \in U$. 任取 $X^\# \backslash Y$ 中的元 $f$, 其中 $Y$ 是例 38 中引进的 $X^\#$ 的线性子空间, 则存在 $H \backslash H_0$ 中不可数多个元 $x$, 使 $f(x) \neq 0$. 于是, 存在 $\varepsilon > 0$, 使对 $H \backslash H_0$ 中无穷多个元 $x$, 有

$$|f(x)| > \varepsilon.$$

可见 $f$ 在 $V \cap U$ 上无界. 因此, $V$ 是 $o$ 点的一个 $m(X, Y)$ 邻域. 另一方面, $V$ 不是 $o$ 点的 $J_0$ 邻域. 因此, $J_0 \neq m(X, Y)$, 即 $(X, J_0)$ 不是 Mackey 空间.

### 40. 存在某个 (LF) 空间的 Mackey 对偶, 它不是 $B_r$ 完备的.

Dieudonné 和 Schwartz[51] 提出下述问题: 设 $X = \operatorname{limind} X_n$ 是严格 (LF) 空间, $H$ 是 $X$ 的子空间, 使对每一自然数 $n$, $H \cap X_n$ 都是闭的, 则 $H$ 是否必为闭的? 这等价于问: 每个严格 (LF) 空间的 Mackey 对偶是否必是 $B$ 完备的?

Grothendieck[69] 指出, 这个问题的答案是否定的.

Mukherjee[119] 进一步指出, 严格 (LF) 空间的 Mackey 对偶甚至不必是 $B_r$ 完备的. 他的反例如下: 令

$$A = \bigoplus_{n=1}^{\infty} l_n^p, \quad B = \prod_{n=1}^{\infty} l_n^q,$$

这里, $l_n^p$ 与 $l_n^q$ 分别是 $l^p$ 与 $l^q$ 的副本, $1 < q < p$, 且 $1/p + 1/q = 1$. 再令 $X = A \times B$, 则可证明:

(a) $X$ 是严格 (LF) 空间.

(b) $(X', m(X', X))$ 不是 $B_r$ 完备的.

证明细节可参看作者的原文.

### 41. 存在某个半自反空间, 它的强对偶不是半自反的.

设 $Y$ 是非自反的 Banach 空间, $X$ 是 Mackey 空间 $(Y', m(Y', Y))$, 则 $X' = Y$, 且 $X'$ 上的强拓扑就是范数拓扑, 这是因为 $\sigma(Y', Y)$ 有界集都是范数有界的. 于是, $X$ 是半自反的, 而它的强对偶不是半自反的.

**注**　容易证明, 自反空间的强对偶必定是自反的. 上述反例表明对于半自反空间而言, 相应的命题并不成立.

**42. 一个非自反 (甚至非半自反) 的局部凸空间, 它的强对偶是自反的.**

设 $X$ 是无穷维自反 Banach 空间的稠密的真子空间, 并在 $X$ 上取相对范数拓扑, 则 $X'$ 是自反空间, 而 $X$ 并不半自反.

**43. 存在某个桶空间, 它不是 Montel 空间.**

每个无穷维 Banach 空间显然是桶空间, 但它不是 Montel 空间, 因为 Montel 赋范空间必是局部紧的, 从而是有限维的.

**44. 存在某个 Frechét 空间, 它不是 Schwartz 空间.**

设 $X$ 为一无穷维 Banach 空间. 例 43 已经指出, $X$ 不是 Montel 空间. 显然, $X$ 是 Fréchet 空间. 因 Fréchet-Schwartz 空间必是 Montel 空间, 故 $X$ 不是 Schwartz 空间.

**45. 存在某个 Schwartz 空间, 它不是 Montel 空间.**

设 $X$ 为一无穷维线性空间, 其代数对偶为 $X^{\#} = Y$. 兹证 $(X, \sigma(X, X^{\#}))$ 是 Schwartz 空间. 为此, 我们只要证明它满足引言中定理 10 的条件 $(s)$ 即可. 首先, $X$ 的每个有界子集在 $(Y^{\#}, \sigma(Y^{\#}, Y))$ 中是相对紧的, 从而它在 $X$ 中是全有界的. 其次, 令

$$U = \{x | |\langle x, y_k \rangle| \leqslant \varepsilon, 1 \leqslant k \leqslant n\}$$

是 $X$ 中 $o$ 点的一个邻域, 这里我们可以假定向量 $y_k$ $(1 \leqslant k \leqslant n)$ 是线性无关的. 再令 $M$ 是 $Y$ 中的由 $y_k$ $(1 \leqslant k \leqslant n)$ 张成的子空间, $N$ 是 $M$ 的代数相补子空间, $\{z_l\}_{l \in I}$ 是 $N$ 的一个 Hamel 基. 我们选取出现在定理 10 的条件 $(s)$ 中的 $V = U$, 并取集 $A$ 如下:

$$A = \{x | |\langle x, y_k \rangle| \leqslant \varepsilon, 1 \leqslant k \leqslant n, \text{且 } |\langle x, z_l \rangle| \leqslant \varepsilon, l \in I\}.$$

显然, 集 $A$ 不依赖于 $\alpha$, 并且 $A$ 是有界的, 因为如果

$$y = \sum_{k=1}^{n} \eta_k y_k + \sum_{l \in I} \zeta_l z_l \in Y,$$

则有

$$|\langle x, y \rangle| \leqslant \varepsilon \left( \sum_{k=1}^{n} |\eta_k| + \sum_{l \in I} |\zeta_l| \right).$$

又, 存在 $M$ 的 Hamel 基 $\{x_k | 1 \leqslant k \leqslant n\}$, 使当 $k \neq l$ 时, $\langle x_k, y_l \rangle = 0$, 且 $\langle x_k, y_k \rangle = 1$. 对每一 $x \in U$, 令

$$u = \sum_{k=1}^{n} \langle x, y_k \rangle x_k,$$

则因 $|\langle u, y_k \rangle| = |\langle x, y_k \rangle|$ 及 $\langle u, z_l \rangle = 0$, 故 $u \in A$. 又因

$$\langle x - u, y_k \rangle = \langle x, y_k \rangle - \langle x, y_k \rangle = 0,$$

故 $x - u \in \alpha U$. 于是

$$U \subset \alpha U + A.$$

因此, 据定理 10, $(X, \sigma(X, Y))$ 是 Schwartz 空间. 另一方面, 由例 21 可知, $(X, \sigma(X, Y))$ 不是桶空间, 从而也不是 Montel 空间.

### 46. 不可分的 Montel 空间.

设 $X$ 为一切至多有 $d\,(d > \aleph_0)$ 个非零坐标的序列所组成的线性空间, 并在 $X$ 上取最强的局部凸拓扑, 则 $X$ 是一个桶空间, 且 $X$ 的每个有界子集都包含于某个有限维线性子空间内, 因而它是相对紧的. 于是, $X$ 为一 Montel 空间. 但 $X$ 显然不可分.

### 47. 自反的非 Montel 空间.

容易证明, Montel 空间必定是自反的. 但是, 自反空间未必是 Montel 空间. 例如, 设 $X$ 为一无穷维自反 Banach 空间, 则 $X$ 不是 Montel 空间.

### 48. 不完备的 Montel 空间.

Kōmura[93] 给出了一个具有所需性质的空间, 读者可参看作者的原文.

**注**　如所周知, 自反的赋范空间一定是完备的, 因 Montel 空间是自反的, 故上述反例也说明了对于局部凸空间而言, 自反空间未必是完备的.

### 49. 存在某个自反空间的闭子空间, 它不是自反的.

如所周知, 自反 Banach 空间的闭子空间一定是自反的. 但是, 对于一般的局部凸空间而言, 这一命题并不成立. 例如, 考虑例 28 中的局部凸空间

$$X = \varphi\omega \oplus \omega\varphi,$$

则

$$X' = \omega\varphi \oplus \varphi\omega.$$

因 Montel 空间的局部凸直接和仍是 Montel 空间, 故 $X'$ 是 Montel 空间, 从而是自反的. 但是, $X'$ 的闭子空间

$$H = \{(x, -x) | x \in \varphi\omega \cap \omega\varphi = \varphi\}$$

不是自反的.

**注**　可以证明, 自反空间之积是自反的; 自反空间的直接和及严格归纳极限是自反的. 上述反例说明了自反空间的子空间未必自反. 又, 自反空间的商空间也未必自反.

**50. 存在某个 Mackey 空间的闭子空间, 它不是 Mackey 空间.**

可以证明, Mackey 空间的完备化空间是 Mackey 空间; Mackey 空间之积是 Mackey 空间; Mackey 空间的商空间是 Mackey 空间; Mackey 空间的直接和是 Mackey 空间; Mackey 空间的线性开连续像是 Mackey 空间, 因而 Mackey 空间的线性同胚像是 Mackey 空间. 然而, Mackey 空间的闭子空间未必是 Mackey 空间. 事实上, 为使线性拓扑空间 $X$ 是局部凸的, 当且仅当 $X$ 线性同胚于一族赋半范空间之积的闭子空间 (参看 [89]). 因赋半范空间是 Mackey 空间, 其积仍是 Mackey 空间, 而局部凸空间未必是 Mackey 空间, 由此可知, Mackey 空间的闭子空间未必是 Mackey 空间.

**51. 存在某个 (DF) 空间的闭子空间, 它不是 (DF) 空间.**

设 $X$ 是实数域 $R$ 上的一切二重数列 $x = \{x_{ij}\}$ 所组成的线性空间, 使对每一 $n \in N$, 有

$$p_n(x) = \sum_{i,j} a_{ij}^{(n)} |x_{ij}| < +\infty,$$

这里

$$a_{ij}^{(n)} = \begin{cases} j^n, & i < n, \\ i^n, & i \geqslant n. \end{cases}$$

在 $X$ 上取由半范数序列 $\{p_n\}$ 生成的拓扑, 则 $X$ 为一局部凸的 Fréchet-Montel 空间. $X$ 的对偶空间 $X'$ 恒等于一切这样的二重数列 $u = \{u_{ij}\}$ 所组成的线性空间: 存在某个实数 $c > 0$, 使对一切 $i, j$ 及 $n \in N$, 有

$$|u_{ij}| \leqslant c a_{ij}^{(n)}$$

(典则双线性泛函是 $(x, u) \to \langle x, u \rangle = \sum_{i,j} x_{ij} u_{ij}$). 于是, 对每一 $x \in X$, 就确定了可和序列 $\{x_{ij} \,|\, (i, j) \in N \times N\}$. 设 $T$ 是线性映射, 它把每一 $x = \{x_{ij}\} \in X$ 映成

$$Tx = \left( \sum_{i=1}^{\infty} x_{i1}, \sum_{i=1}^{\infty} x_{i2}, \cdots \right),$$

则

$$\sum_{j=1}^{\infty} \left| \sum_{i=1}^{\infty} x_{ij} \right| \leqslant \sum_{j=1}^{\infty} \sum_{i=1}^{\infty} |x_{ij}| < +\infty,$$

故 $Tx \in l^1$, 并且 $T$ 是 $X$ 到 $l^1$ 的一个稠密子空间上的线性连续映射. 于是, 对偶映射 $T'$ 映每个元 $y \in l^\infty$ 到元 $T'y \in X'$. 因所有由 $T'y$ 所组成的子空间在 $X'$ 中是弱闭的, 故 $T'$ 是 $l^\infty$ 到 $X'$ 内的一个一对一的弱连续的线性映射, 它具有弱闭的值域. 因此, $T$ 是 $X$ 到 $l^1$ 上的拓扑同胚映射 (参看 [146], p. 160). 于是, $X/H$ 线性同胚于 $l^1$, 其中

$$H = \{x \in X | Tx = 0\}.$$

令 $Q$ 是 $X$ 到 $X/H$ 上的典则映射. 因 $X$ 是 Montel 空间, 故 $X$ 中每个有界闭集 $B$ 是紧的, 从而 $Q(B)$ 也是紧的. 另一方面, 在 $X/H \cong l^1$ 中存在非紧的有界集, 因而 $X/H$ 中并非每个有界集包含在有界集 $B$ 的像 $Q(B)$ 的闭包之中. 由此可知, 闭子空间 $M = T'(l^\infty)$ 上的 $\mathfrak{E}$ 拓扑严格强于拓扑 $\beta(X', X)$, 这里 $\mathfrak{E}$ 是 $X/H$ 的一切相对紧子集所组成的集族. 因此, $M$ 关于这个拓扑就不是拟桶空间. 因局部凸的 Fréchet 空间的强对偶是 (DF) 空间, 故 $(X', \beta(X', X))$ 是 (DF) 空间. 因可分 (DF) 空间必是拟桶空间, 而 $M$ 是可分的, 故闭子空间 $M$ 不是 (DF) 空间.

**52. 一个具有性质 $(c)$ 的 Mackey 空间, 它的一个稠密的有限余维子空间却不是 Mackey 空间.**

Levin 和 Saxon[102] 证明了下面的

**定理** 设 $M$ 是 Mackey 空间 $X$ 中具有可数余维的线性子空间, 则下列两个条件之一都使 $M$ 取相对拓扑时是 Mackey 空间:

(a) $M$ 是 $X$ 的闭子空间且 $X$ 具有性质 $(s)$.

(b) $M$ 在 $X$ 中稠密且 $M$ 可分, $X$ 具有性质 $(c)$.

但是, 一个具有性质 $(c)$ 的 Mackey 空间, 它的稠密的有限余维子空间未必是 Mackey 空间. 例如, 设 $X$ 是任一亚自反的 Banach 空间, 使 $J(X)$ 在 $X''$ 中的余维为 1, 这里 $J$ 是 $X$ 到 $X''$ 内的典则嵌入映射 (参看 [20]). $J(X)$ 在 $X''$ 中是 $\sigma(X'', X')$ 稠密的. 因此, $J(X)$ 在 $X$ 中是 $m(X'', X')$ 稠密的. 又, $J(X)$ 在拓扑 $m(J(X), X')$ 之下完备, 而在相对拓扑 $m(X'', X')$ 之下不完备. 因此, 两个拓扑必定不同. 于是, $J(X)$ 在相对拓扑下不是 Mackey 空间. 另一方面, $X$ 是 Mackey 空间且具有性质 $(c)$.

# 第十章　线性拓扑空间中的基

## 引　言

本章给出线性拓扑空间中的基的例子, 先给出一些基本概念和性质.

设 $X$ 是赋范线性空间, $x, x_n \in X, n = 1, 2, \cdots$. 若

$$\left\| \sum_{k=1}^{n} x_k - x \right\| \to 0 \quad (n \to \infty),$$

则称级数 $\sum_{k=1}^{\infty} x_k$ **收敛**于 $x$, 记作

$$x = \sum_{k=1}^{\infty} x_k.$$

赋范线性空间中的级数 $\sum_{k=1}^{\infty} x_k$ 称作**无条件收敛**的, 是指此级数的项在任意相互交换次序后仍旧是收敛的, 也就是说, 每个改换排列的级数 $\sum_{\nu=1}^{\infty} x_{n_\nu}$ 仍旧收敛.

**定理 1**　设 $X$ 是 Banach 空间, 且级数 $\sum_{k=1}^{\infty} x_k$ 在 $X$ 中收敛, 则下列断言彼此等价:

(a) $\sum_{k=1}^{\infty} x_k$ 是无条件收敛的.

(b) 对每一递增的自然数序列 $\{n_k\}$, 级数 $\sum_{k=1}^{\infty} x_{n_k}$ 在 $X$ 中收敛到某个元.

(c) 对每一有界数列 $\{\alpha_k\}$, 级数 $\sum_{k=1}^{\infty} \alpha_k x_k$ 在 $X$ 中收敛到某个元.

赋范线性空间中的级数 $\sum_{k=1}^{\infty} x_k$ 称作**绝对收敛的**, 是指数项级数 $\sum_{k=1}^{\infty} \|x_k\|$ 收敛.

设 $X$ 为一线性拓扑空间, 序列 $\{x_n\}$ 称作 $X$ 的**基**, 是指对每一 $x \in X$, 存在唯一的数列 $\{\alpha_n\}$, 使

$$x = \sum_{n=1}^{\infty} \alpha_n x_n. \tag{1}$$

级数 (1) 的收敛性是在 $X$ 的拓扑意义下的.

设 $\{x_n\}$ 是线性拓扑空间 $X$ 的基, 则由等式

$$f_n(x) = \alpha_n \quad \left( x = \sum_{n=1}^{\infty} \alpha_n x_n \in X \right)$$

确定的线性泛函序列 $\{f_n\}$ 称作关于基 $\{x_n\}$ 的**坐标泛函序列**或**系数泛函序列**. 显然, 当 $i = j$ 时, $f_i(x_j) = 1$; 而当 $i \neq j$ 时, $f_i(x_j) = 0$. 我们称 $\{x_n\}$ 与 $\{f_n\}$ 为**双直交序列**. 于是, 若 $\{x_n\}$ 是线性拓扑空间 $X$ 的基, 且 $\{f_n\}$ 是相应于基 $\{x_n\}$ 的坐标泛函序列, 则对每一 $x \in X$, 有唯一表达式

$$x = \sum_{n=1}^{\infty} f_n(x) x_n.$$

若每个坐标泛函 $f_n (n = 1, 2, \cdots)$ 都是连续的, 即 $f_n \in X'$, 则称 $\{x_n\}$ 为 $X$ 的 **Schauder 基**.

设 $X$ 为一赋范线性空间, $\{x_n\} \subset X$. 若对每一 $x \in X$, 在弱拓扑 $\sigma(X, X')$ 意义下都可唯一表为

$$x = \sum_{n=1}^{\infty} \alpha_n x_n$$

的形式, 则称 $\{x_n\}$ 为 $X$ 的**弱基**. 如果坐标泛函 $\alpha_n = f_n(x)$ 都是 $\sigma(X, X')$ 连续的, 就称 $\{x_n\}$ 为 $X$ 的**弱 Schauder 基**. 仿此, 在对偶空间 $X'$ 中可引进弱 * 基和弱 * Schauder 基的概念.

赋范线性空间 $X$ 的基 $\{x_n\}$ 称作**有界完全**的, 如果对任一实数序列 $\{a_n\}$, 从

$$\sup_n \left\| \sum_{i=1}^{n} a_i x_i \right\| < \infty$$

能推出级数 $\sum_{n=1}^{\infty} a_n x_n$ 收敛. 基 $\{x_n\}$ 称作**收缩**的, 如果对每一 $f \in X'$, 皆有

$$p_n(f) = \sup\{f(x) | x \in \overline{\operatorname{span}}\{x_{n+1}, x_{n+2}, \cdots\}, \|x\| \leqslant 1\} \to 0 \quad (n \to \infty).$$

赋范线性空间 $X$ 的基 $\{x_n\}$ 称作**单调基**, 如果对任意有限个实数 $\alpha_1, \cdots,$ $\alpha_{n+m}$, 不等式

$$\left\|\sum_{i=1}^{n} \alpha_i x_i\right\| \leqslant \left\|\sum_{i=1}^{n+m} \alpha_i x_i\right\|$$

恒成立.

赋范线性空间 $X$ 的基 $\{x_n\}$ 称作**无条件基**, 如果对每个 $x \in X$, 级数 $\sum_{i=1}^{\infty} f_i(x) x_i$ 是无条件收敛的. 非无条件基即**条件基**的含义是不言而喻的.

赋范线性空间 $X$ 的基 $\{x_n\}$ 称作正规化的, 如果 $\|x_n\| = 1$ $(n = 1, 2, \cdots)$. $\{x_n\}$ 称作**正规基**, 如果 $\|x_n\| = \|f_n\| = 1$ $(n = 1, 2, \cdots)$.

设 $\{x_n\}$ 与 $\{y_n\}$ 是线性拓扑空间 $X$ 中的两个基. 称 $\{x_n\}$ 与 $\{y_n\}$ 是**等价**的, 如果下列条件成立:

$$\left\{ \{\alpha_i\} \,\middle|\, \sum_{i=1}^{\infty} \alpha_i x_i \text{ 收敛} \right\} = \left\{ \{\alpha_i\} \,\middle|\, \sum_{i=1}^{\infty} \alpha_i y_i \text{ 收敛} \right\}.$$

涉及有关反例的其他基的定义和性质, 我们将在相应的反例中给出, 关于基的更多的材料以及上述命题的证明, 可参看 [156].

### 1. 没有基的可分 Banach 空间.

容易证明, 如果 Banach 空间 $X$ 有基, 那么 $X$ 必定可分. 但反过来是否成立? 即有所谓基问题: 每个可分 Banach 空间 $X$ 是否一定有基?

自 Banach 于 1932 年提出基问题以后, 很多人为解决这一问题做了努力. 由于常见的可分 Banach 空间都找到了基, 因而人们曾认为基问题的回答是肯定的, 但为此而做的努力都失败了; 加之, 有的可分 Banach 空间还未找到基, 于是人们逐渐倾向于基问题的回答是否定的.

1973 年, 瑞典数学家 Enflo[59] 构造了一个自反可分而没有基的 Banach 空间, 从而基问题的回答是否定的.

### 2. 一个有基的 Banach 空间, 其对偶空间没有基.

考虑 Banach 空间 $X = l^1$, 并令

$$e_n = (0, \cdots, 0, 1, 0, \cdots),$$

则序列 $\{e_n\}$ 是 $X$ 的基. 事实上, 对 $x = \{\xi_i\} \in X$, 都有

$$\left\| x - \sum_{i=1}^{n} \xi_i e_i \right\| = \sum_{i=n+1}^{\infty} |\xi_i| \to 0 \quad (n \to \infty),$$

故 $x = \sum_{i=1}^{\infty} \xi_i e_i$. 显然, 这个表示法是唯一的, 因此 $\{e_n\}$ 是 $X$ 的基. 然而, 因对偶空间 $X' = l^{\infty}$ 不可分, 故 $X'$ 没有基.

**注**　Johnson 和 Rosenthal[87] 证明了: 若 $X'$ 是 Banach 空间 $X$ 的对偶空间, 且 $X'$ 有基, 则 $X$ 亦必有基. 上述反例说明了这个命题之逆并不成立.

### 3. 有基而没有无条件基的 Banach 空间.

考虑由闭区间 $[0,1]$ 上的连续函数取上确界范数所组成的 Banach 空间 $X = C[0,1]$, 则 $X$ 有基. 因 $X'$ 不可分, 故 $X'$ 没有基. 如果 Banach 空间 $X$ 有无条件基 $\{x_n\}$, 且 $\{f_n\}$ 是 $\{x_n\}$ 的系数泛函序列, 因 $X'$ 是弱序列完备的, 故 $\{f_n\}$ 将是 $X'$ 的一个无条件基, 此为矛盾, 因而 $X$ 不可能有无条件基.

### 4. 具有唯一无条件基的无穷维 Banach 空间.

Pelczynski 和 Singer[128] 指出, 若 Banach 空间 $X$ 有条件基, 则 $X$ 就有不可数多个不等价的正规化的条件基. 因此, 关于 Banach 空间的条件基, 或者没有, 或者就有不可数个. Hennefeld[74] 指出, 如果 Banach 空间 $X$ 有两个不等价的正规化的无条件基, 那么 $X$ 就有不可数个不等价的正规化的无条件基. 因此, 对于 Banach 空间的无条件基, 就有下列三种可能情况: 没有, 仅有一个, 有不可数个.

Lorch[107] 指出, Banach 空间 $l^2$ 中每个正规化的无条件基都等价于 $l^2$ 中的单位向量基 $\{e_n\}$. Lindenstrauss 和 Pelczynski[104] 指出, Banach 空间 $c_0$ 和 $l^1$ 中的每个正规化的无条件基分别等价于 $c_0$ 和 $l^1$ 中的单位向量基 $\{e_n\}$. 由此可见, Banach 空间 $c_0, l^1$ 或 $l^2$ 仅有唯一的无条件基 (在等价的意义下). Lindenstrauss 和 Zippin[103] 还进一步指出, 如果 Banach 空间 $X$ 有唯一的无条件基 (在等价的意义下), 那么 $X$ 必定线性同胚于空间 $c_0, l^1$ 或 $l^2$ 中的一个. 因此, 在线性同胚意义下, 有而且只有 Banach 空间 $c_0, l^1$ 或 $l^2$ 有唯一的无条件基.

关于这些结论的证明, 可参看相应的参考文献.

### 5. 一个 Banach 空间的无条件基, 它不是有界完全的.

Banach 空间 $c_0$ 中的单位向量基 $\{e_n\}$ 是无条件基. 因对数列 $\alpha = \{\alpha_i\}(\alpha_i = 1, i = 1, 2, \cdots)$ 而言, 有

$$\sup_n \left\| \sum_{i=1}^{n} \alpha_i e_i \right\| = 1,$$

而 $\{\sum_{i=1}^{n} \alpha_i e_i\}$ 在 $c_0$ 中并不收敛, 故 $\{e_n\}$ 不是有界完全的.

**6. 一个 Banach 空间的无条件基, 它不是收缩的.**

Banach 空间 $l^1$ 的单位向量基 $\{e_n\}$ 是无条件基. 取 $f = (1, 1, \cdots) \in (l^1)' = l^\infty, x = e_{n+1}$, 则

$$f(e_{n+1}) = f(x) = 1 \nrightarrow 0 \quad (n \to \infty).$$

因此, $\{e_n\}$ 不是收缩的.

**7. 一个 Banach 空间的无条件基, 它不是绝对收敛基.**

设 $\{x_n\}$ 是 Banach 空间 $X$ 的基, $\{f_n\}$ 是相应的系数泛函序列, $\{x_n\}$ 称作 $X$ 的**绝对收敛基**, 如果对每一 $x \in X$, 级数 $\sum_{n=1}^{\infty} f_n(x)x_n$ 是绝对收敛的.

Banach 空间中的无条件基未必是绝对收敛基. 例如, 设 $X = l^p$ $(1 < p < +\infty)$, 则 $X$ 中的单位向量基 $\{e_n\}$ 是无条件基. 但 $\{e_n\}$ 不是绝对收敛基. 事实上, 设 $\{f_n\}$ 是 $\{e_n\}$ 的系数泛函序列, 则 $f_n = e_n$. 取 $x = \{x_n\} = \{n^{-p'/p}\} \in l^p$ $(1 < p' < p)$, 则

$$\left\| \sum_{i=1}^{n} f_i(x)e_i \right\| = \left( \sum_{i=1}^{n} |x_i|^p \right)^{1/p} < +\infty,$$

故 $\sum_{i=1}^{\infty} f_i(x)e_i$ 收敛. 但

$$\sum_{i=1}^{n} \|f_i(x)e_i\| = \sum_{i=1}^{n} |x_i| = \sum_{i=1}^{n} i^{-p'/p}$$

$$\geqslant \int_{1}^{n} t^{-p'/p} \mathrm{d}t$$

$$= (1 - p'/p)^{-1}(n^{1-p'/p} - 1) \to +\infty \quad (n \to \infty),$$

因此, $\{e_n\}$ 不是绝对收敛基.

**8. 一个 Banach 空间的基, 它不是正规基.**

考虑例 3 中定义的 Banach 空间 $X = C[0,1]$, 则序列

$$x_0(t) = 1, \quad x_1(t) = t,$$

$$x_{2^k+l}(t) = \begin{cases} 0, & t \notin [(2l-2)/2^{k+1}, 2l/2^{k+1}], \\ 1, & t = (2l-1)/2^{k+1}, \\ \text{线性}, & t \in [(2l-2)/2^{k+1}, (2l-1)/2^{k+1}] \\ & \text{或 } t \in [(2l-1)/2^{k+1}, 2l/2^{k+1}], \end{cases}$$

为 $C[0,1]$ 的基, 其中 $l = 1, 2, \cdots, 2^k; k = 0, 1, 2, \cdots$, 且系数泛函为

$$f_0(x) = x(0), \quad f_1(x) = x(1) - x(0),$$

$$f_{2^k+l}(x) = x((2l-1)/2^{k+1}) - x((2l-2)/2^{k+1})/2 - x(2l/2^{k+1})/2,$$

其中 $x \in C[0,1], l = 1, 2, \cdots, 2^k; k = 0, 1, 2, \cdots$. 因为 $\|f_0\| = 1, \|f_n\| = 2(n = 1, 2, \cdots)$, 故 $\{x_n\}$ 不是正规基.

### 9. 一个 Banach 空间的基, 它不是单调基.

考虑 Banach 空间 $X = C[0,1]$, 并令

$$x_n(t) = t^n, \quad n = 1, 2, \cdots, t \in [0,1].$$

我们可以选取 $\{x_n\}$ 的一个无穷子列 $\{x_{n_k}\}$, 它是 $X$ 的一个**基序列**, 即 $\{x_{n_k}\}$ 是 $\overline{\mathrm{span}}\{x_{n_k}\}$ 的基. 可以证明, $\overline{\mathrm{span}}\{x_{n_k}\}$ 没有单调基. 证明细节可参看 [156], pp. 241 ~ 248.

### 10. 一个 Banach 空间的次对称基, 它不是对称基.

Banach 空间 $X$ 的基 $\{x_n\}_{n=1}^{\infty}$ 称作**对称基**, 如果对自然数的任意一个重排 $\pi, \{x_{\pi(n)}\}_{n=1}^{\infty}$ 等价于 $\{x_n\}_{n=1}^{\infty}$.

易证, 对称基必是无条件基.

Banach 空间 $X$ 中的基 $\{x_n\}_{n=1}^{\infty}$ 称作**次对称基**, 如果 $\{x_n\}_{n=1}^{\infty}$ 是无条件基, 而且对每个递增的自然数序列 $\{n_i\}_{i=1}^{\infty}, \{x_{n_i}\}_{i=1}^{\infty}$ 等价于 $\{x_n\}_{n=1}^{\infty}$.

Singer[152] 证明了对称基必是次对称基. 然而, 次对称基不必是对称基. 下面的例子属于 Garling[65].

设 $Y$ 是一切这样的数列 $y = (a_1, a_2, \cdots)$ 所组成的线性空间, 使

$$\|y\| = \sup \sum_{i=1}^{\infty} |a_{n_i}| \cdot i^{-1/2} < +\infty,$$

这里上确界是对一切递增的自然数序列 $\{n_i\}_{i=1}^{\infty}$ 来取的. 不难证明, $(Y, \|\cdot\|)$ 是一个 Banach 空间, 而且单位向量序列 $\{e_n\}_{n=1}^{\infty}$ 是 $(Y, \|\cdot\|)$ 的一个次对称基.

兹证 $\{e_n\}_{n=1}^{\infty}$ 不是 $(Y, \|\cdot\|)$ 的对称基. 事实上, 对每一固定的 $k$, 向量 $y^{(k)} = (1, 2^{-1/2}, \cdots, k^{-1/2}, 0, 0, \cdots)$ 是向量 $z^{(k)} = (k^{-1/2}, (k-1)^{-1/2}, \cdots, 1, 0, 0, \cdots)$ 的一个重排, 而

$$\|y^{(k)}\| = \sum_{n=1}^{k} n^{-1},$$

$$\|z^{(k)}\| = \sum_{n=1}^{k} (k - n + 1)^{-1/2} n^{-1/2},$$

故 $\sup_k \|y^{(k)}\| = +\infty, \sup_k \|z^{(k)}\| < +\infty$. 因此, $\{e_n\}_{n=1}^{\infty}$ 不是 $Y$ 的对称基.

**11.　有基而没有次对称基的 Banach 空间.**

Banach 空间 $L^p[0,1](1 < p < +\infty, p \neq 2)$ 有基, 但它没有次对称基 (参看 [156], p. 563).

**12.　一个赋范线性空间的基, 它不是 Schauder 基.**

容易证明, Banach 空间中的基与 Schauder 基彼此是等价的. 然而, 不完备赋范线性空间中的基不必是 Schauder 基, 反例如下:

在线性空间 $\varphi = R^{(N)}$ 上取范数

$$\|x\| = \sup_n |\xi_n|,$$

其中 $x = \{\xi_n\} \in \varphi$, 则 $(\varphi, \|\cdot\|)$ 为一不完备的赋范线性空间. 令

$$x_1 = e_1, \quad x_n = e_1 + e_n/n, \quad n = 2, 3, \cdots,$$

则

$$\|x_n - x_1\| = 1/n \to 0 \quad (n \to \infty),$$

即

$$x_n \to x_1 \quad (n \to \infty).$$

兹证 $\{x_n\}_{n=1}^\infty$ 是 $(\varphi, \|\cdot\|)$ 的一个基. 为此, 任取 $x = \{\xi_i\} \in \varphi$, 并设当 $n > r$ 时 $\xi_n = 0$. 令

$$\alpha_1 = \xi_1 - \sum_{k=2}^r k\xi_k, \quad \alpha_2 = 2\xi_2, \cdots, \quad \alpha_n = n\xi_n, \cdots,$$

则

$$\sum_{k=1}^r \alpha_k x_k = (\alpha_1, 0, \cdots) + (\alpha_2, \alpha_2/2, 0, \cdots) + (\alpha_3, 0, \alpha_3/3, 0, \cdots)$$

$$+ \cdots + (\alpha_r, 0, \cdots, \alpha_r/r, 0, \cdots)$$

$$= \left(\sum_{k=1}^r \alpha_k, \alpha_2/2, \cdots, \alpha_r/r, 0, \cdots\right)$$

$$= (\xi_1, \xi_2, \cdots, \xi_r, 0, \cdots) = x.$$

换句话说, 对每一 $x \in \varphi$, 都可表成

$$x = \sum_{k=1}^r \alpha_k x_k$$

的形式. 不难证明, 系数 $\alpha_k$ 是由 $x$ 唯一确定的. 事实上, 若

$$x = \sum_{k=1}^{r} \beta_k x_k,$$

则

$$\sum_{k=1}^{r} \beta_k x_k = \left(\sum_{k=1}^{r} \beta_k, \beta_2/2, \cdots, \beta_r/r, 0, \cdots\right)$$
$$= (\xi_1, \xi_2, \cdots, \xi_r, 0, \cdots) = x.$$

由此得到 $\beta_1 = \xi_1 - \sum_{k=2}^{r} \beta_k = \xi_1 - \sum_{k=2}^{r} k\xi_k, \beta_2 = 2\xi_2, \cdots, \beta_r = r\xi_r$. 因此,

$$\alpha_1 = \beta_1, \quad \cdots, \quad \alpha_r = \beta_r.$$

即系数 $\alpha_k$ 是由 $x$ 唯一确定的.

　　综上所述, 可见 $\{x_n\}$ 是 $(\varphi, \|\cdot\|)$ 的一个基.

　　为证 $\{x_n\}$ 不是 $(\varphi, \|\cdot\|)$ 的 Schauder 基, 只要证明系数泛函 $\alpha_k = f_k(x)$ 并不都是连续的, 其中

$$f_k(e_i) = \begin{cases} 1, & k = i, \\ 0, & k \neq i. \end{cases}$$

其实 $f_1$ 并不连续, 这是因为我们在前面已经证明了 $x_n \to x_1 \ (n \to \infty)$, 而 $f_1(x_n) = 0, f_1(x_1) = 1$, 因此

$$\lim_{n\to\infty} f_1(x_n) \neq f_1(x),$$

即 $f_1$ 不连续.

### 13. 一个 Banach 空间, 它的对偶空间有弱 * 基而没有基.

　　设 $X = l^1$, 则 $X' = l^\infty$. 因 $X'$ 不可分, 故 $X'$ 没有基. 另一方面, 令

$$f_n = (0, \cdots, 0, \underset{n \text{ 位}}{1}, 0, \cdots),$$

则 $f_n \in X', n = 1, 2, \cdots$. 任取 $f = \{\eta_n\} \in X'$ 及 $x = \{\xi_n\} \in X$, 据 $X$ 上有界线性泛函的一般形式, 得到

$$f(x) = \sum_{n=1}^{\infty} \xi_n \eta_n.$$

因此, $f_n(x) = \xi_n \ (n = 1, 2, \cdots)$. 即对任一 $x = \{\xi_n\} \in X$, 都有

$$\sum_{n=1}^{\infty} \eta_n f_n(x) = f(x).$$

因为 $\{\eta_n\}$ 是由 $f \in X'$ 唯一确定的, 所以 $\{f_n\}$ 是 $X'$ 中的弱 * 基.

**注**　这个例子也说明了对偶空间中的弱 * 基不必是基.

## 14.　一个 Banach 空间, 它的对偶空间的一个 Schauder 基不是弱 * 基.

Bessaga 和 Pelczynski[37] 证明了下述定理:

**定理**　设 $X'$ 是 Banach 空间 $X$ 的对偶空间, $\{f_n\}$ 是 $X'$ 的弱 * 基, 且在范数拓扑下 $\overline{\mathrm{span}}\{f_n\} = X'$, 则 $\{f_n\}$ 是 $X'$ 在范数拓扑下的基, 从而 $\{f_n\}$ 是 $X'$ 的 Schauder 基.

我们自然要提出问题: 这个定理之逆是否成立? 即 $X'$ 的每个 Schauder 基是否必为 $X'$ 的弱 * 基?

Singer[155] 指出, 这个问题的答案是否定的.

设 $X = c_0, \{e_n\}$ 是 $X' = l^1$ 的单位向量基. 令 $h_1 = e_1, h_n = e_n - e_{n-1}(n = 2, 3, \cdots)$, 则 $\{h_n\} \subset X'$, 且 $\{h_n\}$ 是 $X'$ 在范数拓扑下的基 (参看 [153]), 从而它是 $X'$ 的 Schauder 基.

兹证 $\{h_n\}$ 不是 $X'$ 的弱 * 基. 事实上, 假若 $\{h_n\}$ 是 $X'$ 的弱 * 基, 那么对每一 $f \in X'$, 都有弱 * 表达式

$$f(x) = \sum_{i=1}^{\infty} \alpha_i h_i(x), \quad x \in X.$$

这个弱 * 表达式不是唯一的, 因为我们有 $\sum_{i=1}^{n} h_i(x) = e_n(x)$, 从而 $\sum_{i=1}^{\infty} h_i(x) = 0, x \in X$.

## 15.　一个 Banach 空间, 它的对偶空间的一个弱 * 基不是弱 * Schauder 基.

设 $X = c_0, \{e_n\}$ 是 $X = l^1$ 的单位向量基. 令

$$f_1 = e_1, \quad f_n = (-1)^{n+1}e_1 + e_n, \quad n = 2, 3, \cdots. \tag{1}$$

可以证明, $\{f_n\}$ 是 $X'$ 在范数拓扑下的基. 于是, 由 $X'$ 的完备性可知, $\{f_n\}$ 是 $X'$ 的 Schauder 基. 事实上, 设 $\{\varphi_n\} \subset X''$ 是 $X'$ 的基 $\{e_n\}$ 的泛函序列, 并令

$$\begin{cases} x_1(f) = \varphi_1(f) + \sum_{j=2}^{\infty} (-1)^j \varphi_j(f) \quad (f \in X'), \\ x_n = \varphi_n, \quad n = 2, 3, \cdots, \end{cases} \tag{2}$$

则 $\{f_n\}$ 与 $\{x_n\}$ 是双直交序列, 且有

$$\sum_{i=1}^{n} x_i(f)f_i = \left[\varphi_1(f) + \sum_{j=2}^{\infty}(-1)^j\varphi_j(f)\right]e_1 + \sum_{j=2}^{n}\varphi_j(f)[(-1)^{j+1}e_1 + e_j]$$

$$= \sum_{j=1}^{n}\varphi_j(f)e_j + \left[\sum_{j=n+1}^{\infty}(-1)^j\varphi_j(f)\right]e_1, \quad f \in X', \quad n = 1, 2, \cdots.$$

由于 $f = \sum_{j=1}^{\infty}\varphi_j(f)e_j$, 因而

$$\sum_{j=1}^{\infty}|\varphi_j(f)| < +\infty, \quad f \in X' = l^1.$$

于是对于任给的 $\varepsilon > 0$ 及 $f \in X'$, 存在自然数 $n_0 = n_0(\varepsilon, f)$, 当 $n > n_0$ 时就有

$$\left\|\sum_{j=1}^{n} x_j(f)f_j - \sum_{j=1}^{n}\varphi_j(f)e_j\right\| < \varepsilon.$$

因此, 对任意 $f \in X'$, 都有

$$f = \sum_{j=1}^{\infty} x_j(f)f_j.$$

于是, $\{f_n\}$ 是 $X'$ 的基.

兹证 $\{f_n\}$ 是 $X'$ 的弱 * 基. 事实上, 前面已证对任一 $f \in X'$, 都有

$$f = \sum_{j=1}^{\infty} x_j(f)f_j.$$

因此, 对每一 $f \in X'$, 也有弱 * 表达式

$$f(x) = \sum_{j=1}^{\infty} x_j(f)f_j(x), \quad x \in X.$$

容易证明, 这个表达式是唯一的. 其实, 假定对于数列 $\{\alpha_n\}$ 有

$$\sum_{j=1}^{\infty}\alpha_j f_j(x) = 0, \quad x \in X. \tag{3}$$

设 $\{b_n\}$ 是 $X = c_0$ 的单位向量基, 若取 $x = b_n(n = 1, 2, \cdots)$, 则由 (1) 得到

$$f_j(b_1) = (-1)^{j+1}, \quad f_j(b_n) = \delta_{jn} \quad (n = 2, 3, \cdots; j = 1, 2, \cdots).$$

再由 (3), 对 $x = b_n (n = 1, 2, \cdots)$, 有

$$\sum_{j=1}^{\infty} (-1)^{j+1} \alpha_j = 0, \quad \alpha_2 = \alpha_3 = \cdots = \alpha_n = \cdots = 0.$$

所以 $\alpha_n = 0 \ (n = 1, 2, \cdots)$. 因此, $\{f_n\}$ 是 $X'$ 的弱 * 基.

最后, 我们证明 $\{f_n\}$ 不是 $X'$ 的弱 * Schauder 基. 为此, 我们用 $\Pi$ 代表由 $X$ 到 $X''$ 内的典则映射. 据 (2), $x_1 \notin \Pi(X)$, 因此 $x_1$ 不是弱 * 连续的, 从而 $\{f_n\}$ 不是 $X'$ 的弱 * Schauder 基.

这个例子属于 Singer[151].

### 16. 一个赋范线性空间中的弱 Schauder 基, 它不是基.

设 $X$ 是实 Banach 空间 $c$ 的这样的子空间, 它从某项开始为常数的实数序列所组成, 并在 $X$ 上采用 $c$ 的范数. 显然, $c$ 和 $X$ 的对偶空间均为 $l^1$. 又容易看出, 单位向量序列 $\{e_n\}$ 是 $X$ 的弱 Schauder 基. 然而, $x = (1, 1, 1, \cdots) \in X$, 它不属于 $\{e_n\}$ 按范数拓扑张成的闭线性空间. 因此, $\{e_n\}$ 不是 $X$ 的基.

### 17. 一个稠密子空间的基, 它不是整个空间的基.

对 $x = \{\xi_n\} \in \varphi = R^{(N)}$, 令 $\|x\| = \sup_n |\xi_n|$, 则 $(\varphi, \|\cdot\|)$ 是 Banach 空间 $c_0$ 的一个稠密子空间. 设

$$x_1 = e_1, \quad x_n = e_1 + e_n/n, \quad n = 2, 3, \cdots,$$

则 $\{x_n\}$ 是 $(\varphi, \|\cdot\|)$ 的一个基 (参看例 12), 但它不是 $c_0$ 的基. 事实上, 取 $x = \{\frac{1}{n}\} \in c_0$, 此时不存在数列 $\{\alpha_n\}$, 使

$$x = \sum_{i=1}^{\infty} \alpha_i x_i,$$

这是因为

$$\sum_{k=1}^{n} \alpha_k x_k = \left( \sum_{k=1}^{n} \alpha_k, \alpha_2/2, \cdots, \alpha_n/n, 0, \cdots \right),$$

如果 $x = \lim_{n \to \infty} \sum_{k=1}^{n} \alpha_k x_k$, 那么将有

$$\sum_{k=1}^{\infty} \alpha_k = 1, \quad \alpha_2 = \alpha_3 = \cdots = \alpha_n = \cdots = 1,$$

这当然是不可能的. 因此, $\{x_n\}$ 不是 $c_0$ 的基.

**注** Krein-Milman-Rutman 定理是说, 若 Banach 空间 $X$ 具有基, 则 $X$ 的每个稠密子集 $M$ 中必有 $X$ 的基. 但是, $X$ 的稠密子空间的基不必是 $X$ 的基 (例 17).

**18.** 序列 $\{x_n\}$, 它是 Banach 空间 $(X, \| \cdot \|_X)$ 与 $(Y, \| \cdot \|_Y)$ 的基, 但不是 $(X \cap Y, \| \cdot \| = \| \cdot \|_X + \| \cdot \|_Y)$ 的基.

设 $X = l^2, Y_0 = l^1$, 则 $X$ 与 $Y_0$ 都是具有基的 Banach 空间. 设 $\{x_n\}$ 与 $\{y_n\}$ 分别是 $X$ 与 $Y_0$ 中的单位向量基, 即 $x_n = y_n = e_n (n = 1, 2, \cdots)$. 令 $M$ 是由基 $\{x_n\}$ 的一切有限线性组合所组成的子空间. 因为 $X$ 与 $Y_0$ 都是无穷维可分 Banach 空间, 所以它们的 Hamel 基的势均匀 $\aleph$ (参看 [175]). 于是据 Zorn 引理, 存在由 $Y_0$ 到 $X$ 上的一对一的线性映射 $T$, 使对每一 $n, T y_n = x_n$. 设 $Y = X$, 对每一 $x = \{\xi_n\} \in Y$, 存在唯一的 $y = \{\eta_n\} \in Y_0$ 与之对应, 我们在 $Y$ 上赋予范数

$$\|x\|_Y = \sum_{n=1}^{\infty} |\eta_n|,$$

则 $(Y, \| \cdot \|_Y)$ 显然为一 Banach 空间. 因为 $T$ 是由 $Y_0$ 到 $Y$ 上的一对一的线性映射, 而 $\{y_n\}$ 是 $Y_0$ 的基, 所以 $\{x_n\}$ 是 $Y$ 的基. 因此, $\{x_n\}$ 既是 $(X, \| \cdot \|_X)$ 的基, 也是 $(Y, \| \cdot \|_Y)$ 的基. 任取 $u \in M$, 则 $u$ 可表为下列形式:

$$u = \lambda_1 x_1 + \cdots + \lambda_n x_n,$$

且

$$\|u\|_X = \left( \sum_{i=1}^{n} |\lambda_i|^2 \right)^{1/2} \leqslant \sum_{i=1}^{n} |\lambda_i| = \|u\|_Y,$$

由此可见, $M$ 中的每个序列, 如果它是 $(Y, \| \cdot \|_Y)$ 中的 Cauchy 序列, 那么它也是 $(X, \| \cdot \|_X)$ 中的 Cauchy 序列. 任取 $z \in X$, 则 $z$ 可唯一地表成

$$z = \sum_{i=1}^{\infty} \lambda_i x_i,$$

这里级数之和是在范数 $\| \cdot \|_Y$ 意义下取的. 因为这个级数的部分和是 $M$ 中的 Cauchy 序列, 所以它在范数 $\| \cdot \|_X$ 之下也收敛于某个元 $y$. 当然, $z$ 和 $y$ 不必相等. 事实上, 如果对每一个 $z \in X$, 对应的 $y$ 都与 $z$ 相等, 那么由闭图像定理可知, 范数 $\| \cdot \|_X$ 与 $\| \cdot \|_Y$ 将是等价的, 从而 $l^2$ 与 $l^1$ 是线性同胚的. 因而, 它们或者都是自反的, 或者都不是自反的. 这显然是荒谬的.

今取 $z \in X$, 使对应的 $y$ 与 $z$ 不相等, 于是, 对任何数列 $\{\lambda_i\}$, 级数 $\sum_{i=1}^{\infty} \lambda_i x_i$ 不可能在范数 $\| \cdot \|_X + \| \cdot \|_Y$ 之下收敛于 $z$, 即 $\{x_n\}$ 不是 $X \cap Y$ 的基.

这个问题是由 Wilansky[174] 提出并由 Pryce[131] 解答的.

### 19. 不具有 KMR 性质的局部凸空间.

我们称具有基 (Schauder 基) 的拓扑线性空间 $X$ 具有 **KMR 性质**, 是指 $X$ 的每个稠密线性子空间有 $X$ 的基 (Schauder 基).

每个具有基的 Banach 空间都有 KMR 性质. 然而, 对于局部凸的线性拓扑空间, 一般不具有 KMR 性质. Singer[154] 有例如下:

设 $X$ 为 Banach 空间 $c_0$, 则 $(X', \sigma(X', X))$ 为一局部凸的线性拓扑空间. 设 $\{f_n\}$ 是 $X' = l^1$ 的单位向量基, 则对 $X = c_0$ 的单位向量基 $\{x_n\}$ 而言, 有 $f_i(x_j) = \delta_{ij}$, 故 $\{f_n\}$ 是 $X'$ 的弱 * Schauder 基. 设 $G$ 是 $X'$ 中的 $\sigma(X', X)$ 稠密的范闭线性子空间, 使得 $r(G) = 0$, 这里, $r(G)$ 是使 $G$ 的单位球 $\{f \in G | \|f\| \leqslant 1\}$ 在 $X'$ 的 $r$ 球 $\{f \in X' | \|f\| \leqslant r\}$ 中弱 * 稠密的最大正数 $r$ (这种子空间是存在的, 参看 [52]).

兹证 $G$ 不含有 $X'$ 的弱 * Schauder 基, 事实上, 假若 $\{g_n\} \subset G$ 是 $X'$ 的弱 * Schauder 基, 那么据 [52] 定理 1, $r(\overline{\operatorname{span}}\{g_n\}) \neq 0$. 另一方面, 由 $\overline{\operatorname{span}}\{g_n\} \subset G$ 以及 $r(G) = 0$ 推知 $r(\overline{\operatorname{span}}\{g_n\}) \leqslant r(G) = 0$, 即

$$r(\overline{\operatorname{span}}\{g_n\}) = 0.$$

这是矛盾的.

### 20. 一个 Fréchet 空间, 它的一个弱 Schauder 基不是 Schauder 基.

对于 Banach 空间而言, 弱 Schauder 基与 Schauder 基是等价的 (参看 [156]). Stiles[161] 指出, 对于 Fréchet 空间而言, 弱 Schauder 基不必是 Schauder 基. 先证明下面的

**引理 1** 设 $X$ 是可分的局部有界的 Fréchet 空间 (即 $X$ 有有界的 $o$ 点邻域), 则对某个 $p \in (0, 1)$, $X$ 同构于 $l^p$ 的一个商空间.

**证明** 因 $X$ 是局部有界的 Fréchet 空间, 故对某个 $p \in (0, 1)$, 可在 $X$ 上定义 $p$ 齐次范数 $\|\cdot\|_p$, 即 $\|\alpha x\|_p = |\alpha|^p \|x\|_p$(参看 [139]). 又因 $X$ 可分, 故在 $X$ 中存在可数点列 $\{x_n\}$, 它在单位球面

$$S_X = \{x \in X | \|x\|_p = 1\}$$

中稠密. 设 $\{e_i\}$ 是 $l^p$ 的单位向量基, 令

$$Te_i = x_i,$$

然后把 $T$ 线性地扩张到 $\{e_i\}$ 张成的线性子空间 $\operatorname{span}\{e_i\}$ 上. 由于

$$\left\| T\left(\sum_{k=1}^n \lambda_k e_k\right) \right\|_p \leqslant \sum_{k=1}^n |\lambda_k|^p \|x_k\|_p \leqslant \left\| \sum_{k=1}^n \lambda_k e_k \right\|_p,$$

故 $T$ 是连续的, 从而可把 $T$ 连续扩张到整个空间 $l^p$ 上. 兹证 $T$ 是 $l^p$ 到 $X$ 上的一个满射. 为此, 任取 $x \in S_X$, 则在 $l^p$ 中存在一个点列, 它收敛于某点 $x_0$, 使 $Tx_0 = x$, 即 $T$ 是一个满射. 由此可知, $X$ 同构于 $l^p$ 的一个商空间.

**推论** 对每一 $p\,(0 < p < 1)$ 及每一 $q\,(q \geqslant p)$, 空间 $l^q$ 和 $L^q[0,1]$ 都同构于 $l^p$ 的一个商空间.

**证明** 这可由引理 1 的证明直接推知, 因为当 $0 < p \leqslant q < 1$ 时,

$$\left\| T\left(\sum_{k=1}^n \lambda_k e_k\right) \right\|_q \leqslant \sum_{k=1}^n |\lambda_k|^q \leqslant \left(\sum_{k=1}^n |\lambda_k|^p\right)^{q/p},$$

而当 $q \geqslant 1$ 时,

$$\left\| T\left(\sum_{k=1}^n \lambda_k e_k\right) \right\|_q \leqslant \sum_{k=1}^n |\lambda_k| \leqslant \left(\sum_{k=1}^n |\lambda_k|^p\right)^{1/p}.$$

**引理 2** 对每一 $p\,(0 < p < 1)$, $l^p$ 包含一个闭的真子空间 $X$, 使 $l^p$ 上的任一连续线性泛函 $f$, 若 $f$ 在 $X$ 上为零, 则它在 $l^p$ 上亦为零.

**证明** 取 $X$ 使 $l^p/X$ 同构于 $L^p[0,1]$ (引理 1 的推论). 由于 $L^p[0,1]$ 上不存在非零连续线性泛函, 因而不存在 $l^p$ 上的非零连续线性泛函, 它在 $X$ 上为零.

兹证对每一 $p\,(0 < p < 1)$, $l^p$ 含有一个弱 Schauder 基, 它不是 Schauder 基. 事实上, 取 $X$ 使 $l^p/X$ 同构于 $L^p[0,1]$, 则易见 $X$ 是 $l^1$ 的稠密子空间. 因此, 据 Krein-Milman-Rutman 定理, $l^1$ 有基 $\{b_n\}$, 这里 $b_n \in X\,(n = 1, 2, \cdots)$. 因 $X$ 是 $l^p$ 的真闭子空间, 故由 $b_n \in X\,(n = 1, 2, \cdots)$ 可知, $\{b_n\}$ 不是 $l^p$ 的基. 另一方面, $\{b_n\}$ 显然是 $l^p$ 的弱 Schauder 基.

**注** Shapiro[149] 于 1974 年引入了一类非局部凸的 Fréchet 空间, 其中存在不是基的弱基.

Brewnowski[53] 于 1977 年进一步指出, 若 $X$ 是非局部凸的 Fréchet 空间, 且 $X$ 有弱基, 则 $X$ 中必定存在不是基的弱基.

# 参 考 文 献

[1] 丁石孙, 关于拓扑空间的正规性不具有可乘性的一个例子, 北京大学学报 (自然科学版), 2 (1956), 159–163.

[2] 王国俊, 关于序列的聚点之集的连通性的一点注记, 科学通报, 24 (1979), 533–537.

[3] 王国俊, $S$-闭空间的性质, 数学学报, 24 (1981), 55–63.

[4] 方嘉琳, 点集拓扑学, 辽宁人民出版社, 1983.

[5] 关波, $G$ 空间与开映射定理, 数学杂志, 1 (1986), 157–163.

[6] 吉智方, 在 $T_1$ 空间和 $T_2$ 空间之间插入无穷多种空间, 高等数学, 2 (1986), 104–105.

[7] 江嘉禾、李炳仁, 准上半连续性不必蕴涵上半连续性的例子, 数学学报, 23 (1980), 927–929.

[8] 汪林, 数学分析中的问题和反例, 高等教育出版社, 2015.

[9] 汪林, 实分析中的反例, 高等教育出版社, 2014.

[10] 汪林, 泛函分析中的反例, 高等教育出版社, 2014.

[11] 汪林、戴正德、杨富春、郑喜印, 数学分析问题研究与评注, 科学出版社, 1995.

[12] 李厚源、江守礼, $S$-闭空间的几个性质, 山东大学学报 (自然科学版), 1 (1982), 5–9.

[13] 杨忠强, 半同胚空间类和半拓扑性质, 科学通报, 7 (1984), 388–390.

[14] 杨富春, 非凸集值映射的包含切性及应用, 数学学报, 39 (1996), 559–665.

[15] 杨富春、张明清, 不变集与非凸微分包含的生存解, CSIAM' 96 论文集, 复旦大学出版社, 192–197.

[16] 孟杰、蒲义书, $T^*$ 型空间和 $T^*(\omega_\mu)$ 型空间, 西北大学学报 (自然科学版), 3 (1981), 9–13.

[17] 封定、栗延龄, S-闭空间的分离性与映射, 陕西省数学学会年会论文集 (二), 1982, 57–61.

[18] 俞建, 关于多值映像连续性的两个例子, 数学研究与评论, 1 (1990), 44–46.

[19] 宣孝忠, 拓扑学中的一个反例, 南京师大学报 (自然科学版), 4 (1985), 24–26.

[20] 俞鑫泰, Banach 空间几何理论, 华东师大出版社, 1986.

[21] 杨富春、谷照升, 无穷维空间中算子系统的时间最优控制, 云南大学学报 (自然科学版), 15 (1993), 250–255.

[22] 高国士, 诱导闭映射, 数学年刊, 6A, 4 (1985), 467–471.

[23] 徐荣权, 超全正规空间, 吉林师大学报 (自然科学版), 2 (1979), 20–21.

[24] 黄锦能, 序列极限唯一的拓扑空间, 华南师大学报 (自然科学版), 1 (1984).

[25] 郭驼英, 关于半同胚和半拓扑性质的一点注记, 华中师大学报 (自然科学版), 3 (1985), 23–24.

[26] 蒲思立, 关于局部维数及维数论中加法定理的某些问题, 四川大学学报 (自然科学版), 2 (1965), 73–91.

[27] 戴牧民, $\sigma$-按点族正规性, $\sigma$-亚紧性和 $\sigma$-按点有限基, 数学学报, 24 (1981), 655–667.

[28] 戴锦生, $T^*$ 型拓扑空间, 西北大学学报 (自然科学版), 3 (1980), 16–17.

[29] Amemiya, I., Some examples of (F)-and (DF)-space, Proc. Japan Acad., 33 (1957),169–171.

[30] Amemiya, I. and Kōmura, Y., Über nict-vollständige Montelräume, Math. Ann., 177(1968), 273–277.

[31] Andrew, D. R. and Whittlesy, E. K., Closure continuity, Amer. Math. Monthly, 73 (1966), 758–759.

[32] Appert, A., Proprietes des espaces abstraits les plus généraux, Actualités, Scient et Industr, 146 (1934), 84.

[33] Arens, R., Note on convergence in topology, Matk. Mag., 23 (1950), 229–234.

[34] Arens, R., Extension of functions on fully normal, Pacific J. Math., 1 (1951), 353–367.

[35] Baggs, I., A connected Hausdorff space which is not contained in a maximal connected space, Pacific J. Math., 51 (1974), 11–18.

[36] Begle, E. G., A note on s-spaces, Bull. AMS., 55 (1949). 577–579.

[37] Bessaga, C. and Pelczynski, A., Properties of bases in spaces of type Bo, Prace. Mat., 3(1959), 123–142.

[38] Bing, R. H., Metrization of topological spaces, Canad. J. Math., 3 (1951), 175–186.

[39]  Bing, R. H., A connected countable Hausdorff space, Proc. AMS., 4 (1953), 474.

[40]  Boehme, T. K. and Rosenfeld, M., An example of two compact Hausdorff Fréchet spaces whose product is on $t$, Fréchet. J. London Math. Soc (2), 8 (1974), 339–344.

[41]  Browder, F. E., The fixed point theory of multivalued mappings in topological vector spaces, Math.Ann., 177 (1968), 283–301.

[42]  Brown, M., A countable connected Hausdorff space, Bull. AMS., 59 (1953), 367.

[43]  Cameron, D. E., Properties of $s$-closed space, Proc. AMS., 72 (1978), 581–586.

[44]  Cobb, J.and Voxman, W., Dispersion points and fixedpoints, Amer, Math. Monthly, 87 (1980), 278–281.

[45]  Cochran, A. C. and Muckherjee, T. K., Norms in a barreled space, Amer. Math. Monthly, 82(1975), 308.

[46]  Crossley, S. G., A note on semitopological properties, Proc. Amer. Math. Soc., 72(1978), 409–412.

[47]  Cunkle, C. H., Local Compactness under open mapping, Amer. Math. Monthly, 70 (1963), 1017.

[48]  De·Wilde, M. and Tsirulnikov, B., Barrelle dness and the supremum of two locally convex topologies, Math. Ann., 246 (1980), 240–248.

[49]  Dieudonné, J., Bounded sets in (F)-Spaces, Proc. Amer. Math. Soc., 6 (1955), 729–731.

[50]  Dieudonné, J., Sur les propriétés de promanence de certains espaces vectoriels topologiques, Ann. Soc. Polon. Math., 25 (1952), 50–55.

[51]  Dieudonné, J. and Schwartz. L., La dualité dans les espaces (F) et (LF), Ann. Inst. Fourier, 1 (1949), 61–101.

[52]  Dixmier, J., Sur un théorème de Banach, Duke Math. J., 15 (1948), 1057–1071.

[53]  Drewnowski, L., The weak basis theorem fails in non-locally convex $F$-spaces, Canad., J. Math., 29 (1977), 1069–1071.

[54]  Duda, E. and Smith, J. W., Reflexive open mappings, Pacific J. Math., 38 (1971), 597–611.

[55]  Dugundji, J., An extension of Tietze's theorem, Pacific J. Math., 1 (1951), 353–367.

[56]  Dulst, V., A note on $B$-and $Br$-completenss, Math. Ann., 197(1972), 197–202.

[57]  Dulst, V., Barreledness of subspaces of countable codimension and the closed graph theorem, Compositio Math., 24 (1972), 227–234.

[58]  Duncan, R. L., A topology for sequences of integers, Amer. Math. Monthly, 86 (1959), 34–39.

[59]  Enflo, P., A counterexample to the approximation problem in Banach spaces, Acta Math., 130(1973), 309–318.

[60]  Erdös, P., Some remarks on connected sets, Bull. AMS., 50 (1944), 442–446.

[61]  Fan, K. (樊墫), Extensions of two fixed point theorems of F. E. Browder, Math. Z., 112(1969), 234–240.

[62]  Fort, M. K., Amer. Math. Monthly, 71 (1964), 1047.

[63]  Fournier, G., On a Problem of S. Ulam, Proc. Amer, Math. Soc., 22 (1971), 22.

[64]  Fox, M. S., Maps of a non-compact metric space, Amer. Math. Monthly, 72 (1965), 1142–1143.

[65]  Garling, D. J. H., Symmetric basis of locally convex spaces, Studia Math., 30(1968), 163–181.

[66]  Golomb, S, W., A connected topology for the integers, Amer. Math. Monthly, 66 (1959), 663–665.

[67]  Gross, J. L., A third definition of local compactness, Amer. Math. Monthly, 74 (1967), 1120–1122.

[68]  Grothendieck, A., Sur les applications linéaires faiblement compactes d'espaces du type $C(k)$, Canad. J. Math., 5 (1953), 129–173.

[69]  Grothendieck, A., Sur les espaces (F) et (DF), Summa Brasil Math., 3 (1954), 57–123.

[70]  Hajnal, A. and Juhász, I., On the product of weakly Lindelöf spaces, Proc. AMS., 48(1975), 454–456.

[71]  Hajnal, A. and Juhász, I., On hereditarily $\alpha$-Lindelöf and hereditarily $\alpha$-separable spaces, Ann. Univ. Sci Budapest Eötvös Sect. Math., 115–124.

[72]  Hamlett, T. R., A correction to the paper "semi-open sets and semicontinuity in topological spaces" by Norman Levine, Proc. AMS., 49 (1975), 458–460.

[73]  Heath, R. W., Screenability pointwise paracompactness and metrization of Moore spaces, Canad. J. Math., 16 (1964), 763–770.

[74]  Hennefeld, J., On nonequivalent normalized unconditional bases for Banach spaces, Proc. AMS., 41(1973), 156–158.

[75]  Hermann, H., On uniform continuity and compactness in metric spaces, Amer. Math. Monthly, 88 (1981), 204–205.

[76]  Herrington, L. L. and Long, P. E., Characterizations of $H$-closed spaces, Proc. AMS, 48 (1975), 469–475.

[77]  Hewitt, E., A problem of set-theoretic topology, Duke Math. J., 10 (1943), 309–333.

[78] Hewitt, E., On two problems of Urysohn, Ann. Math., 47(1946), 503–509.

[79] Hewitt, E., Rings of real-valued continuous functions I, Trans. Amer. Math. Soc., 64 (1948), 45–99.

[80] Hindman, N., Basically bounded sets and a generalized Heine-Borel theorem, Amer. Math. Monthly, 80(1973), 549–552.

[81] Horváth, J., Topological vector spaces and distributions, Vol I. Addison-Wesley, 1966.

[82] Howard, J., Mackey compactness in Banach space, Proc. AMS., 37 (1973), 108–110.

[83] Hu, S, T., Boundedness in a topological space, J. Math. Pures Appl., 28 (1949), 281–320.

[84] Husain, T., The open mapping and closed graph theorems in topological vector spaces, Oxford Mathematical Monographs Clarendon Press, 1965.

[85] Husain, T. and Tweddle, I., On the extreme points of the sum of two campact convex set, Math. Ann., 188(1970), 113–122.

[86] Iyahen, S. O., $D(\tau, \xi)$-spaces and the closed-graph theorem, Proc. Edinburgh Math. Soc(2), 16(1968/69), 89–99.

[87] Johnson, W. B. and Rosenthal, H. D., On $W^*$-basic sequences and their applications to the study of Banach space, Studia Math., 43 (1972), 77–92.

[88] Kannan, V., A countable cennected Urysohn space containing a dispersion point, Proc. AMS., 35(1972), 289–290.

[89] Kelley, J. L., General topology, Van. Nostrand, 1955.

[90] Khaleeulla, S. M., Counterexamples in topological Vector Spaces.

[91] Kirch, A. M., A countable, connected, locally connected Hausdorff space, Amer. Math. Monthly, 76 (1969), 169–171.

[92] Knaster, B. and Kuratowski, C., Sur les ensembles connexes, Fund. Math., 2(1921), 201–255.

[93] Kōmura, Y., Some examples on linear topological spaces, Math. Ann., 153 (1964), 150–162.

[94] Köthe, G., Die Teilraume eines linearen Koordintenraumes, Math. Ann., 114 (1937), 99–125.

[95] Köthe, G., Topological Vector spaces I, Springer-Verlag, New York, 1969.

[96] Krein, M. and Milman. D., On extreme points of regular convex sets, Studia Math., 9 (1940), 133–138.

[97]   Kunen, K. and Vaughan, J. E., Handbook of set-theoretic topology I, North-Holland Amsterdam, New York, 1984.

[98]   Levy, R. and Mcdowell, R. H., Dense subsets of $\beta X$, Proc. AMS., 50 (1975), 426–430.

[99]   Levine. N., A decomposition of continuity in topological spaces, Amer. Math. Monthly, 68(1961), 44–46.

[100]  Levine, N., Semi-open sets and semi-continuity in topological spaces, Amer. Math. Monthly, 70(1963), 36–41.

[101]  Levine, N., When are compact and closed equivalent? Amer. Math. Monthly, 72 (1965), 41–44.

[102]  Levin, M. and Saxon, S., A note on the inheritance of properties of locally convex spaces by subspaces of countable codimension, Proc. AMS., 29(1971), 97–102.

[103]  Lindenstrass, J. and Zippin, M., Banach spaces with a unique unconditional basis, J. Funct. Anal., 3 (1969), 115–125.

[104]  Lindenstrass, J. and Pelczynski, A., Contributions to the theory of the classical Banach spaces, J. Funct. Anal., 8 (1971), 225–249.

[105]  Lohman, R. H., An example concerning normed subspaces of locally convex spaces, Proc. AMS., 41 (1973), 245–246.

[106]  Lohman, R. H. and Stiles, W. J., On separability in linear topological space, Proc. Amer. Math. Soc., 42 (1974), 236–237.

[107]  Lorch, E. R., Bicontinuous linear transformations in certain vector spaces. Bull. AMS., 45 (1939), 564–569.

[108]  Magill, Jr. K. D., $N$-point compactifications, Amer. Math. Monthly. 72 (1965), 1075–1081.

[109]  Mahowald, M. and Gould, D., Quasi-barrelled locally convex spaces. Proc. Amer. Math. Soc., 2(1960), 811–816.

[110]  Marczewski, E., Separabilité et multiplication cartesienne des espaces topologiques, Fund. Math., 34 (1947), 127–143.

[111]  Martin, J., A countable Hausdorff space with a dispersion point, Duke Math. J., 33 (1966), 165–167.

[112]  McAuley, L. F., A relation between perfect separability, completeness, and normality in semi-metric spaces, Pacific J. Math., 16 (1956), 315–316.

[113]  Michael, E., Some extension theorems for continuous functions, Pacific J. Math., 3(1953), 789–806.

[114]　Michael, E., Another note on paracompact spaces, Proc. Amer. Math. Soc., 8(1958), 822–828.

[115]　Michael. E., The product a normal space and a metric space need not be normal, Bull. Amer. Math. Soc., 69 (1963), 375–376.

[116]　Michael, E., On $K$-spaces, $K_R$-spaces and $k(x)$, Pacific J. Math., 47 (1973).

[117]　Miller, G., Countable connected spaces, Proc. Amer. Math. Soc., 26 (1970), 355–359.

[118]　Mrowka. S., Compactness and product spaces, Collog. Math., 7 (1959), 19–23.

[119]　Mukherjee, T. K., Some problems on Br-completeness, Proc. Amer. Math. Soc., 46 (1974), 367–374.

[120]　Nachbin, L., Topological vector spaces of continuous functions, Proc. Nat. Acad. Sci. U. S. A. 40(1954), 471–474.

[121]　Nagami, K., Paracompactness and strong screenability, Nagoya Math. J., 8 (1955), 83–88.

[122]　Niechajewicz, R., Sets of limit points of compact sequences in metric spaces, Bull. Acad. Polon. Sci. Sér. Sci. Math. Astronom Phys., 25 (1977). 251–253.

[123]　Novak, J., On Cartesian product of two compact spaces, Fund. Math., 40 (1953), 106–112.

[124]　Ostling, E. G. and Wilansky, A., Locally convex topologies and the cc propety, Proc. Cambr. Phil. Soc., 74 (1974), 45–50.

[125]　Oxtoby, J. C., Cartesian products of Baire spaces, Fund. Math., 49 (1961), 157–166.

[126]　Parsons, L., An example of a space which is countably compact whose square is countably paracompact but not countably compact, Proc. Amer. Math. Soc., 65(1977), 351–354.

[127]　Passell. N., A non-linear isometry, Amer. Math. Monthly, 83 (1976), 666.

[128]　Pelczynski, A. and Singer, I., On non-equivalent bases and conditional bases in Banach spaces, Studia Math., 25(1964), 5–25.

[129]　Poulsen, E. T., Convex sets with dense extreme points, Amer. Math. Monthly, 66 (1959), 577–578.

[130]　Priestley, W, M., Nets and sequences, example, Amer. Math. Monthly, 75 (1968), 1098–1099.

[131]　Pryce, J. D., Banach spaces with common basis, Amer. Math. Monthly, 77 (1964), 569.

[132] Pryce, J. D., A device of R. J. Whitley's applied to pointwise compactness in spaces of continuous functions, Proc. London Math. Soc., 23 (1971), 532–546.

[133] Pták,V., On complete topological linear spaces, Čeh. Mat. Žur., 3 (78) (1953), 301–364.

[134] Ramanathan, A., Maximal-Hausdorff space, Proc. Ind. Acad. Sci., 26 (1974), 31–42.

[135] Ramanathan, A., Minimal bicompact spaces, J. Indian Math. Soc., 12 (1948), 40–46.

[136] Rither, G. X., A connected, locally connected countable Hausdorff space, Amer. Math. Monthly, 83 (1976), 185–186.

[137] Roberts, J. W., A compact convex set with no extreme points, Studia Math., LX (1977), 255–264.

[138] Robertson, W., Completion of topological vector spaces, Proc. London Math. Soc., 8(1958), 242–257.

[139] Rolewicz. S., On a certain class of linear metric spaces, Bull. Acad. Polon. Sci. cl. III, 5(1957), 471–473.

[140] Rosenthal. H. P., On quasi-comple mented subspaces of Banach spaces with an appendix on compactness of operators from $L^p(\mu)$ to $L^q(\gamma)$, J. Functional Analysis, 4 (1969), 176–214.

[141] Roy, A., A countable connected Urysohn space with a dispersion point, Duke Math., 33(1966), 331–333.

[142] Saxon, S., Some normed barrelled space which are not Baire, Math. Ann., 209 (1974), 153–160.

[143] Saxon, S. and Levin, M., Every countable-codimensional subspace of a barrelled space is barrelled, Proc. Amer. Math. Soc., 29 (1971). 91–96.

[144] Saxon, S. and wilansky, A., The equivalence of some Banach space problems, Collog. Math., 37 (1977), 217–226.

[145] Scbaefer, H. H., Topological vector spaces, 1964.

[146] Schaefer, H. S., Topological vector spaces, Springer-Verlag, New York, 1971.

[147] Schnare, P. S., Local compactness under open mapping, Amer. Math. Monthly, 71 (1964), 562.

[148] Schnare, P. S., Two definitions of local compactness, Amer. Math. Monthly, 72 (1965), 764–765.

[149] Shapiro, J. H., On the weak basis theorem in $F$-spaces, Canad. J. Math., 26 (1974), 1294–1300.

[150] Shirota, T., On locally convex vector spaces of continuous functions, Proc. Jap. Acad., 30 (1954), 294–298.

[151] Singer, I., Weak * bases in conjugate Banach spaces, Studia Math., 21 (1961), 75–81.

[152] Singer, I., On Banach spaces with a symmetric basis, Rev. Math. Pure. Appl., 6 (1961), 159–166.

[153] Singer, I., Basic sequences and reflexivity of Banach spaces, Studia Math., 21 (1962), 351–369.

[154] Singer, I., Weak * bases in conjugate Banach spaces II, Rev. math. pures et appl., 8(1963), 575–584.

[155] Singer, I., On the basis problem in topological linear spaces, Rev, math. pures et appl., 10 (1965), 453–457.

[156] Singer, I., Bases in Banach spaces vol I, Springer-Verlag, New York-Heidelberg-Berlin, 1970.

[157] Slepian, P., A non-Hausdorff topology such that each convergent sequence has exactly one limit, Amer. Math. Monthly, 71 (1964), 776–778.

[158] Snipes, R. F., $C$-sequential and $S$-borno logical topological vector spaces, Math. Ann., 202(1973), 273–283.

[159] Sorgenfrey, R. H., On the topological product of paracompact spaces, Bull. Amer. Math. Soc., 53 (1947), 631–632.

[160] Steen, L., A direct proof that a linearly ordered space is hereditarily collectionwise normal, Proc. Amer. Math. Soc., 24 (1970), 727–728.

[161] Stiles, W. J., On properties of subspaces of $l^p$, $0 < p < 1$, Trans. Amer. Math. Soc., 149 (1970), 405–415.

[162] Stone, A. H., A countable, connected, locally connected Hausdorff space, Notices Amer. Math. Soc., 16 (1969), 422.

[163] Summers, W. H., Products of fully complete spaces, Bull. Amer. Math. Soc., 75 (1969), 1005.

[164] Tangora, M., Connected unions of disconnected sets, Amer. Math. Monthly, 72 (1965), 1038–1039.

[165] Taylor, A. E., Introduction to functional analysis, John Wiley & Sons, 1958.

[166] Thompson. T., Semi-continuous and irresolute images of $S$-closed spaces, Proc. Amer. Math. Soc., 6(1977), 359–362.

[167] Todd, A. R., Continuous linear images of pseudo-complete linear topological spaces, Pacific J. Math., 61 (1976), 281–292.

[168] Todd, A. R. and Saxon, S. A., A Product of locally convex spaces, Math. Ann., 206 (1973), 23–34.

[169] Tychonoff, A., Über einen Metrisation-ssatz von P. Urysohn, Math. Ann., 95 (1926), 139–142.

[170] Ulam, S., A collection of mathematical problems, Interscience Tracts in pure. and Appl. Math. no8, New York, 1960.

[171] Ulmer, M., Products of weakly $X$-compact spaces, Trans. Amer. Math. Soc., 170 (1972), 279–284.

[172] Urysohn, P., Über die Machtigket der zusammenhängenden Mengen, Math. Ann., 94 (1925), 262–295.

[173] Webb, J. H., Sequential convergence in locally convex spaces, Proc. Camb. Phil. Soc., 64 (1968), 341–364.

[174] Wilansky, A., Amer, Math. Monthly, 70 (1963), 572.

[175] Wilansky, A., Functional analysis, Biaisdell, New York, 1964.

[176] Wilansky, A., Between $T_1$ and $T_2$, Amer. Math. Monthly, 74 (1967), 261–266.

[177] Wilansky, A., Amer. Math. Monthly, 80(1973), 1067.

[178] Wilansky, A., Modern methods in topological vector spaces, 1978.

[179] Wilder, R, L., A point set which has no true quasi-component and which becomes connected upon the addition of a single point, Bull. Amer. Math. Soc., 33 (1927), 423–427.

[180] William, C., Waterhouse convergence, Amer. Math. Monthly, 83 (1976), 641–643.

[181] Valdivia, M., The space of distributions $D'(\Omega)$ is not Br-complete Math. Ann., 211(1974),145–149.

# 名 词 索 引

注：索引项后为"章号. 小节号".

等价，10.0

等一纲集，1.0

第二纲集，1.0

第一可数空间，1.0

第二可数空间，1.0

点有限，6.0

蝶空间，6.51

定向集，2.0

度量有界，7.1

对称距离，1.0

对称基，10.0

对偶，7.0

对偶线性空间，7.0

对偶拓扑空间，7.0

## F

范数，7.0

仿紧空间，6.0

非连通空间，1.0

分解空间，1.0

分离，4.0

赋准范线性空间，7.0

## G

隔离的线性拓扑空间，7.0

共尾，2.0

孤立点，1.0

归纳极限，8.0

## H

弧，5.0

弧状连通空间，5.0

## J

积拓扑，1.0

基，1.0

基本邻域系，1.0

基本有界集，1.3

基序列，10.9

极限点，2.0

极端不连通，5.0

极拓扑，7.0

集的极，8.0

集的双极，8.0

几乎开映射，8.0

几乎弱 * 闭集，8.0

继承下来的拓扑，1.0

继承正规空间，4.0

加细，6.0

加细映射，6.0

接触点，2.0

紧空间，1.0

紧化空间，1.0

紧有界集，1.3

局部基，1.0

局部紧空间，1.0

局部连通，5.0

局部连通空间，5.0

局部弧状连通空间，5.0

局部有界空间，7.0

局部凸空间，7.0

聚点，1.0

绝对扩张，8.29

绝对收敛级数，10.0

绝对收敛基，10.7

## 现代数学基础图书清单

| 序号 | 书号 | 书名 | 作者 |
|---|---|---|---|
| 1 | 9787040217179 | 代数和编码（第三版） | 万哲先 编著 |
| 2 | 9787040221749 | 应用偏微分方程讲义 | 姜礼尚、孔德兴、陈志浩 |
| 3 | 9787040235975 | 实分析（第二版） | 程民德、邓东皋、龙瑞麟 编著 |
| 4 | 9787040226171 | 高等概率论及其应用 | 胡迪鹤 著 |
| 5 | 9787040243079 | 线性代数与矩阵论（第二版） | 许以超 编著 |
| 6 | 9787040244656 | 矩阵论 | 詹兴致 |
| 7 | 9787040244618 | 可靠性统计 | 茆诗松、汤银才、王玲玲 编著 |
| 8 | 9787040247503 | 泛函分析第二教程（第二版） | 夏道行 等编著 |
| 9 | 9787040253177 | 无限维空间上的测度和积分 —— 抽象调和分析（第二版） | 夏道行 著 |
| 10 | 9787040257724 | 奇异摄动问题中的渐近理论 | 倪明康、林武忠 |
| 11 | 9787040272611 | 整体微分几何初步（第三版） | 沈一兵 编著 |
| 12 | 9787040263602 | 数论 I —— Fermat 的梦想和类域论 | [日]加藤和也、黑川信重、斋藤毅 著 |
| 13 | 9787040263619 | 数论 II —— 岩泽理论和自守形式 | [日]黑川信重、栗原将人、斋藤毅 著 |
| 14 | 9787040380408 | 微分方程与数学物理问题（中文校订版） | [瑞典]纳伊尔·伊布拉基莫夫 著 |
| 15 | 9787040274868 | 有限群表示论（第二版） | 曹锡华、时俭益 |
| 16 | 9787040274318 | 实变函数论与泛函分析（上册, 第二版修订本） | 夏道行 等编著 |
| 17 | 9787040272482 | 实变函数论与泛函分析（下册, 第二版修订本） | 夏道行 等编著 |
| 18 | 9787040287073 | 现代极限理论及其在随机结构中的应用 | 苏淳、冯群强、刘杰 著 |
| 19 | 9787040304480 | 偏微分方程 | 孔德兴 |
| 20 | 9787040310696 | 几何与拓扑的概念导引 | 古志鸣 编著 |
| 21 | 9787040316117 | 控制论中的矩阵计算 | 徐树方 著 |
| 22 | 9787040316988 | 多项式代数 | 王东明 等编著 |
| 23 | 9787040319668 | 矩阵计算六讲 | 徐树方、钱江 著 |
| 24 | 9787040319583 | 变分学讲义 | 张恭庆 编著 |
| 25 | 9787040322811 | 现代极小曲面讲义 | [巴西] F. Xavier、潮小李 编著 |
| 26 | 9787040327113 | 群表示论 | 丘维声 编著 |
| 27 | 9787040346756 | 可靠性数学引论（修订版） | 曹晋华、程侃 著 |

| 序号 | 书号 | 书名 | 作者 |
|---|---|---|---|
| 28 | 9787040343113 | 复变函数专题选讲 | 余家荣、路见可 主编 |
| 29 | 9787040357387 | 次正常算子解析理论 | 夏道行 |
| 30 | 9787040348347 | 数论 —— 从同余的观点出发 | 蔡天新 |
| 31 | 9787040362688 | 多复变函数论 | 萧荫堂、陈志华、钟家庆 |
| 32 | 9787040361681 | 工程数学的新方法 | 蒋耀林 |
| 33 | 9787040345254 | 现代芬斯勒几何初步 | 沈一兵、沈忠民 |
| 34 | 9787040364729 | 数论基础 | 潘承洞 著 |
| 35 | 9787040369502 | Toeplitz 系统预处理方法 | 金小庆 著 |
| 36 | 9787040370379 | 索伯列夫空间 | 王明新 |
| 37 | 9787040372526 | 伽罗瓦理论 —— 天才的激情 | 章璞 著 |
| 38 | 9787040372663 | 李代数（第二版） | 万哲先 编著 |
| 39 | 9787040386516 | 实分析中的反例 | 汪林 |
| 40 | 9787040388909 | 泛函分析中的反例 | 汪林 |
| 41 | 9787040373783 | 拓扑线性空间与算子谱理论 | 刘培德 |
| 42 | 9787040318456 | 旋量代数与李群、李代数 | 戴建生 著 |
| 43 | 9787040332605 | 格论导引 | 方捷 |
| 44 | 9787040395037 | 李群讲义 | 项武义、侯自新、孟道骥 |
| 45 | 9787040395020 | 古典几何学 | 项武义、王申怀、潘养廉 |
| 46 | 9787040404586 | 黎曼几何初步 | 伍鸿熙、沈纯理、虞言林 |
| 47 | 9787040410570 | 高等线性代数学 | 黎景辉、白正简、周国晖 |
| 48 | 9787040413052 | 实分析与泛函分析（续论）（上册） | 匡继昌 |
| 49 | 9787040412857 | 实分析与泛函分析（续论）（下册） | 匡继昌 |
| 50 | 9787040412239 | 微分动力系统 | 文兰 |
| 51 | 9787040413502 | 阶的估计基础 | 潘承洞、于秀源 |
| 52 | 9787040415131 | 非线性泛函分析（第三版） | 郭大钧 |
| 53 | 9787040414080 | 代数学（上）（第二版） | 莫宗坚、蓝以中、赵春来 |
| 54 | 9787040414202 | 代数学（下）（修订版） | 莫宗坚、蓝以中、赵春来 |
| 55 | 9787040418736 | 代数编码与密码 | 许以超、马松雅 编著 |
| 56 | 9787040439137 | 数学分析中的问题和反例 | 汪林 |
| 57 | 9787040440485 | 椭圆型偏微分方程 | 刘宪高 |
| 58 | 9787040464832 | 代数数论 | 黎景辉 |

| 序号 | 书号 | 书名 | 作者 |
|---|---|---|---|
| 59 | 9787040456134 | 调和分析 | 林钦诚 |
| 60 | 9787040468625 | 紧黎曼曲面引论 | 伍鸿熙、吕以辇、陈志华 |
| 61 | 9787040476743 | 拟线性椭圆型方程的现代变分方法 | 沈尧天、王友军、李周欣 |
| 62 | 9787040479263 | 非线性泛函分析 | 袁荣 |
| 63 | 9787040496369 | 现代调和分析及其应用讲义 | 苗长兴 |
| 64 | 9787040497595 | 拓扑空间与线性拓扑空间中的反例 | 汪林 |

**网上购书：** www.hepmall.com.cn, www.gdjycbs.tmall.com, academic.hep.com.cn, www.amazon.cn, www.dangdang.com

**其他订购办法：**

各使用单位可向高等教育出版社电子商务部汇款订购。书款通过支付宝或银行转账均可，支付成功后请将购买信息发邮件或传真，以便及时发货。购书免邮费，发票随书寄出（大批量订购图书，发票随后寄出）。

单位地址：北京西城区德外大街4号
电　话：010-58581118
传　真：010-58581113
电子邮箱：gjdzfwb@pub.hep.cn

**通过银行转账：**

户　名：高等教育出版社有限公司
开户行：交通银行北京马甸支行
银行账号：110060437018010037603